JN281672

日本の地形・地質

安全な国土のマネジメントのために

社団法人 全国地質調査業協会連合会 編

鹿島出版会

まえがき

　私は，旧建設省（現国土交通省）の技術審議官をしていた当時，東京工業大学の川島一彦教授とともに，中央公論に「脆弱国土を誰が守る」と題した論説を執筆した。その誌上で，「日本の自然条件は特殊だという久しく忘れていた認識が，兵庫県南部地震によって思い起こされた。その特殊性を諸外国との比較できちんと認識することこそ，国土の有効利用と適正管理を実現していくために必要とされている」ことを強調した。また，「わが国土には，もう十分な社会資本整備がなされたとか，大きな公共投資を続けている先進国は，わが国だけであるという批判を散見するが，これらは西欧の国々とわが国の国土条件や社会条件の違いを如何に無視した議論であるか」を論証した。特に「日本の文化や社会システムが特殊だという議論は，これまでにもたびたびあったが，わが国の自然条件は特殊であるという視点が欠落している」のではないかという問題意識を強く持っていることを述べた。

　中央公論に執筆する以前から，変化が激しく自然環境の厳しいわが国の国土の姿を正しく認識し，主張すべきと考えていた。たまたま社団法人全国地質調査業協会連合会が「建設コスト縮減に関する地質調査業の意見表明と行動指針」と題する資料をまとめ，地質をよく知ることが建設事業のコスト縮減の基本であることを訴えていた。その中に「日本列島の特異な地質環境」と題し，「日本では日本列島の成り立ちに深く関連した，他の先進諸国には見られない，特異な自然災害が多く生じている」との記述があった。

　その説明を受けた際に，私は，「ここで言っていること，日本の地形・地質などの自然条件が特異であることを，もっと体系的にわかりやすくまとめた資料はできないだろうか」と提案したところ，早速まとめられたものが，「日本列島の地形と地質環境─豊かで安全な国土のマネジメントのために」というカラーのパンフレットであった。私の論説が中央公論に掲載された直後に印刷され，すでに1万部近くが多くの方面に配布されたと聞いている。私も，多くの方に日本の自然環境が厳しいことを説明する際に，このパンフレットを活用させてもらった。このパンフレットに掲載された写真の斜面が，その後時を経ず崩壊し，マスコミに大きく取り上げられたことも記憶に残っている。

　さらに，このパンフレットが各方面で好評であったため，パンフレットで主張している内容を基に，より詳細な資料を集め一冊の本にして出版してはどうかと申し上げた。この提案を取り入れ，とりまとめられたものがこの書物であり，このようないきさつから，「まえがき」を執筆することになった。

　日本の自然条件が厳しいことは，これまでも，降水量が多い，地震が多い，有数の火山国であるなど常々言われてきたが，あらためて見ると，災害に関する書籍・文献は数多く見かけられるものの，災害を引き起こす大きな要因であ

る日本の国土が脆弱であることを体系的に整理し，わかりやすく明らかにした書籍・文献は，今までなかったと言っても過言ではない。わが国は，極めて脆弱な国土条件の下にあり，真に豊かな社会を築いていくためには，わが国の国土をあらためて見つめてみるのも有意義であろうと考えた。自然の猛威が災害に転化するには，社会的要因も大きいが，わが国の場合は自然要因によるところが大きいと考えられる。

わが国は，国土に占める山岳地の割合が高いために，狭隘な平野部に都市が集中し，都市部を結ぶ道路や鉄道網は，急峻な山地を貫き建設されるために，建設段階はもちろん維持管理段階でも地質や地形に起因する多くの災害を経験する。日本の密度の高い土地利用，それに支えられて発展してきた社会・経済活動は，このような脆弱な地質条件からなる国土の高度利用の上になり立っていることを忘れてはならない。

本来脆弱な体質を持った日本列島に，豊かな活力のある社会生活を築くために何をすればよいのであろうか。わが国の自然環境と社会条件を諸外国との比較のなかできちんと認識し，これを克服するためには，何が求められ，何をしなくてはならないかを，今問い直してみる必要がある。

この書物は，日本を代表すると言ってもよい地質調査会社の中核的幹部技術者が中心になって，実務的な経験を基礎として，地盤・地質に関わる幅広い分野を対象に編集・執筆されたものである。特に第1章の総論は，パンフレットに高い評価を与えてくださった東京大学名誉教授の小島圭二先生に執筆を引き受けていただいたものである。災害と地質などの自然条件との関係を人の生活とも関連づけて論じられたものであり，大変示唆に富んだものである。

この書物に記載されたことは，地盤・地質に関するものが多く，一部専門的な部分もあるが，学問的な分野に偏らず，図・表・写真が多く，全体として平易になるように心がけられたものである。すべての社会資本に対して，その計画から設計・施工・維持管理のあらゆる過程を通して地盤・地質の性質を知り，それに対応する技術を持つことが必要である。実際に災害防止や建設事業などに携わる土木や建築の技術者にとって，日本の厳しい自然条件，特に地質の特異性を認識するうえで大いに役立つものである。また，技術者でない一般の方にとっても，最近の地質学を踏まえた日本列島の成り立ちや海外との相違など，日本の自然条件の特異性を視覚的に理解できるものとなっている。

今年も，相変わらず多くの災害に見舞われ，この文を執筆しているさなかにも，災害で多くの人の命が失われている。この書物が多くの方々の目にふれ，わが国土の厳しさが正しく認識されることを期待するものである。

2001年10月

大石 久和

目　次

まえがき

第1章　日本の国土の特異性 …………………………………… 1

1.1　災害の国・日本列島　1
1.2　世界の中の日本の自然環境　3
1.3　自然の猛威の災害への転化現象　6
1.4　脆弱な国土とのつきあい方　8
1.5　自然現象と足元の地盤を知る　10

第2章　特異な日本列島の地形・地質 …………………………… 13

2.1　プレート運動で成長した日本列島　13
　(1)　プレート境界に位置する日本列島　13
　(2)　環太平洋地震帯・火山帯に位置する日本列島　15
　　(a)　環太平洋地震帯に位置する列島　17
　　(b)　環太平洋火山帯に位置する列島　18
　(3)　現在も活動する列島　19
2.2　モザイク状に分断された日本列島の地質構造　23
　(1)　変動帯での日本列島の成立　23
　　(a)　プレート境界で成長する列島　23
　　(b)　最近の地殻変動による広域的応力場と山地の形成　23
　　(c)　海水面変動と地盤運動による平野部の形成　29
　(2)　モザイク状に複雑に分布する日本列島の岩盤類　31
　　(a)　日本列島の土台をなす岩盤類　34
　　(b)　列島部(山地部)を形づくる岩盤類　36
　　(c)　丘陵地・平野部を構成する堆積物　36
　　(d)　列島部を広く被覆する火山岩類　38
2.3　特異な劣化過程をたどる日本列島の岩盤　39
　(1)　岩石・地層の固化過程　39
　(2)　岩盤の特異な劣化過程　41
　　(a)　急激な変形・破壊による岩盤劣化　41
　　(b)　活潑な熱水変質による岩盤劣化　42
　　(c)　風化による表層岩盤の劣化　45
2.4　生活舞台としての脆弱な地形・地質環境　46
　(1)　脆弱な地形・地質環境の成立　46

  (2) 不安定な山地部の特性 *49*
  (3) 生活舞台としての平野部の特性 *52*

第3章 多発する日本の災害 …………………………………… 59

 3.1 各種災害と法制度 *59*
  (1) 災害発生状況 *59*
  (2) 災害関係の法制度 *61*
 3.2 地震による災害 *64*
  (1) 過去の地震災害 *65*
   (a) 濃尾地震：大規模な直下型地震 *65*
   (b) 関東大地震：首都圏を襲った大震災 *68*
   (c) 福井地震：初の都市直下型地震 *68*
   (d) 新潟地震：液状化現象による大被害 *68*
   (e) 十勝沖地震：耐震設計上の問題点 *69*
   (f) 宮城県沖地震：新興宅地造成地に被害集中 *70*
   (g) 日本海中部地震：忘れていた津波の恐怖 *70*
   (h) 長野県西部地震：大規模な斜面崩壊 *70*
   (i) 北海道南西沖地震：奥尻島での津波と火災の複合被害 *71*
   (j) 兵庫県南部地震：都市型大災害，地震防災再構築 *71*
  (2) 地震による災害の種類 *71*
   (a) 構造物被害 *71*
   (b) 地盤災害 *72*
   (c) 二次災害 *74*
  (3) 地震調査研究と地震防災対策 *75*
 3.3 火山による災害 *76*
  (1) 火山（噴火）災害の種類 *76*
   (a) 火山体崩壊 *77*
   (b) 降下噴出物 *77*
   (c) 流下噴出物 *77*
   (d) 火山ガス *79*
   (e) 津波 *80*
   (f) 二次災害 *81*
  (2) 噴火予知および対策 *81*
   (a) 噴火予知 *81*
   (b) 噴火防災対策 *82*
 3.4 斜面災害 *83*
  (1) 斜面災害の種類 *83*
   (a) のり面崩壊 *83*
   (b) 斜面崩壊 *85*
   (c) 岩盤崩壊 *86*
   (d) 落石 *87*
   (e) 土石流 *87*

(2) 斜面災害の防止　*89*
　　　(a) 定期的な危険箇所の点検　*89*
　　　(b) 斜面防災カルテの作成　*89*
　　　(c) 斜面モニタリング　*89*
　3.5　地すべり　*91*
　　(1) 地すべり災害の種類　*93*
　　　(a) 第三紀層地すべり　*93*
　　　(b) 破砕帯地すべり(変成岩帯地すべり)　*94*
　　　(c) 温泉地すべり(火山性地すべり)　*95*
　　(2) 地すべりの予知・調査および対策　*97*
　　　(a) 地すべりの予知・調査　*97*
　　　(b) 地すべりの対策　*97*
　3.6　洪水（河川の氾濫）　*98*
　　(1) 洪水の歴史と特徴　*99*
　　(2) 洪水防止対策　*102*
　　　(a) 構造物による対策(ハード面)　*103*
　　　(b) 構造物によらない対策(ソフト面)　*103*
　　(3) 河川氾濫にかかわる事前情報の活用　*104*
　3.7　地下水による災害　*104*
　　(1) 地下水により引き起こされる災害　*104*
　　(2) 災害事例　*108*
　　　(a) 広域地盤沈下(公害)　*108*
　　　(b) 地下水位回復による災害(事故)　*110*
　　　(c) 急激な地下水位上昇による災害(事故)　*112*

第4章　日本列島と欧米の地質　*115*

　4.1　山地の地質　*115*
　　(1) 地形および地質の比較　*115*
　　(2) 岩盤状況の比較　*119*
　　(3) 活断層の分布　*122*
　　(4) 火山活動　*125*
　4.2　平野の地質　*126*
　　(1) 地形の比較　*126*
　　(2) 地質の比較　*130*
　　(3) 平面図による比較　*135*
　　(4) 断面図による比較　*136*
　4.3　構造物の比較事例　*137*
　　(1) 青函トンネルと英仏海峡トンネル　*137*
　　(2) 幹線道路沿いの斜面　*138*
　　(3) 新幹線ルートの地形と地質　*141*
　　(4) 地下利用　*144*
　　(5) 橋梁・高架橋　*145*

第 5 章　地質調査の重要性 ……………………………… *149*

- 5.1　地質調査技術の発達　*152*
  - (1)　ボーリング技術　*152*
  - (2)　物理探査　*154*
  - (3)　原位置試験　*156*
  - (4)　室内試験　*158*
  - (5)　現地踏査　*159*
  - (6)　新しい地質調査技術　*159*
- 5.2　防災のための地質調査　*160*
  - 事例-1　高場山地すべり　*162*
  - 事例-2　地附山地すべり　*164*
- 5.3　わが国における難工事と地質調査　*169*
  - 事例-1　中山トンネル　*169*
  - 事例-2　生田トンネル　*174*
- 5.4　英仏海峡トンネルにおける地質コンサルタントの役割　*181*
  - ケーススタディ：日本と西欧のコンサルタントの相違　*183*
  - ケーススタディ：地質の相違と調査コストの考え方　*186*
  - ケーススタディ：コンサルタントの責任と権限　*187*
- 5.5　海外における建設投資と地質環境　*188*
  - (1)　日本における地質調査への投資　*189*
  - (2)　海外における地質調査への投資　*189*
  - (3)　コンサルタントの役割　*191*
  - (4)　発注形式　*192*
  - (5)　入札・契約　*193*
  - (6)　保証制度・保険制度　*193*
- 5.6　地質調査の重要性　*195*
  - (1)　地質調査の重要性を訴える　*195*
  - (2)　ジオ・ドクターの役割　*197*

あとがき
執筆者紹介

第1章　日本の国土の特異性

1.1 災害の国・日本列島

　日本は災害の国である。神戸に激甚な被害を与えた兵庫県南部地震。有珠の噴火。三宅島の噴火。そして毎年のように集中豪雨によって発生する斜面災害。なぜ，日本は災害の国なのか，日本の何が問題でこれほどの災害を生ずるのか，世界のほかの国とどう違うのか，をまず考えてみたい。

　島国である日本に生まれ育ち，子供の頃から地震や火山災害を経験し，台風や豪雨を経験してくると，それがあたりまえのようになってしまう。確かに，日本列島に関する限り，どこにいても地震の心配がある。集中豪雨の来る心配もある。もちろん，狭い日本列島の中でも，自然災害の起こりやすいところ，起こりにくいところがある。また，これまでの自然災害の経験から，それに対応できる建築耐震基準や防災対策などが講じられてきているのであるが，1995年に起こった阪神淡路大震災（**写真1・1**）では専門家でも予想できない被害が生じた。また，雲仙普賢岳（**写真1・2**）や有珠火山，三宅島の噴火などの噴火が近年相次ぎ，三宅島では全島避難という予想もしていなかった事態を発生させ，噴火後1年以上を経過する現在でも帰島できないでいる。

　災害は忘れた頃やってくる。そのために，30年，50年という期間を考えれば，なんとなく，どこでも自然災害は免れないというような感覚になっている。

　しかし，世界との比較で考えたらどうなのだろうか。答えは，日本は大変特異な災害列島である，というのが結論である。しかし，このことを本当に知っている人がどれだけいるのだろうか。地震・火山・地すべり・斜面崩壊などは地質学や地球物理学の対象となる自然現象である。そのような自然現象が起こる国土に多くの人が住み，産業が発達し，社会資本が整備されてくると，単なる自然現象ではなくなり災害になる。自然災害の多い国土というのは，言うならば風土病のようなものなのであろうか。

　災害に関する調査・研究はまだ十分でない。災害の最たるものは地震災害であり，その研究が日本では進んでいるが，まだまだわからないことが多い。地震が起こるたびに，新しい発見があり新しい研究が進む。1995年の阪神・淡路大震災では実に6,500人の人が犠牲になった。この地震が契機になって，地震対策特別措置法という法律が作られて，日本列島を全体として捉える調査研究が始められた。日本全国をカバーする1,000カ所に強震計が設置された。日本列島がどう変形しているのかを捉えるGPSステーションが1,000カ所に設置された。主要な100カ所の活断層の本格的な調査研究が進められるようになっ

写真1・1 阪神淡路大震災における阪神高速道路の倒壊
地震の揺れにより高速道路の高架が横倒しになる（1995年1月20日撮影）

写真1・2 雲仙普賢岳の噴火に伴う火砕流
熔岩ドームが噴火し火砕流になって山腹を谷沿いに流れ下る（1991年5月29日撮影）

た。都市の地盤について深部までの地質構造を知ることが重要であることが指摘され，深部地盤構造調査が進められるようになった。

これらの調査結果・観測結果をもとに，総合的な地震防災に関する検討が始められつつある。このことは，調査研究がまだまだ不足していたということを明瞭に示している。地震のたびに，新しい発見があり，それに対して次の地震災害に備えて一歩前進した調査研究に取り組んでいるというのが現状であるということを示すものである。

また，日本で地質学を研究している人たち，地質コンサルタントとして土木建設や防災に関わっている多くの専門家が，日本の地質や地形の特殊性について，自然災害を受けやすい特殊性についてどれだけ理解をしているかというと大変疑問である。

その理由は，日本の地質コンサルタントの多くが，日本でのみ仕事をして外国の地質との比較をする機会がないことによるように思える。また，特定の防災業務を行う上で，何も外国のことまで研究しなくてもよいと言えばそれまでの話である。

しかし，「日本における建設投資は大きすぎる，GDPに対する比率が15％を超えるというのは諸外国の3倍の数字で異常ではないか。」などというような議論がされるようになると，日本における災害発生を諸外国と比較して理解しなければならなくなる。

日本の地質・地形が諸外国と比較した場合，極めて劣悪であるという状況は，

諸外国の国土が人間の体にたとえれば健常体であるのに対して，日本の国土は絶えず主治医が目を光らせていなければならない生涯治療を要する病人・ハンディキャッパーであり，大病人あるいは虚弱体質であると言えよう．国土の地質構造や地形を入れ替えることはできない．われわれは生まれ育った日本という固有の国土で，サステイナブルな社会を創出していかなければならないのである．その意味では，病人であること，虚弱体質であることを理解しなければならない．虚弱児を抱える場合に，それを最も理解しなければならないのは専門の医者ではなく，虚弱児を支える家族であるのと同じように，専門の地質学者や地質コンサルタントが災害の低減に努力する，言うならば病のよって来たるところを研究し，医療技術を向上していく努力をするばかりでなく，家族にたとえられる防災に関わる行政担当者や，より広く言えば一般の国民が国土の特殊性を十分に認識しなければならない．

　日本にいると，いつでも，どこでも災害が起こって不思議でないと思うのである．そして，それが世界中どこに行っても同じであるような錯覚を起こす．ちょうど，病院にいると医者を除けばみな病人だから，そこに住んでいると，人間というのはみな病人なのだと思うようなものである．しかし，一歩外に出れば，大部分の人が健常体であることに驚くであろう．日本列島を病院と考えればよい，われわれは虚弱児童として生まれつきずっと病院で暮らしてきたと考えるとよい．

　常に病院の中にいるので，病人やハンディキャッパーがあたりまえに思っていないだろうか．ダムをつくり，道路をつくり，建物をつくるときに，国土や地盤を健常体と考えていないだろうか．ちょっと冷たい外の風に当たるとすぐ風邪をひいたり肺炎を起こしやすい虚弱体質の子供と同じように，日本の国土は虚弱・脆弱であることを十分認識しているだろうか．忘れていると，地震が起こったり集中豪雨が来たようなときに，手ひどい被害を受けることになる．

1.2 世界の中の日本の自然環境

　地球の表層は厚さ100 km程度のプレート（岩板）により覆われている．地球全体では十数枚のプレートに分かれ，ゆっくりとした速度でプレートが動いている．プレートの境界では相互に衝突したり，他のプレートの下に沈み込んだりしている．プレートの数が十数枚ということは，その境界はごく特殊なところに分布していることになる．ところが，日本列島は4枚のプレートがぶつかる大変特殊な場に位置しており，世界的にみて特異な地域にあたる（**図1・1**）．すなわち太平洋プレートは東から日本列島を押すように日本海溝で北米プレートの下にもぐり込み，フィリピン海プレートは南から日本列島を押すように南海トラフでユーラシアプレートの下にもぐり込んでいる．プレートのもぐり込む場所やその周辺では，プレート間の摩擦で歪みが蓄積されたり，岩石が融けてマグマが生じるため，地震が頻発したり活発な火山活動が見られる．

　このような太平洋を西にゆっくりと進んでいるプレートの上には，いろいろな堆積物がたまっていく．それは海洋底堆積物といわれるものである．プレートが日本海溝や南海トラフで日本列島が乗っている北アメリカプレートやユーラシアプレートの下に沈み込んでいくときに，あたかもベルトコンベアの上に乗っている土砂が運ばれてその末端で堆積していくように，プレートに乗って

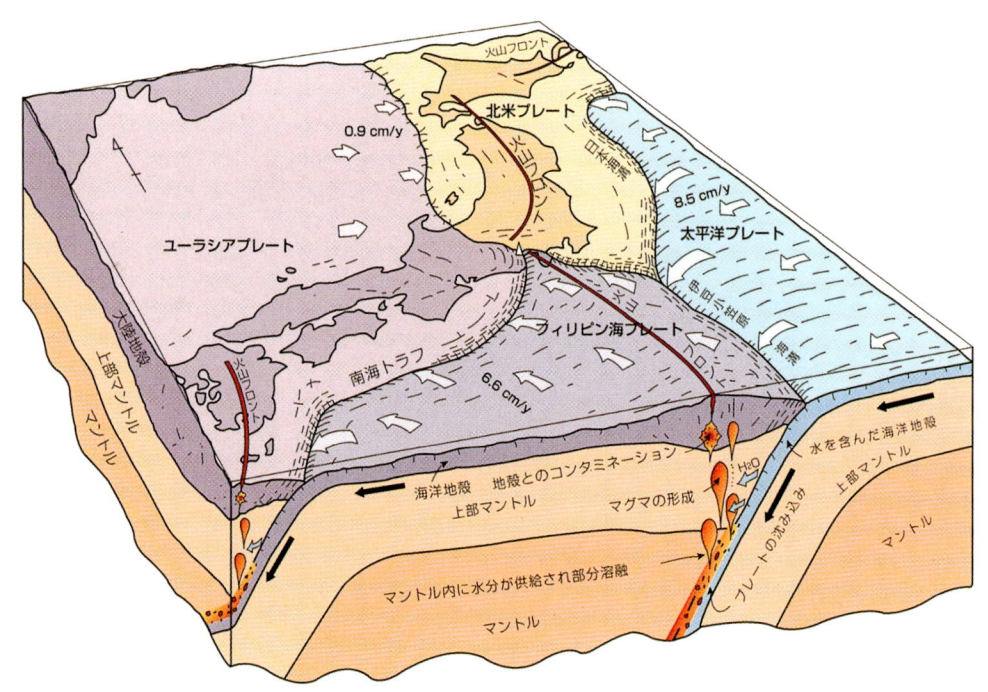

図 1・1　ひしめきあう 4 つのプレート
　日本列島の地形・地質がユニークな理由は，4 枚のプレートがぶつかり，太平洋プレートとフィリピン海プレートが列島の下に沈み込む構造に起因している。プレート相互の関係を模式的に示した。
　［全国地質調査業協会連合会：豊かで安全な国土のマネジメントのために，1998 年，p.20］

運ばれた海洋底堆積物が残されていくのである。それが日本列島に付加されていくので，このような堆積物を付加体と呼んでいる。プレートの押す力によって海洋に堆積した地層が付加されていくことによって日本列島は隆起し，標高 3,000 m 級の山脈を形成したため，基盤を構成する地質には多くの断層や褶曲が発達する。また，その間には火山活動に伴う噴出物が広く大量に堆積しており，基盤の地質とあわせて脆弱な地質を形成する。さらに，火山活動は，溶岩や火山灰を堆積するだけではなく，温泉作用のような硫化水素を含んだ熱水が割れ目や断層に沿って周辺の岩石や地層を変質させる。熱水変質という現象であるが，第三紀という地質時代から現代まで，このような熱水変質で日本の地質は大いに変質作用を受けている。また，亜熱帯性の気候条件は地表から岩石を風化させ，特に中国地方に多く分布する花崗岩では本来は硬い花崗岩をマサと呼ぶ土砂状の風化岩に変質させている。

　このような脆弱な日本列島の地質を評して，地質学者の藤田和夫[2]は「日本砂山列島」と呼んだ。

　また，日本列島は気候区分上からは温帯モンスーン帯にあたり，はっきりとした四季を持ち，降水量は世界的にみて多い地域にあたる（**図 1・2**）。このことは隆起する日本列島を激しく浸食し，急峻な山地を主体とする地形を形成した。雨期には前線が日本列島上に停滞し，夏から秋にかけては台風の通過コースにあたるため，豪雨に見舞われることが多く毎年のように土砂災害や洪水が発生する。冬期の北西の季節風は，日本海の暖かい海水に触れて水蒸気をたっぷりと含んで日本列島の脊梁山地にぶつかり，日本海側の地域に大雪を降らせ

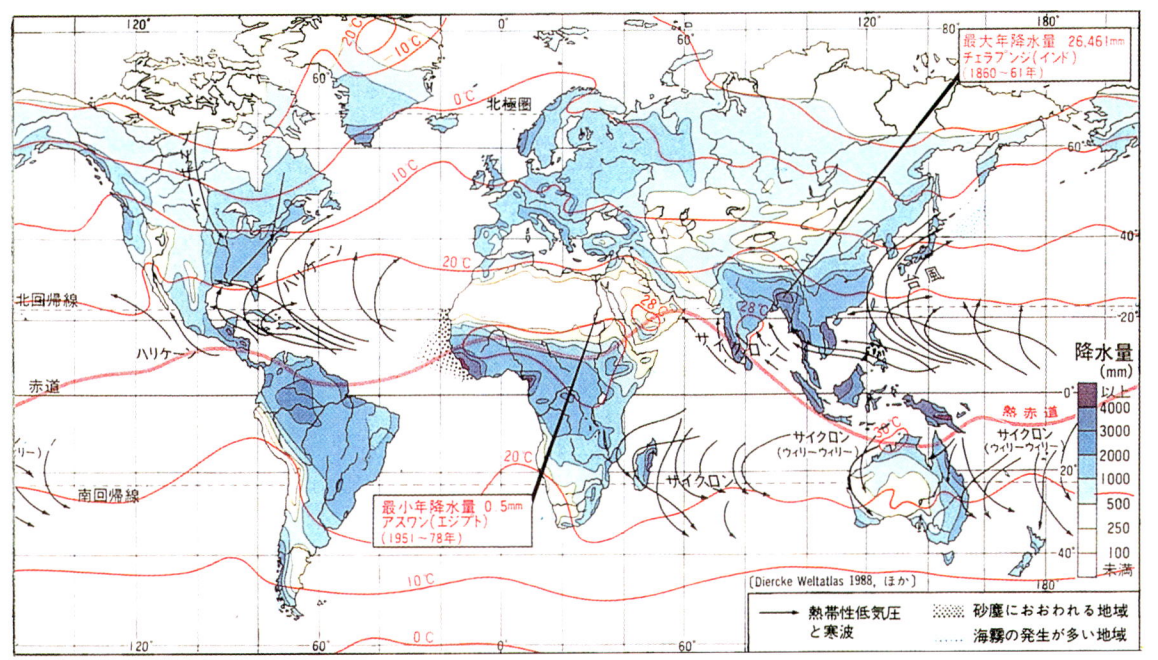

図1・2 世界の降水量図 [帝国書院編集部：新詳 高等地図 初訂版，帝国書院，2001年，p.79]

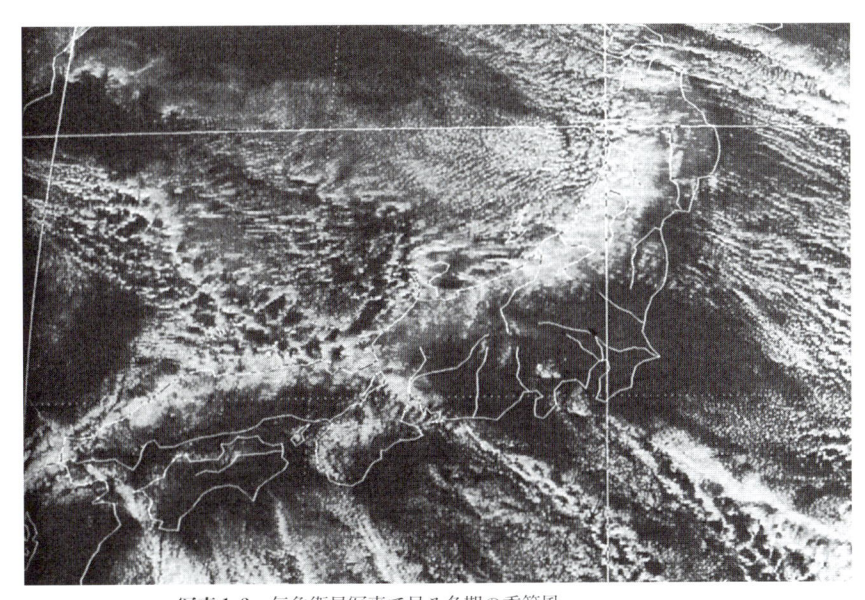

写真1・3 気象衛星写真で見る冬期の季節風
[小島圭二：自然災害を読む，岩波書店，1993年，p.100]

る（**写真1・3**）。最大積雪深[4)]は日本海側の留萌，青森，富山，福井などの都市で2mを超え，新潟県高田市では3.7mとなっている。世界的にみてもこのような豪雪地帯はまれであり，山間部では雪崩や融雪期の土砂災害等による被害が発生する。

　わが国は山地を主体とする国土に多くの人口を抱え，脆弱な地質と活発な火山活動や地震活動，厳しい気象条件が相互に深く関係して災害列島ともいうべき姿を形成している。

1.3 自然の猛威の災害への転化現象

以上の説明で，日本がなぜ災害の国なのか理解できる。つまり，変動体であることと，台風で代表される気象条件と地形・地質の脆弱さが組み合わさって斜面災害が発生する，言い換えれば「火山と地震の国」そして「豪雨と豪雪の国」が日本である。これらは，そこに住んでいる人に，社会に猛威を与える。猛威とは，常日頃の穏やかな自然現象と異なり，人間の目で見ると猛烈で威力のある異常な現象であり，地球上で起こる自然の猛威は次のように区分できる。

① 火山活動や地震，台風のように瞬間的に大きな仕事をするもの。
② 波浪による海岸浸食のように長い間，恒常的に行う仕事の累積が大きいもの。
③ 干ばつのように雨と日照りのバランスがくずれるもの。

これらのうち，①のような猛威によって洪水，地すべり・崩壊・土石流，地盤の液状化等が発生するが，人間との関わりがあって人や物の被害が発生すると災害になる。

わが国では人々は古くから自然の猛威に対して経験的に安全な場所である丘陵や台地，平野の微高地などに居住していたが，稲作栽培に適した低地への進出など次第に生活圏を広げ，自然の猛威にさらされやすい低い土地に生活の場を展開するようになった。近年では都市への人口集中により，低湿地や海岸の埋め立てによる氾濫区域の市街化，丘陵や台地を造成することによる市街化により崖下や斜面にまで建物が建設され，水害や土砂災害の影響を受けやすくなってきた。国土の10％を占める低平地は堤防などで守っているものの本来洪水氾濫区域であり，そこに我が国の人口の約1/2，資産の約3/4が集中し，治水対策により水害時の浸水面積が減る中で浸水面積当りの資産の増加が目立っており，水害が発生した場合の被害額の大きさを物語っている（**図1・3**）。

一方では，火山体周辺や浸食の盛んな海岸線や峡谷などの風光明媚な地域には観光地への道路が建設され，別荘，温泉，ゴルフ場，スキー場等のリゾート

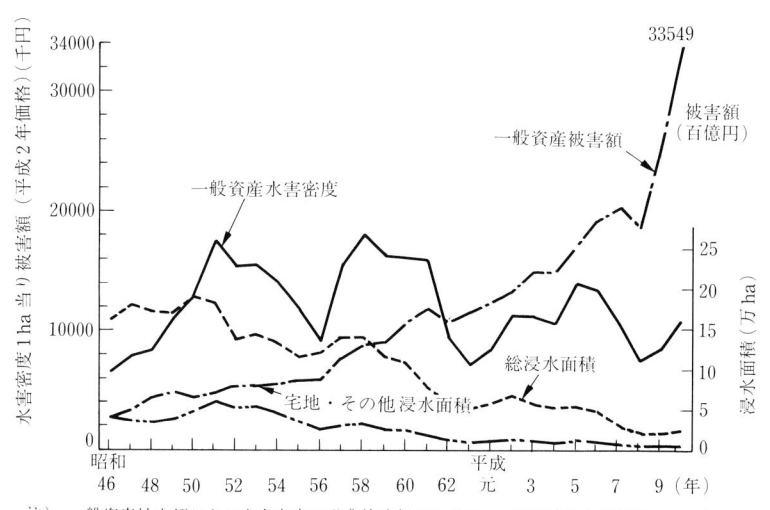

注）一般資産被害額および水害密度は営業停止損失を含む。 建設省「水害統計」による。

図1・3 一般資産水害密度等の推移 [建設省編：建設白書2000，ぎょうせい，2000年，p.384]

写真 1・4 白糸トンネル坑口の岩盤崩壊発生前の状況
[全国地質調査業協会連合会：豊かで安全な国土のマネジメントのために，1998年，p.20]

写真 1・5 白糸トンネル坑口の岩盤崩壊発生後の状況
[全国地質調査業協会連合会：豊かで安全な国土のマネジメントのために，1998年，p.20]

開発が，自然の猛威を受けやすい地域に進出し，新たな災害が発生する傾向にある（**写真 1・4，写真 1・5**）。

また，人間活動による都市化や産業の発達は，これまでの様な猛威に加えて，②，③にあげたような長期に及んで自然のバランスを崩すような猛威を受けることになった。すなわち，広域の地盤沈下，各種の地下水障害，大気や土壌の汚染，ヒートアイランド現象など都市域の環境悪化をもたらし，人間生活にじわじわと影響を及ぼしつつある。人間活動の影響は地球温暖化現象をも引き起こしつつあり，地質時代に起きたような極地の氷河の融解による汎世界的な海水面の上昇を来すことにより，地球上の低地が海面下に没することが懸念されている。

このように地形的に居住可能地が狭い国土と人口過密なわが国では，自然の改変が進み国土が高度に利用されており，新たな猛威の影響を受けやすくしている。

1.4 脆弱な国土とのつきあい方

　山地および丘陵が国土の70％以上を占めるわが国では，多くの主要な都市は洪水や地震の被害を受けやすい地盤の軟弱な低地部にあり，都市間の主要な交通路は山間部や山地の迫る海岸線に位置するものが多い。山地を形成する地質は脆弱で，地震や異常気象が多いことから山地部では土砂災害を受けやすく，これら交通路の防災や整備には多大な財源や時間が必要とされる。幹線の道路や鉄道といえどもハード的な防災対策は十分には進んでおらず，火山噴火や大規模崩壊などのように防災工事では対処が困難な規模の自然の猛威による災害もある。このようにハード対策に限界のあることから警戒避難といったソフト対策が重要視されている。

　1986年伊豆大島が噴火した際，そして2000年8月の三宅島噴火に際して，全島住民の緊急避難という対応が取られたのは，自然の猛威に対して取られたソフト対策の典型的なそして異常な例である。

　ソフト対策のうち，降雨に伴う土砂災害への対応は比較的よく研究されており，土石流危険渓流の抽出や警戒避難基準の設定，道路や鉄道の異常気象時の通行規制などが行われている。また火山活動については活動的な火山からハザードマップの作成がなされており，2000年3月31日の有珠山の噴火では事前の噴火予知により15,000人以上の住民の避難が行われている。ハザードマップについては，土石流をはじめとする土砂災害対策としての取り組みがなされつつある。

　また，兵庫県南部地震での教訓を生かして，活断層の分布や活動性に関する調査が全国で精力的に進められ，都市圏活断層図（縮尺2万5千分の1）や活断層ストリップマップなど，多くの地域で活断層に関する精度の高い資料が整備公表されるようになった。

　しかし，活断層の直上に都市が発達したり主要交通路が位置するなど，断層

写真1・6 有珠山噴火の新聞記事［朝日新聞（2000年4月1日朝刊）］

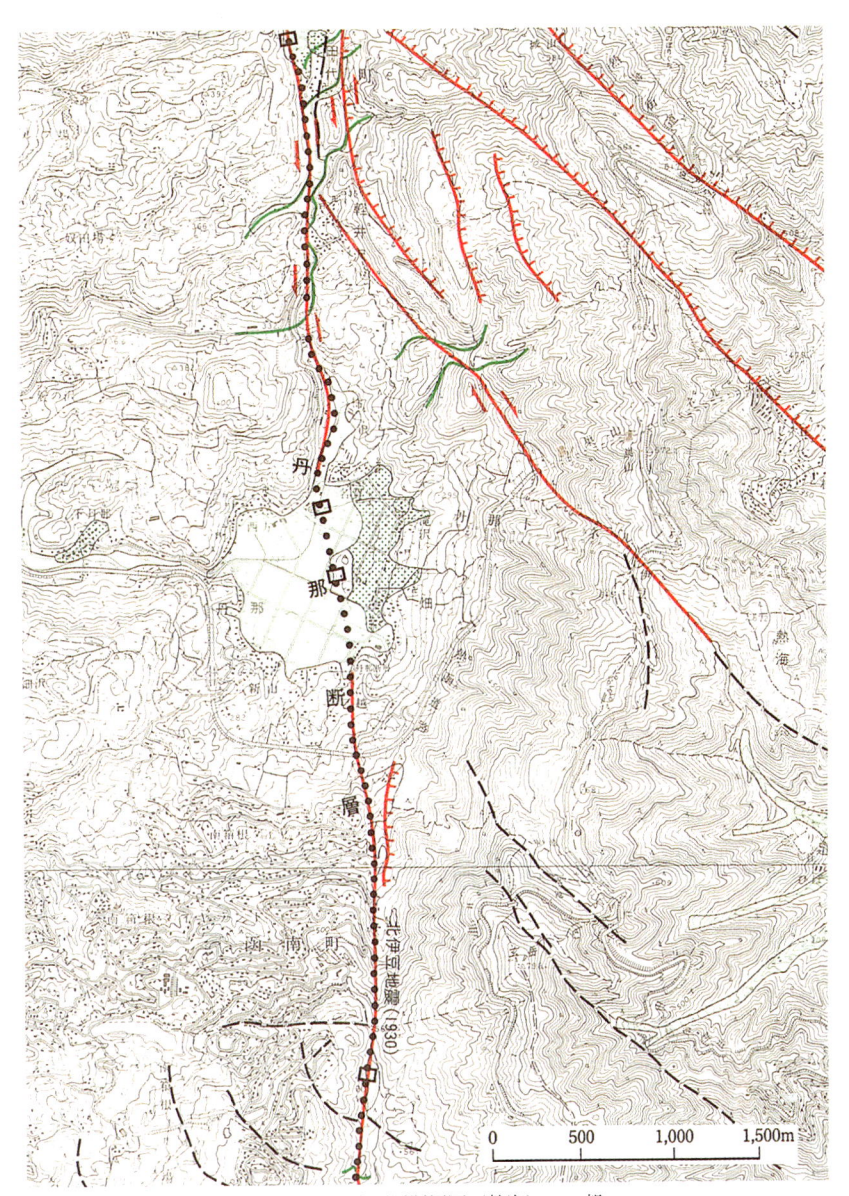

図1・4 都市圏活断層図（熱海）の一部

変位による直接的な影響を受けるような危険地域内に生活の場が位置することも多く，わが国の過密な国土は多くの問題を抱えている。またソフト対策が充実しても住民や道路利用者等の災害に対する理解や自主的避難・回避といった行動が伴わないと，大きな災害に結びつく場合がある。

　猛威をふるう自然災害に対しては，国の重要課題として捉えられつつある。しかし，防災科学はまだまだ発展途上にある。第一に，わが国のおかれている自然環境に対する理解が十分ではない。自然災害に対するリスクの認識が重要といえる。認識は行政担当者が持てばよいというものではない。国民が自然災害に対する理解を深め，それぞれの固有の場所における災害の可能性について認識を深めることが必要である。市民レベルの災害に対する一般的な認識（パブリックアウェアネス）がもっと向上しなければならない。日頃の防災に対する訓練や心構え（プレペアドネス）が必要である。有珠火山の場合でも，三宅

島の全島避難の例でも短期間に整然と非難が進められたことが印象的であった。東京や大阪のような巨大都市の場合には，このようなことは不可能に近いと言ってよい。それだけに，もっとパブリックアウェアネスが進み，プレペアドネスが進むことが必要になる。

1.5 自然現象と足元の地盤を知る

東京では地形から山の手台地と下町低地は明瞭に区別できる。山の手台地の地質は約170〜約1万年前の第四紀更新世に堆積形成された地層（洪積層）であり，半固結状態で比較的安定した地盤である。これに対して下町の地質は，完新統（沖積層）と呼ばれる約1万年前以降に形成された新しい地層で未固結で軟弱な粘土や緩い砂層からなる。このため，沖積層では地下水の汲み上げに伴う広域の地盤沈下や地震時の液状化などの問題が発生する。洪積層は安定性のよい地層ではあるが，台地の縁辺はかつての海岸線であり，海食によって形成された急な崖が発達し，崖下には市街化した沖積低地が広がる。崖の比高は東京よりも横浜市や川崎市で高くなり，豪雨時を主体に崖崩れによる被害が多発している。**写真1・7**は横浜市南区にあるマンション裏での急崖の崩壊跡で，崩壊は1999年2月17日夜に地震や降雨のない状況下で発生し，防災担当者をあわてさせた。以上のような地盤環境は関東平野特有のものではなく，わが国の平野に位置する都市の多くは同様な地盤状況にある。

雲仙普賢岳の火山活動では降雨に伴って火山噴出物が土石流となって有明海まで流下し，道路，鉄道，家屋等に多くの被害が発生した（**図1・5**）。地形的には明瞭な扇状地を形成する地域であり，その堆積物から過去の同様な土石流によって扇状地が形成されたことがわかる。火山活動が継続して多量の土石が供給されれば，扇状地の広い範囲で被害が発生したものと思われる。火山地帯以外の地域を含めて扇状地上に発達する都市や集落は数多く，豪雨時には背後の山地からの土石流に対する注意が必要である。

阪神・淡路地域に大被害をもたらした兵庫県南部地震は，淡路島から神戸市街地直下に至る活断層の変位に伴って発生したもので，日本列島では多くの活断層の分布が確認されている。高度な土地利用がなされているわが国にあって，陸上に分布する活断層は人間活動の行われている場に位置するものが多

写真1・7 横浜市のマンション裏の崖崩れ（平成12年5月撮影）

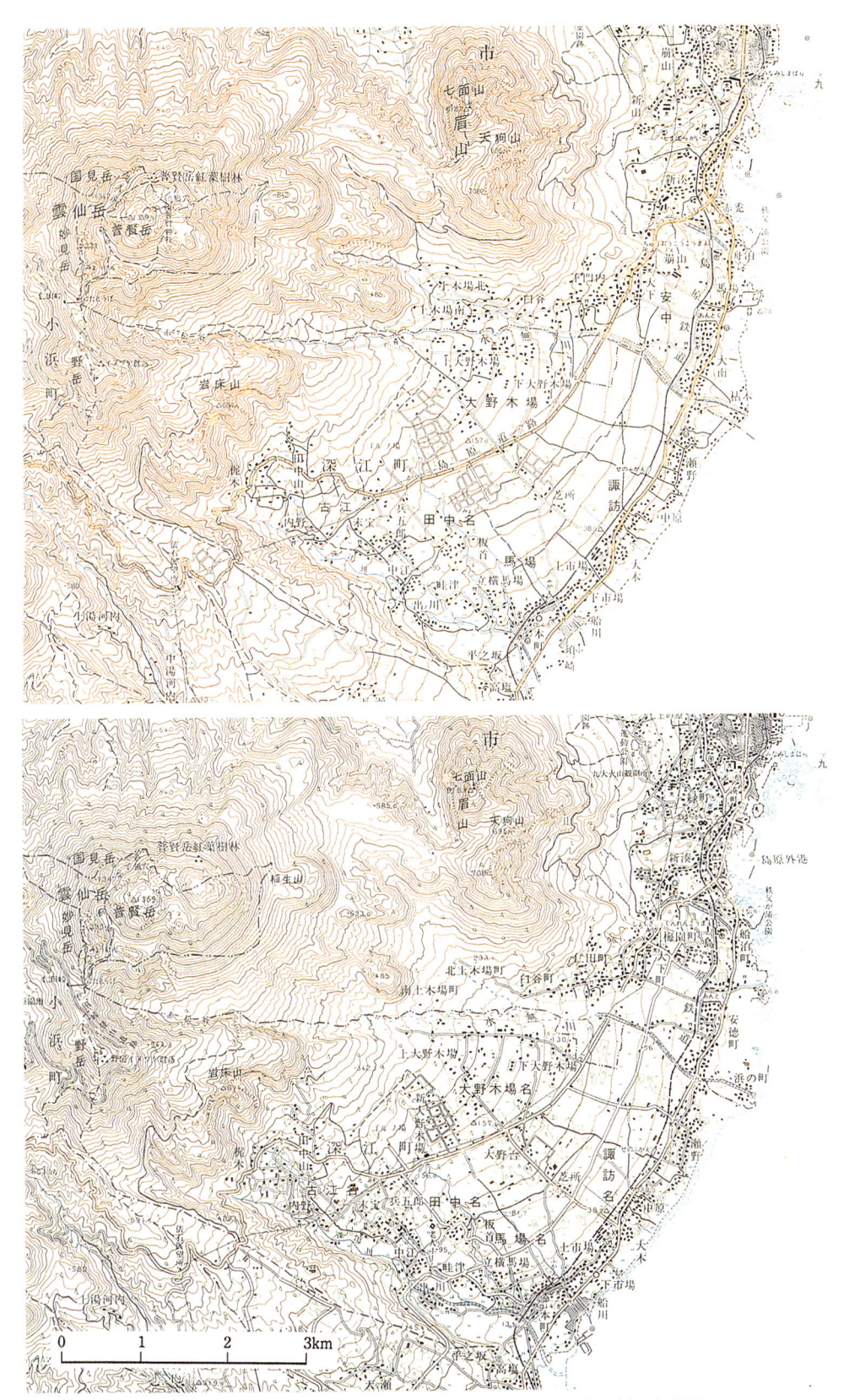

図1・5　雲仙岳の噴火前後の地形図（上：昭和46年編集，下：平成7年修正）

く，周期性が 1,000 年以上に 1 度の活動とはいえ地震による被害は大きく，活断層の数の多さから日本全国を対象とすれば次の活動が切迫したものもあり，活動時期の予知予測が重要である。

　以上に述べてきたように，過密なわが国では急峻な山地を主とする地形と複雑で脆弱な地質状況の中で高度な国土の利用が求められている。ライフラインをはじめとする良質な社会資本の整備や国民の安全確保に際しては，地質に対する十分な調査に基づいて建設事業や防災対策を進めることが望ましい。

　日本の地質環境が世界でもまれな造山帯にあることを述べた。気象条件が日本の地形・地質と組み合わさって，豪雨災害を起こしやすい列島であることを述べた。そのような劣悪な条件の国土にわれわれは住んでいる。調べれば調べるほど，学問が進めば進むほど国土の脆弱な状況が明確にされていく。自然災害に対するリスクがより明らかにされていくであろう。だからと言って，脆弱な国土を健全な国土に変えることは不可能である。それだけに，ハード面での対策，ソフト面での対策が必要になる。大きくみれば，リスクの高い日本の国土を変えることができないのと同じように，それぞれの都市についてもその都市が持っているリスクを根本的に変えることは不可能なのである。さらにブレイクダウンして言えば一人一人の人が生活している固有の場所のリスクを変えることは難しいことである。しかし，そのリスクを知ることにより，リスクをヘッジしたり，リスクを軽減する方法を考えることは可能である。地震がリスクであるということで言えば，それを止めることはできないが，実際の被害は建物が壊れることによって死傷者が出るのであり，地震が起きても壊れにくい建物をつくることによってリスクは軽減できる。また，地盤の悪いリスクの高いところから，地盤の良いリスクの相対性に小さい場所に移ることでリスクをヘッジすることもできる。火災に対しては，初期消火の訓練をすることで効果を出すことも可能である。

　自然災害に対する対策の難しさは，忘れた頃にしか来ない災害に対するパブリックアウェアネスをどう向上していくか，それに対するプレペアドネスをどう向上していくかである。基本的には日本列島が世界でもまれなプレート境界に位置しており，しかも，そのプレートの運動が世界でも最大と言ってよいほど活動的であることである。これが地震を起こす原因であり，火山噴火を起こす原因である。そして，急峻な四国の山地も中部山岳地帯の山地も，六甲山地も今でも隆起を続けている生きた山地であり，それゆえに，山腹斜面の崩壊は起きて当然と言える要素になっている。そこに，豪雨・豪雪があるという気象条件が重なっている。

　日本が世界でまれな災害列島であることについて，もっと理解することが必要である。

第1章　参考文献

1) 建設省河川局：日本水害列島　平成10年の水害を振り返る，1999年
2) 全国地質業協会連合会：豊かで安全な国土のマネジメントのために，1998年
3) 藤田和夫：変動する日本列島，岩波新書，1985年
4) 国立天文台編：理科年表，丸善，1999年
5) 小島圭二：自然災害を読む，岩波書店，1993年
6) 建設省編：建設白書2000，ぎょうせい，2000年

第2章　特異な日本列島の地形・地質

2.1 プレート運動で成長した日本列島

(1) プレート境界に位置する日本列島

　日本列島は，島弧－海溝系よりなるプレート境界部に位置している。ここでは，地球の表面を覆っている十数枚のプレート（地殻）のうち，大陸プレートを構成する北米プレート，ユーラシアプレートおよび，海洋プレートを構成する太平洋プレート，フィリピン海プレートといった4枚のプレートが衝突し，しかも海洋側のプレートが大陸側のプレート下に活発に沈み込んでいる。このような沈み込み現象をサブダクションという（**図2・1，図1・1**）。また，最近注目され始めた房総沖と伊豆半島付近の2カ所のトリプルジャンクションは，4つのプレートがぶつかりせめぎ合う場として世界でも類例が少ない（**図2・2**）。

　この列島は，顕著なサブダクションの前縁にあって，海洋側から大陸側に向かって強く圧縮されている（**図2・3，図2・4**）。少し細かく見ると，太平洋プレートは西側に向かって，フィリピン海プレートはやや北側に向かって移動し，それぞれ日本列島を少し異なった方向から押し込んでいる。太平洋プレート

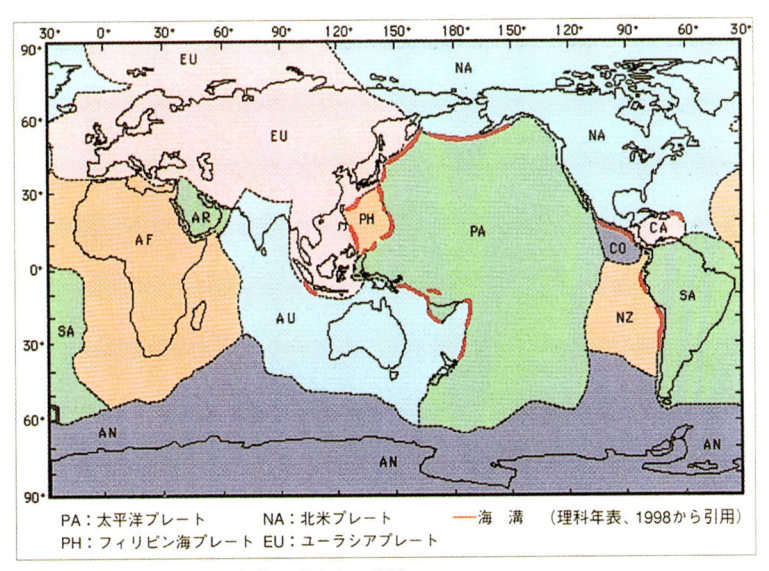

図2・1　4つのプレートと海溝の発達する地域
　海溝の発達する地域は，活発なサブダクションゾーンの存在を示している。海溝は環太平洋での発達がよく，大西洋や地中海側ではほとんど発達していない。環太平洋でも日本列島を含む西縁側での発達が顕著である。
　[全国地質調査業協会連合会：豊かで安全な国土のマネジメントのために，1998年，p.9]

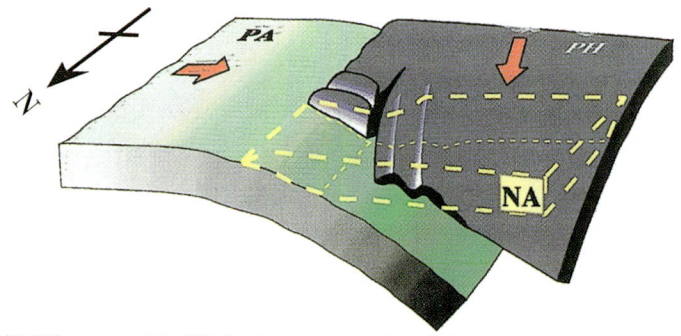

PA：太平洋プレート　　NA：北米プレート　　PH：フィリピン海プレート（Moor and Twiss、1997）

図2・2　複雑な地殻運動とトリプルジャンクション
　トリプルジャンクションは4つのプレートが激しく衝突する伊豆半島付近と房総沖の2カ所あって，世界に類例のない複雑な地殻運動を示す。富士山の誕生はそのようなプレートの特異な運動の象徴なのである。
［全国地質調査業協会連合会：豊かで安全な国土のマネジメントのために，1998年，p.10］

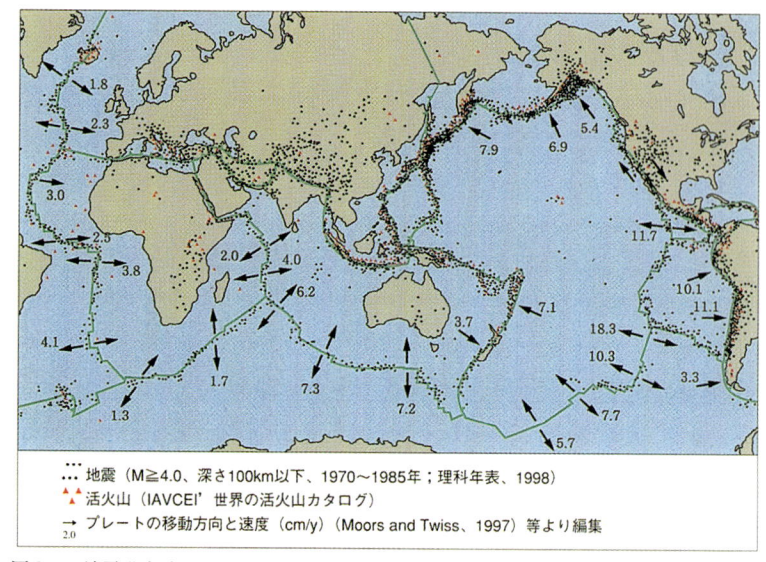

図2・3　地震発生地と火山の分布
　世界で発生している地震や火山は，プレートの境界部に多いが，特に環太平洋地域のサブダクションゾーンに集中している。
［全国地質調査業協会連合会：豊かで安全な国土のマネジメントのために，1998年，p.9］

は，その沈み込みが約7000万年前から始まり，現在に至るまで大陸プレートの様々な地殻運動の原動力となってきた。フィリピン海プレートは太平洋プレートから分離し，約2500万年前から活動を始めた。日本列島の場合でみれば，ユーラシアプレートと北米プレートの境界は，200万年くらい前に北海道の日高山脈付近から本州の中央部（地質構造的には糸魚川 - 静岡構造線付近）に移動したといわれている。この日本海東縁のプレート境界は，まさに新生のプレート境界ということになる。プレート境界も時代的変遷があり，かなり複雑である。また，プレートの移動速度も均一でない。特に50万年前以降，太平洋プレートやフィリピン海プレートの沈み込み速度が加速している。
　日本列島は，プレート運動の変遷に伴って世界でも極めて複雑な地質構造を

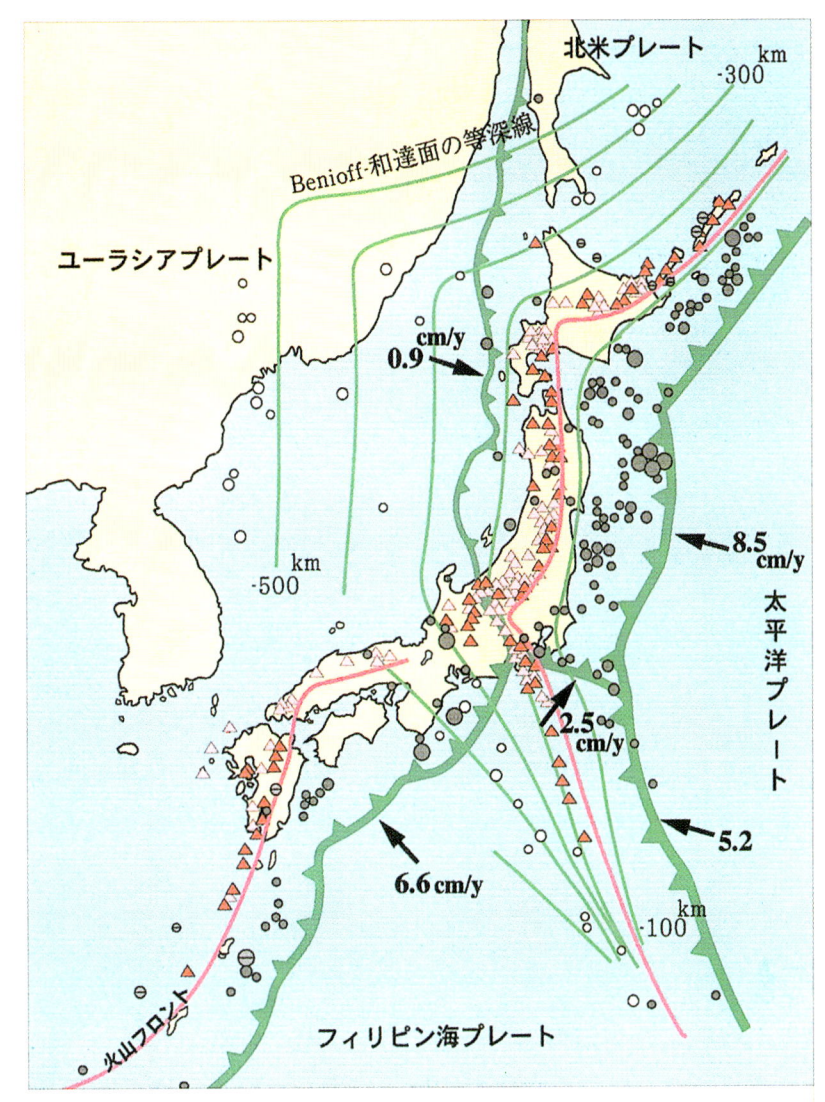

図2·4 プレートの移動とサブダクションゾーン

太平洋プレートは8.5 cm/y といった速いプレート移動速度をもっており、日本列島を極活発なサブダクションゾーンのフロントに位置づけている。移動速度の速い海洋プレートの沈み込みによって、日本列島の地下に応力が集中し、それが活発な地震活動や火山活動の原因になっている。

[全国地質調査業協会連合会：豊かで安全な国土のマネジメントのために、1998年、p.10]

もつに至っている。このプレート運動による巨大な造構力は現在に至っても日本列島に作用し、列島全体を限界的な歪みの蓄積する場としている。日本列島における地震・断層活動、火山・火成活動、隆起・沈降などの地質現象は、これら4つのプレートの沈み込みや衝突などに関連して引き起こされているのである（**図2·4**参照）。

(2) 環太平洋地震帯・火山帯に位置する日本列島

世界の地震と火山の発生場所を見ると、そのほとんどはプレートが激しくぶつかり合う境界部に沿っている。特に太平洋プレートなどの活発な動きを反映

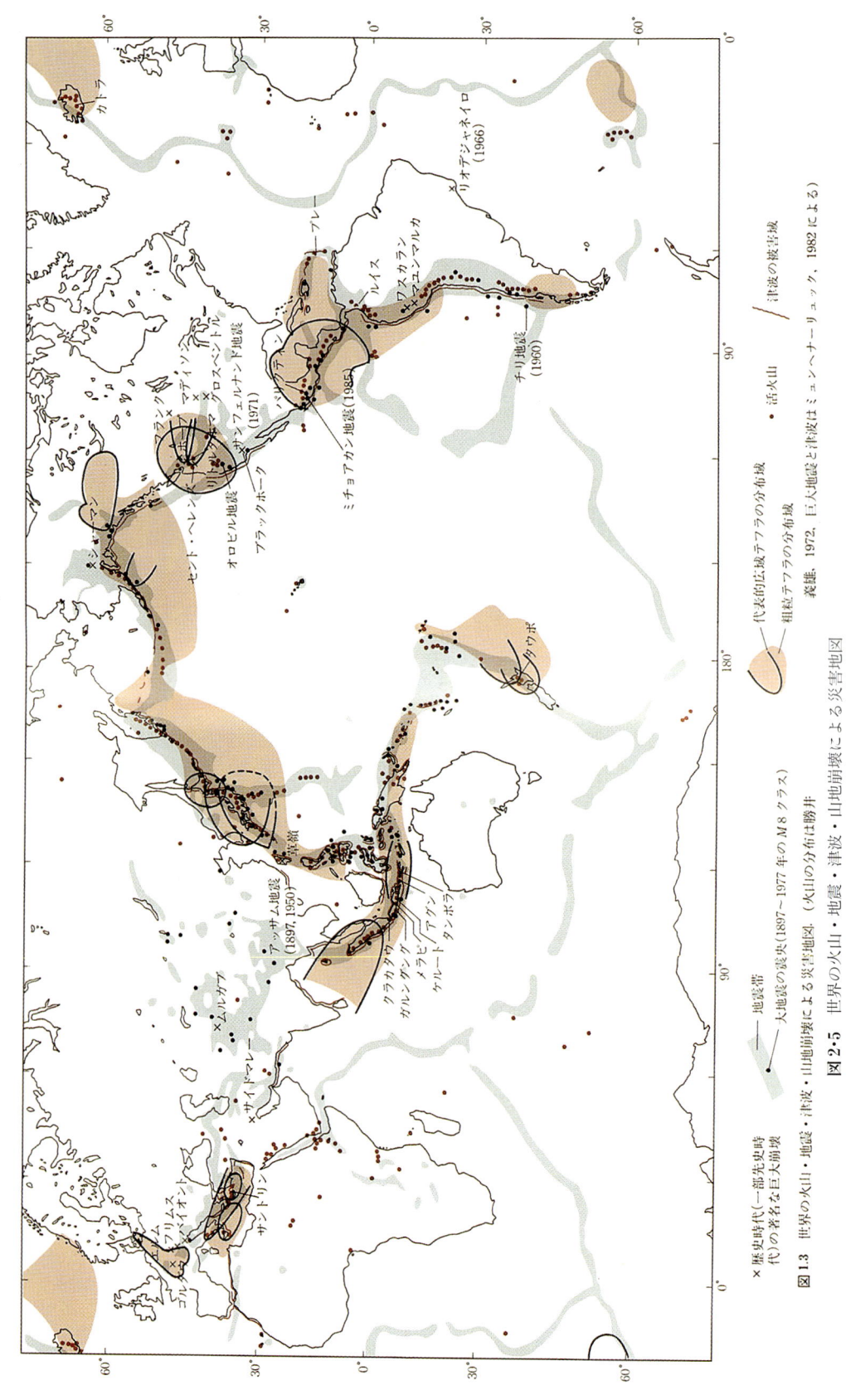

16　第2章　特異な日本列島の地形・地質

図2·5　世界の火山・地震・津波・山地崩壊による災害地図
(火山の分布は勝井義雄・小島圭二編：新版 日本の自然 8, 自然の猛威, 岩波書店, 1996年, pp.8〜9)
[町田 洋・小島圭二編：新版 日本の自然 8, 自然の猛威, 岩波書店, 1996年, pp.8〜9]

図1.3　世界の火山・地震・津波・山地崩壊による災害地図. (火山の分布は勝井
義雄, 1972, 巨大地震と津波はミュンヘナーリュック, 1982年による)

して，太平洋を取り巻くベルト状の地域に集中している。これが環太平洋地震帯あるいは環太平洋火山帯と呼ばれている。日本列島は，太平洋プレート境界のなかでも，特にプレートの移動速度の速いサブダクション部に位置している。これが，日本列島をして世界でも有数の地震および火山活動が頻発する地域とし，われわれの生活が基本的に地震・火山噴火と縁の切れない国土としているのである（**図 2・5**）。

(a) 環太平洋地震帯に位置する列島

太平洋やフィリピン海プレートは，それぞれ日本海および南海トラフで，大陸プレート下に活発に沈み込んでいる。その際の造構力が，地震発生等の大きな原動力になっている（**図 2・6**）。ここでは海洋プレートと大陸プレートとの境界部や内陸側の地殻（大陸プレート）に，巨大なストレス（応力）が蓄積されていく。ストレスが十分にたまってくると，その地殻（岩盤）中に破壊面ができて，ずれを起こすといった弾性反発が，地震発生の基本的なメカニズムである（**図 2・7**）。

環太平洋地域から放出される地震エネルギーは，世界の地震エネルギーの

日本列島周辺で頻発する地震

マグニチュード 7 以上の地震は世界中でこの 90 年間に 900 回ほど発生しており，そのうち日本付近での地震が 10 % を占める。面積割りにすれば，世界の平均の 10 倍もの地震がこの小さな日本で起こっている。世界のマグニチュード 8 クラスの地震についてみれば，この 50 年間で 51 回程度起きているが，日本列島周辺に千島列島南部や台湾東部沖の地震も含めると，そのうち 7 回まで，つまり 14 % もが日本列島周辺で起きていることになる。このような日本列島周辺で発生する巨大地震は日本海溝や南海トラフなどのサブダクションゾーンに集中し，ここでのプレートの衝突がいかに激しいかを示している。

それに対して米国カリフォルニアの西海岸沿いは，同じ環太平洋地震帯であるが，ここでは日本のようなサブダクションはなく，プレート同士が横方向にこすれ合って地震を起こしている。しかし，マグニチュード 8 クラスの巨大地震はほとんど起きていない。

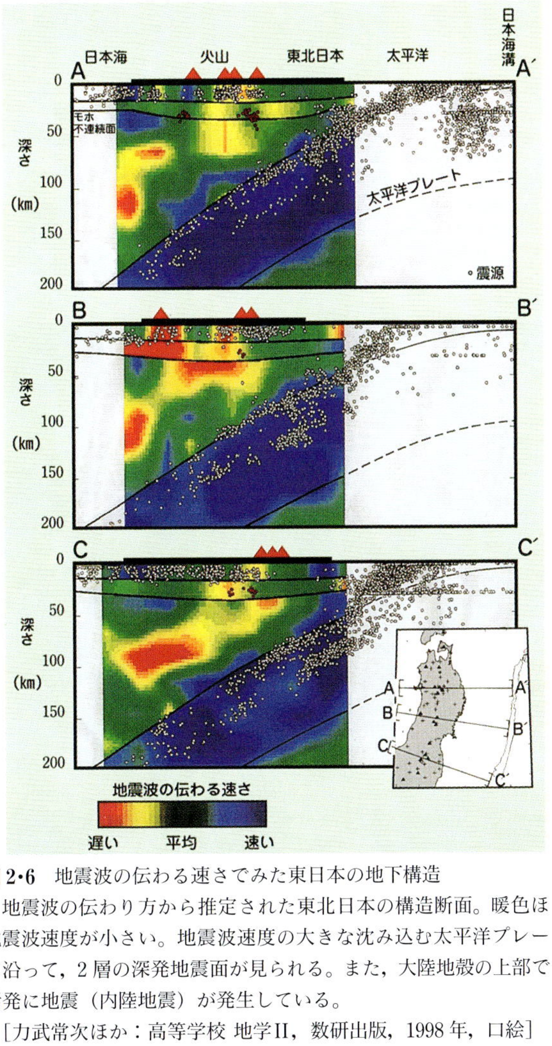

図 2・6 地震波の伝わる速さでみた東日本の地下構造

地震波の伝わり方から推定された東北日本の構造断面。暖色ほど地震波速度が小さい。地震波速度の大きな沈み込む太平洋プレートに沿って，2 層の深発地震面が見られる。また，大陸地殻の上部でも活発に地震（内陸地震）が発生している。

［力武常次ほか：高等学校 地学 II，数研出版，1998 年，口絵］
［安藤雅孝・吉井敏尅編：理科年表読本 地震，丸善，1993 年，p.78］

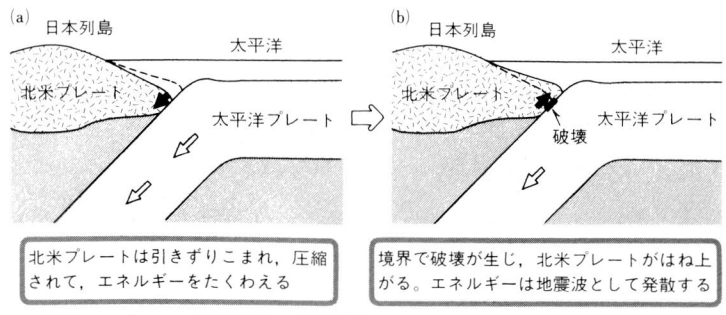

図2·7 プレート境界地震の発生機構
[力武常次ほか：改訂版 高等学校 地学ⅠB, 数研出版, 1997年, p.93]

76％に相当する。そのほかは，アルプス・ヒマラヤ地域で22％，中央海嶺地域で2％である。世界でマグニチュード8クラスの巨大地震が起きる場所は，ほとんど太平洋底を縁取る海溝に沿って起きている。日本海溝や南海トラフではプレートが沈み込んで，プレート境界で巨大な地震を発生している。

プレート境界で巨大地震が起きる人口稠密で資産の集中する地域は，世界でも日本列島周辺だけである。特に伊豆半島を含む南関東周辺の地域では，地下で太平洋プレートとフィリピン海プレートがぶつかり合って大陸プレート下に沈み込み，巨大地震発生の危険性を増大させている。しかも，このようなプレート境界地震は陸域とリンクして内陸地震を誘発させるので，地震の発震機構はさらに複雑なものとなっている。

これに比べて，世界にはほとんど地震が起きないところも多い。それは太平洋岸を除いた北米大陸や南米大陸の大部分，イタリア・ギリシャを除いたヨーロッパのほとんどの地域，カムチャッカ半島・中央アジアを除いたロシアの大部分，広大な南極大陸・オーストラリア大陸といった安定地塊（クラトン）に位置する地域である。

(b) 環太平洋火山帯に位置する列島

日本列島の位置する環太平洋火山帯は，世界でも活火山の最も密集した地域である。沈み込む海洋プレートの一部は，地下深部で溶融してマグマとなり，それが上昇して地表部に噴出する。プレートの沈み込みが活発であるほど，火山活動が激しくなる。このような火山活動や火山の配列の基本形は，中新世後期〜鮮新世（約1200万年前〜約500万年前）以降に形成され，現在の火山活動はこの頃から開始されたという。太平洋プレートの日本列島下への沈み込みは，日本列島を世界でも有数な火山列島にしている。

沈み込んだ太平洋プレートの先端は500km以深にまで達し，100〜150kmほどの深さで上位のマントルを溶融し，活発な火山帯を形成している（**図2·8**）。西南日本ではフィリピン海プレートの沈み込みはせいぜい深度100km程度で，マグマの活動はやや不活発となっているが，火山の多い環太平洋にあっても，その活動は顕著なのである。

大洋底にも巨大な火山帯が発達しているなど，世界の火山活動には様々あるが，これらの火山活動のなかで，プレートの沈み込みに伴って発生するものが，人間社会に与える影響が大きい。とりわけ環太平洋地域に位置する日本列

大洋底に発達する長大な火山脈

プレートの沈み込みに関連しない中央海嶺に沿った火山帯やホットスポットに関連した火山での活動は，人間社会に直接与える影響は小さい。中央海嶺では直下5〜30km付近の浅所にマグマ溜まりができ，それが太平洋や大西洋など世界の大洋の海底を75000kmにもわたって走っている海底の長大な火山脈を形成している。世界の火山噴出の80％以上は中央海嶺で起こっている。また，ホットスポットといわれる特別な場所ではマグマ（この場合にはプリュームという）が3000kmという深部で生じ，それがマントルとプレートを突き抜けて上がってきている。ハワイの火山などはその典型例とされる。

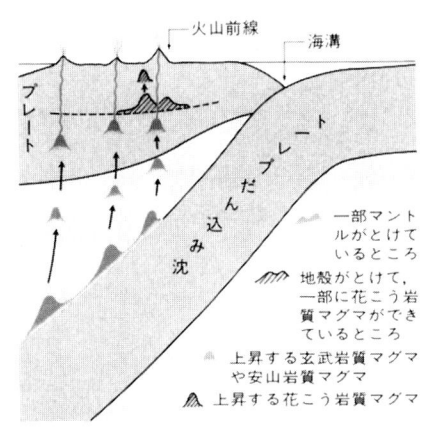

図 2・8 弧状列島でのマグマの発生場所
[友田好文・松田時彦ほか：高等学校 地学ⅠB 改訂版，啓林館，1997 年，p.59]

島では火山の活動が活発で，歴史時代から大きな被害をもたらしている。

（3） 現在も活動する列島

1995 年 1 月 17 日に発生した兵庫県南部地震（$M7.2$）は，淡路島から神戸地域にかけて甚大な被害をもたらした（**図 2・9，図 2・10**）。震度階制定以来初めての震度 7 の地震動を記録し，「震災の帯」と呼ばれる甚大な被災ゾーンを発生させ，都市直下型地震の怖さを示した。この現象は深部構造に影響された地震波の増幅が原因とされてきており，平野下を含めた地盤の深部構造の把握が重要であると認識されてきている。このような特徴ある地質構造の成立も，六甲変動といわれる第四紀の地殻変動の結果である。

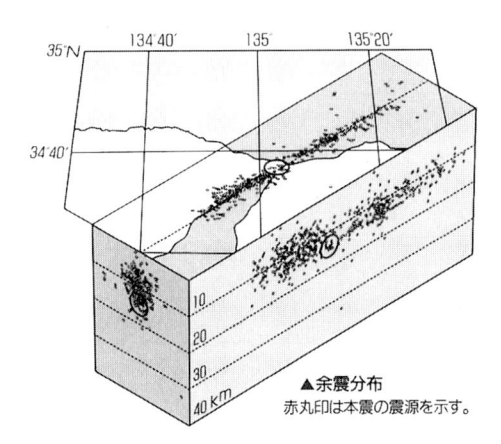

図 2・9 兵庫県南部地震の余震分布
[小島丈兒編：新訂地学図解，第一学習社，1999 年，p.6]

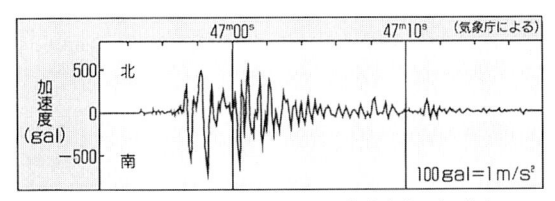

図 2・10 神戸海洋気象台で記録された南北方向の加速度
[小島丈兒編：新訂地学図解，第一学習社，1999 年，p.5]

また，この地震を引き起こした活断層の一部は，淡路島側で顕著な断層として地表部を食い違わせた。この断層は野島断層（あるいは野島地震断層）と呼ばれ，マスコミにも大きく取り上げられた（**写真 2・1**）。これを契機として，地震を引き起こす「活断層」という用語が一般に広く浸透していった。野島断層の活動は，局部的な地盤の破壊現象のように見えるが，地震後の余震分布やさらには日本列島を横断したような大スケールでの地下水変化でも示されるように，広域的な地殻変動の表れなのである。

西南日本の内陸地震は南海トラフで起きる巨大地震とリンクする関係にあり，その巨大地震発生前後をピークに頻発化することが知られている（**図 2・11**）。このような海洋プレートの沈み込みで発生する巨大地震と内陸地震との関連は東北日本でもいわれている。日本列島内には全域にわたって 1500 余りの活断層の存在が指摘されており，それがプレートの運動に影響されて変形破壊して内陸地震を発生することになる。

近年のわが国における地震災害においても，1995 年兵庫県南部地震以前に 1993 年北海道南西沖地震（$M7.8$），1983 年日本海中部地震（$M7.7$），1978 年伊豆大島近海地震（$M7.0$），1978 年宮城県沖地震（$M7.4$）など，地域的に移動しながらも日本列島全体からみれば，ごく頻繁に発生しているといえる。また，古文書に示されるように，約 1600 年も前から各所に地震の記録が残されている。このような古くからの詳細な記録は世界のなかでも稀であるが，日本列島は歴史的に古くからいかに多くの被害地震に襲われてきているかが確認できる。いずれにしても，地殻の広域的歪みは今でも活発に顕在化していることが，これらの地震あるいは活断層の挙動で示されている。

日本列島の最近の活発なプレート運動は，火山活動によってもよく示される。北海道南西部に位置する有珠山の活動は，われわれの目の前で山体の成長

写真 2・1 兵庫県南部地震を発生させた野島断層 ［撮影：毎日新聞社］

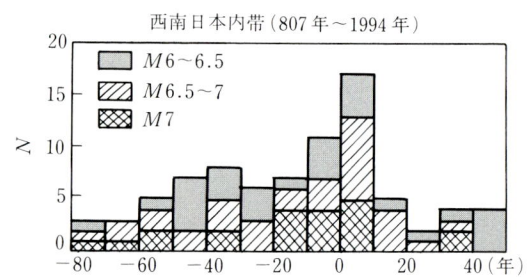

図 2・11 南海トラフの巨大地震前後の西南日本内帯の地震活動の変化 （理科年表の日本の被害地震の表のデータを使用して，静穏側で区切って重ね合わせた）
[尾池和夫・堀 高峰・山田聡治：月刊地球 号外，No.13, 82, 1995 年，p.82]

写真 2・2 昭和新山（北海道有珠山の側火山）
1945年にデーサイト質岩が溶岩を突き破って盛り上がった。比高280 m，さしわたし300 m余りの溶岩ドーム（円頂丘）
[小島丈児編：新訂地学図解，第一学習社，1999年，p.28]

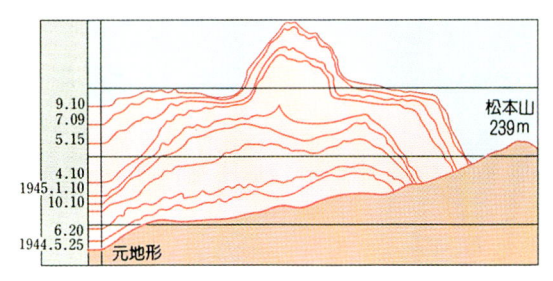

図 2・12 昭和新山の隆起(1944年以降)と熔岩ドーム誕生（1945年）の時間的推移　（三松, 1970）
[小島丈児編：新訂地学図解，第一学習社，1999年，p.28]

を見せてくれたという点で象徴的である（**写真 2・2**）。有珠山は，直径 1.5 km の外輪山をもつ二重式火山で，寄生火山や熔岩円頂丘などを多く生じていた。1943年から1945年にその東山麓部で発生した火山活動は，地震・隆起・水蒸気爆発を伴い，熔岩円頂丘をもつ昭和新山を生じさせた。昭和新山は，当初標高100 m弱の平坦な畑地であったところが，わずか1年半弱で標高400 m強の山体に変貌したものである（**図 2・12**）。

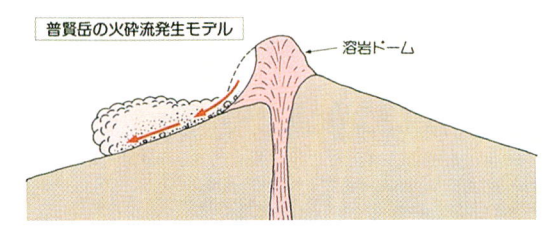

図 2・13 雲仙普賢岳の火砕流発生モデル
[小島丈児編：新訂地学図解，第一学習社，1999年，p.26]

写真 2・3 雲仙火山の火砕流
普賢岳の噴火は1990年11月に始まった。1991年5月から火砕流を流すようになり，6月3日には火砕流により死者43人を出した。普賢岳で発生した火砕流は，山頂にできた溶岩ドーム（円頂丘）の崩壊によって生じるタイプで，大規模火砕流ではない。普賢岳はデーサイト質である。
[砂防学会編：火砕流・土石流の実態と対策，鹿島出版会，1993年，口絵]

また，1990年からの九州雲仙普賢岳の噴火は，その生々しい火砕流の映像が記憶に新しい（**図2・13，写真2・3**）。この火砕流は，熔岩ドームの成長と崩落により発生したもので，43人の被災者を出すこととなった。

日本列島には，第四紀（170万年前）に入って活動した約350の火山が存在し，そのうち86の火山は有史以降活動したとされる活火山である。これらの火山は日本列島を縦断して配列する「火山帯」をなし，伊豆半島付近からは太平洋側に枝分かれし，大島や三宅島，八丈島などの火山島へと連なっている。このような火山帯は各プレートの境界部に沿っており，そこでの火山活動がいかに活発であるかを示している。

さらに，1995年兵庫県南部地震発生後に構築されつつある国土地理院のGPS（汎地球測位システム）連続観測システムは，全国ネットで日本の水平地殻変動歪みを捉えている（**図2・14**）。それによっても，日本海溝からの海洋

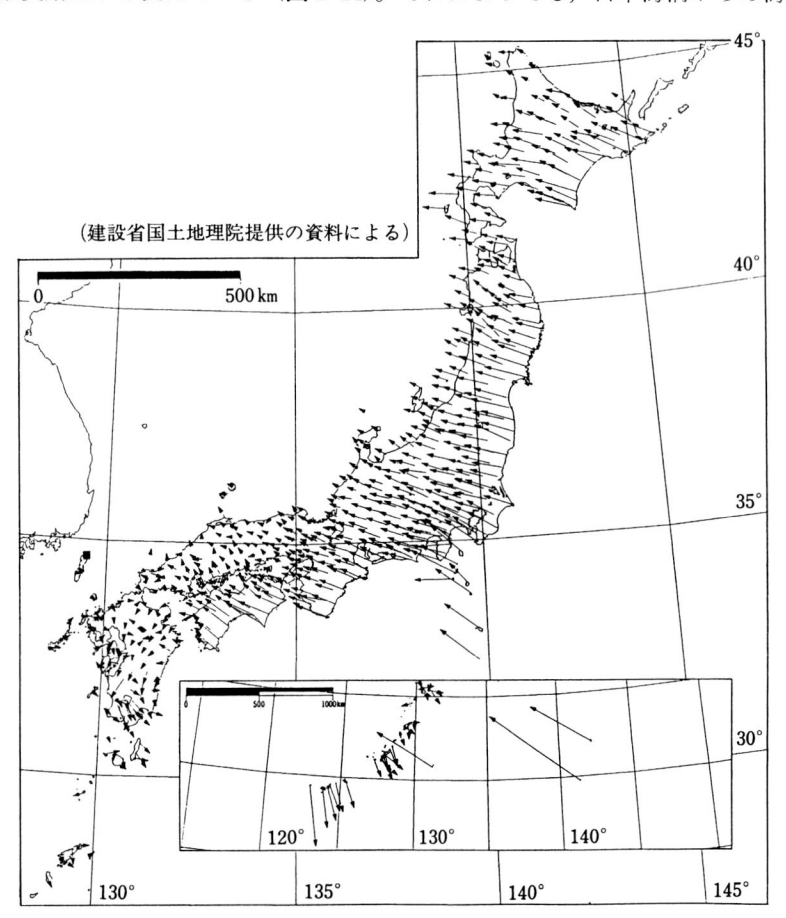

図2・14 GPSによる全国水平地殻変動図

　GPS（汎地球測位システム）衛星からの電波を受信して，連続的に正確な位置を観測し，地殻変動に伴う観測点の位置の変化が測定されている。図は国土地理院が全国に配布した947点の電子基準点（GPS連続観測局）の1年間（1997年4月～1998年4月）の観測結果から求めた各地の地殻変動の様子である。図の矢印が各地点の地殻変動を示している。矢印の出発点が地図上の観測点の位置に対応しており，向きと大きさは，対馬の■印を仮定の不動点とし，それに対する各地点の位置の相対的な変化（地殻変動の大きさと向き）を表示している。なお，最新の地殻変動の観測結果は国土地理院（http://www.gsi-mc.go.jp/）からインターネットを通じて入手することができる。　［国立天文台編：理科年表，1999年，p.669］

プレートの影響がはっきりと読み取れる。東北日本や西南日本の太平洋側では，西向きのベクトルが特徴的である。また九州地方では，別府から雲仙を結ぶ線を境として変位のベクトルの特徴が異なっている。このように，われわれの住む日本列島は，海洋プレートの沈み込みによってじわじわ締め付けられ，激しい地震活動とか火山活動の場となっている。このことは取りも直さず日本列島全体が定常的に日々脆弱化していく過程を示していると言っても過言ではない。

2.2 モザイク状に分断された日本列島の地質構造

（1） 変動帯での日本列島の成立

(a) プレート境界で成長する列島

海洋プレートは中央海嶺で形成され，マントル対流に乗って移動し，大陸縁辺の海溝で沈み込む過程を経ている。海洋プレートは厚さ10 km未満の薄い地殻であるが，玄武岩質で密度が大きい。それに対する大陸プレートは，その中核部の広大な範囲を，先カンブリア時代の花崗岩類や花崗岩質片麻岩類，一部古生層などのごく古い岩石で構成された硬い岩盤で，その厚さも30〜40 km前後に及んでいる。そこは楯状地や卓状地と呼ばれる安定地塊となって，地形的にもほとんど平坦になっている。その大陸地殻は海洋のものに比べて密度が小さく，ちょうど海洋地殻の上に浮くような形となっている。結果として，遠洋から移動してきた海洋プレートは安定地塊の大陸プレートの下に沈み込んでいくことになる。

その際に，海洋プレートは，遠洋などより運んできた堆積物を大陸プレートに付加していった（例えば図2・15に示される四万十帯の形成過程）。この海洋底堆積物は大陸縁辺部に押しつけられ積み重なり非常に複雑な地質構造を呈するようになった（図2・16，図2・17，写真2・4）。このような堆積物を付加体（または付加体堆積物）という。付加体の性状はプレート運動に伴って成長する日本列島の一面を示していることになる。最近実施された音波探査では，フィリピン海プレートの沈み込む南海トラフで，プレートの沈み込みを示すデコルマ（低角度断層の一種）や複雑に変形して押し上げられる付加体の構造を示す見事な記録が得られている（図2・18）。

このように，日本列島は，プレート運動に伴う付加の作用によって集積され，その巨大な造構力によって変形し，成長してきたのである。

(b) 最近の地殻変動による広域的応力場と山地の形成

世界の主峰であるヒマラヤ山脈，アンデス山脈，ロッキー山脈あるいはアルプス山脈などを含めた3000 m以上の山地は，ほとんど中生代から新生代にかけて形成された（図2・19，図2・20）。もちろん造山運動の時期や造山様式にはある程度地域差がある。例えば，アルプス山脈は3500万年前頃アフリカ大陸がヨーロッパ大陸に衝突したことにより形成され，ヒマラヤ山脈は5000万年前から現在にかけての時期にインドプレートがユーラシアプレートと衝突した結果，その境界部の地殻がせり上がったことによって形成された。ロッキー山脈やアンデス山脈は海洋プレートの沈み込みに伴う沈降と隆起に関連して生じた。日本列島付近での海洋プレートの沈み込みは，深い日本海溝の形成を伴ったが，海溝の底から日本列島を振り仰ぐことができたら，ヒマラヤやアンデス

付加体の発達とその性状

最近の地質研究の成果によると，付加体の発達は世界のなかでも日本列島付近で顕著で，今まで地向斜堆積物とされてきたものの多くが付加体であるという。付加体は，もともとの堆積物が乱され，起源を異にする岩石が入り交じったり，複雑に破断・接合されたもので，日本列島の骨格のかなりの部分を占める。日本列島周辺でみると，大陸地殻は古生代中頃以降から現在までの約4.5億年の間に海洋プレートからの付加によって，太平洋側に約400 km成長した。日本列島成長の場は，その拡大する大陸縁辺部で海洋プレートと大陸プレートが衝突する変動帯にあった。日本列島を構成する様々な年代の付加体および花崗岩類は，基本的に海洋プレートの沈み込み過程の産物であった。また，プレート沈み込み過程の進行や地殻変動に伴って，この海溝の陸側斜面を被覆していた堆積物も激しく変形し，下位の付加体堆積物に交じり込み，ますます複雑な岩相となっていった。特に，地層が繰り返しのし上げて作り出すデュープレックスという構造は特徴的である。

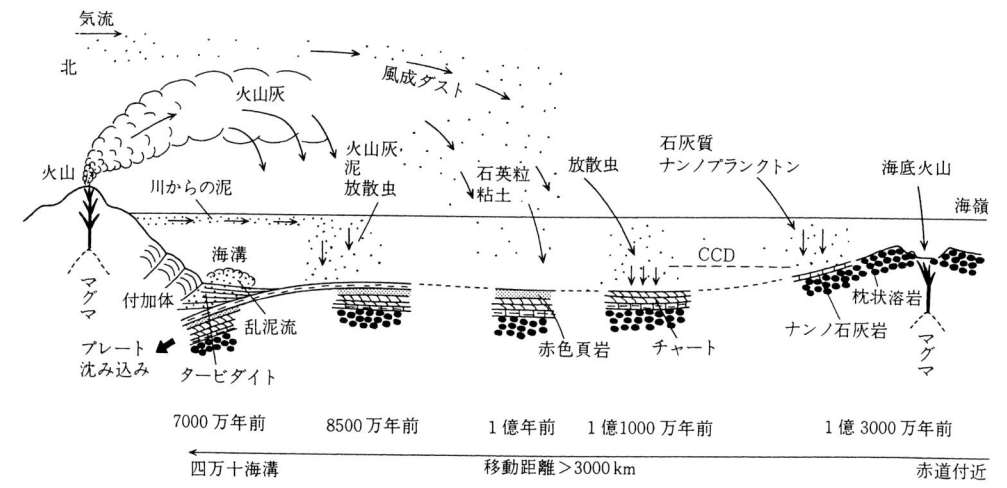

図2・15 白亜紀後期四万十帯の形成過程
（図は，時間とともに海洋プレートの1地点を追う形で作られている）
［平 朝彦：日本列島の誕生，岩波書店，1990年，p.63］

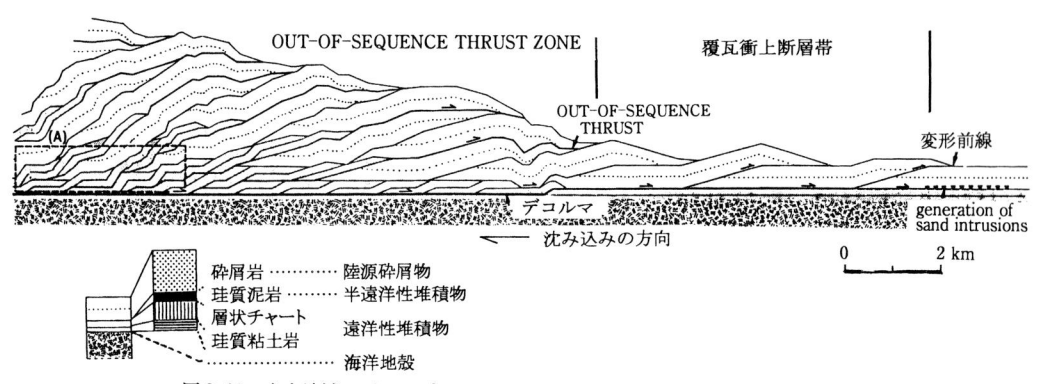

図2・16 犬山地域のデュープレックスの形成モデル（kimura & hori, 1993）
［狩野謙一・村田明広：構造地質学，朝倉書店，1998年，p.250］

写真2・4 フランス中央部 Murat で見られる衝上断層のフラットとランプ
この地層は新第三紀の凝灰岩と凝灰質泥岩からなり，いわゆる衝上断層帯に存在するものではない。ハンマーの位置から左が地層に平行なフラットの部分で，右上へ切りあがっている部分がランプの部分である。この写真はデュープレックスの一部である。
［狩野謙一・村田明広：構造地質学，朝倉書店，1998年，p.130］

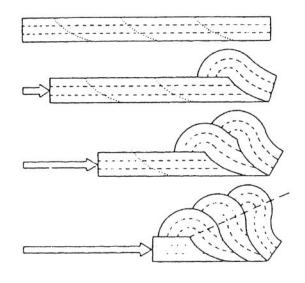

図2·17 はぎ取り付加モデルに基づく扇状覆瓦構造の形成
［狩野謙一・村田明広：構造地質学，朝倉書店，1998年，p.138］
［Seely, D.Ret., Vail, P.R. & Walton, G.G., 1974：Trench slope model. In Burk, C.A., & Drake, D.L.(eds.), The Geology of Continental margins, Springer‒Verlag, New York, pp. 249～260］

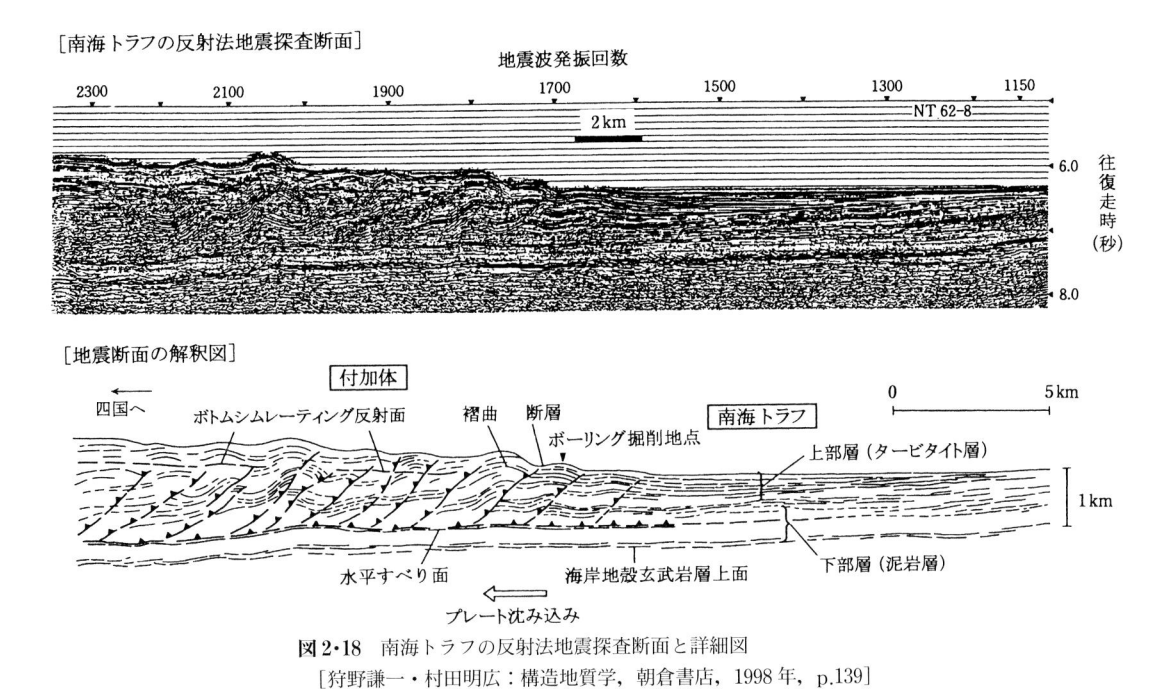

[南海トラフの反射法地震探査断面]

[地震断面の解釈図]

図2·18 南海トラフの反射法地震探査断面と詳細図
［狩野謙一・村田明広：構造地質学，朝倉書店，1998年，p.139］

地層累重の法則と付加体

18世紀にイギリスのウィリアム・スミスによって地質学の基本原理として地層累重の法則が打ち立てられた。これは、「地層が形成された後で断層や褶曲運動などで乱されていないときは、上位の地層は下位の地層より常に新しい」という法則である。ところが、付加体では地層形成と付加作用が連続して起こるため、この法則は成り立たず、より下位にある地層ほど新しいという地質構造となっている。この点は重要で、従来の地質学の常識を覆すものであり、プレートテクトニクスの発展がもたらした地質学の新しいパラダイムである。

付加体堆積物

従来は地向斜堆積物とされていた美濃‒丹波帯や秋吉帯（中国帯）は、石灰岩中のフズリナ化石などから古生層とされてきた。しかし、1970年代前半にコノドントという微化石の発見をきっかけとして、その地層は古生代後半から中生代前半に形成された海洋性堆積物が、付加体として日本列島にもたらされたものであることが明らかにされた。また、美濃‒丹波帯を構成する付加体の構造はごく低角度の断層（デコルマ）に沿って衝上してきたものであることがわかってきた。

中生代から第三紀の初めに形成した四万十帯の砂岩や泥岩（粘板岩）も注目されている。これらの岩石を付加体とする考えに賛否両論があって今後の問題であるが、四万十帯が陸側に傾斜しながら全体的には海側に若くなる衝上岩体の集合体であること、あるいは放散虫化石や古地磁気データを踏まえた研究成果から付加体としての考え方が展開されている。また、新第三紀以降では、フィリピン海プレートの一部が、500万年前以降に丹沢山地部として、50万年ほど前になると伊豆半島部として日本列島に付加されたという。

このような日本の付加体の解明は、今後の研究成果に待つ点も多いが、その成果は世界の付加体研究の先端になろうし、日本列島そのものの特異性を解き明かしていくうえで、重要な鍵となることは確実である。

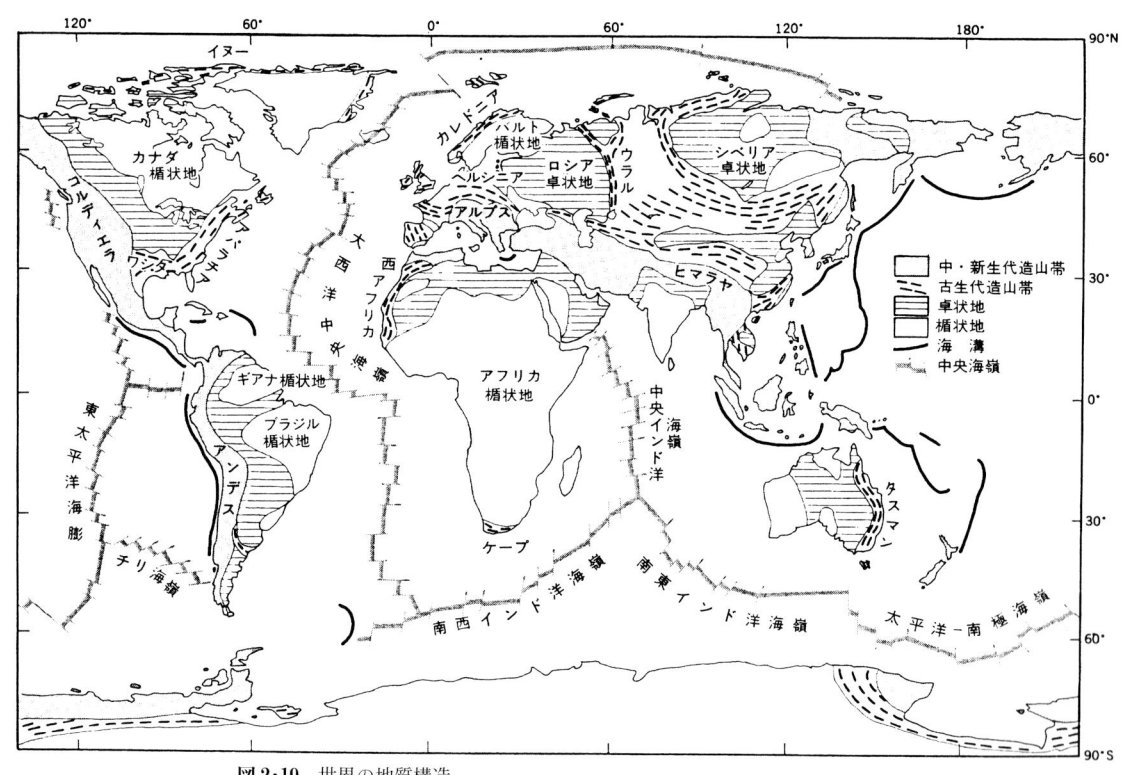

図2・19 世界の地質構造
（凡例は図中右側。古生代造山帯の破線は褶曲構造の広がる方向を示す）
[貝塚爽平ほか編：写真と図でみる地形学，東京大学出版会，1985年]

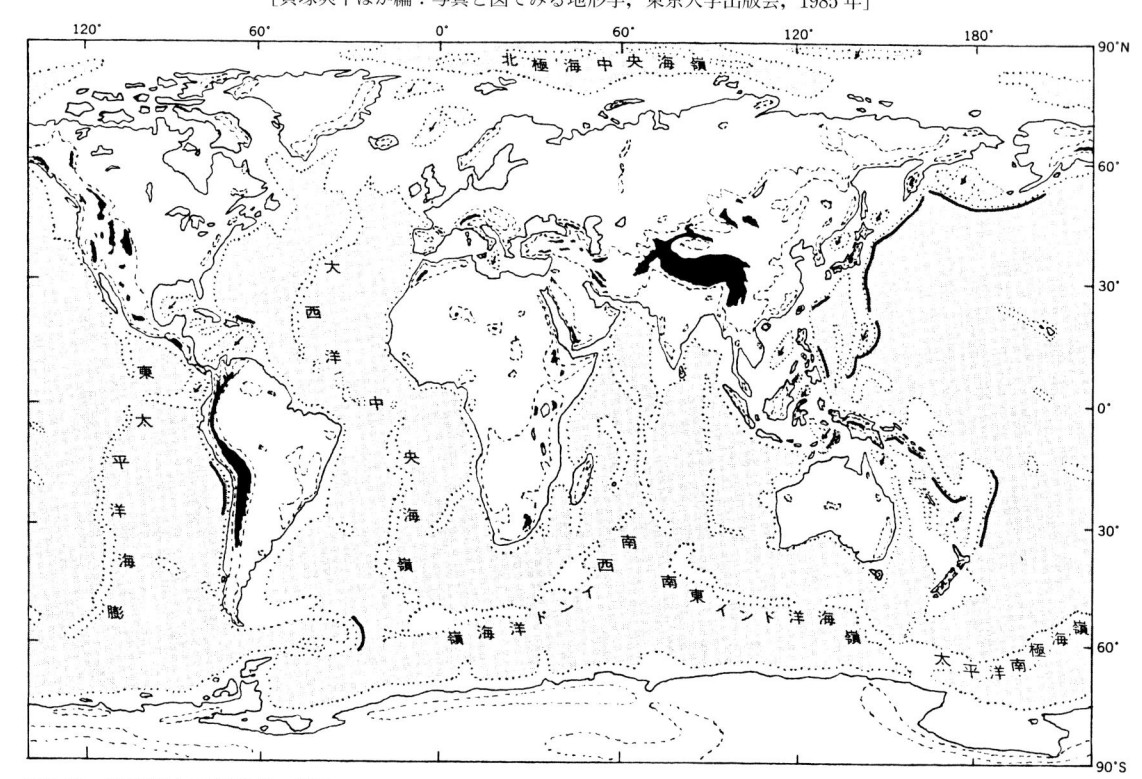

図2・20 地球表面の高度分布の概略
（陸上の破線は1,000 m，黒は3,000 m以上，海底の点線は−3,000 m，黒線は7,000 m以深。グリーンランドと南極大陸の破線は氷床の地表高度）　　[貝塚爽平編：世界の地形，東京大学出版会，1997年，p.4]

日本の山地の発達過程

海洋プレートの沈み込みに伴い付加体堆積物は地下深所にも引きずり込まれ、変成作用を被るものもあった。また、付加体で構成される海溝の陸側斜面上にはしばしば、前弧海盆と呼ばれる堆積盆地が形成され、陸源あるいは半遠洋性の正常堆積物が埋積した。この沈降帯も、やがて隆起帯へと転化し、圧縮される場へと転化し、山地として成長していったのである。

長期間の継続的で広域的な隆起によって、日本列島の大部分は山地化し、また海岸部などで列島を取り巻くように複数段の海岸段丘を形成した。その上昇速度は、大部分の地域で新第三紀中新世初頭から現在までの2400万年間に平均0〜40 mm/千年程度であるという。日本列島を縦断する中軸の山岳部で40〜100 mm/千年以上の隆起が認められる。第四紀の200万年間に限れば、日本列島の大部分の隆起速度は0〜500 mm/千年程度である。第四紀において最も隆起が激しかったのは中部山岳地帯で、その累積隆起量は第四紀を通じて1500 mを超えており、隆起速度は750 mm/千年である。さらに、過去数十万年の間に限れば、隆起速度が最も大きいのは、地震に伴う隆起が生じている南関東や四国の太平洋側の半島先端部で、過去12万年間における隆起量は100 mを超えており隆起速度は800 mm/千年程度である。

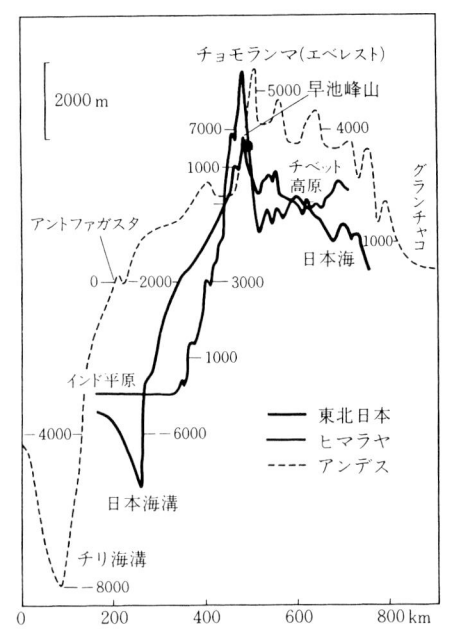

図 2・21 東北日本, ヒマラヤ, アンデスの断面図
[小島圭二ほか編：日本の自然 地域編2, 東北, 岩波書店, 1997年, p.3]

並みの大山脈を見ることができるであろう（**図 2・21**）。その意味で、日本列島はプレート運動に伴って高く突き上げられた世界規模の高地ともいえる。

その列島は、ユーラシア大陸の東縁で数億年前に始まった海洋プレートの沈み込みによる付加体の集積で成長し、現在でも活発な隆起運動で押し上げられている。この運動は造山運動ともいい、付加体などの堆積物を海域から高所へと押し上げていった。日本列島の山地を主とする現在の地形的骨格が形づくられたのは、おおむね中新世中頃（約1500万年前）に日本海が開いて以降のことであるとされている。日本列島と周辺地域の隆起運動は、大局的には数百万年前から現在に継続している変動であり、この時代は世界の変動帯のなかでは比較的新しい時期である。

日本列島は、全体として隆起を繰り返しているが、局部的に沈降傾向にある平野や盆地によって仕切られブロック化している（**図 2・22**）。そのブロックの境界は、ほとんど活断層となっている。活断層の変位状態はプレートの運動による広域の圧縮応力場を反映し、その運動の影響を直接的に示している。東北日本は500万年前以降、主に東西性の圧縮場におかれ、約350万年前から逆断層が活動を開始したとされている（**図 2・23, 図 2・24**）。その代表的な例として横手盆地東縁断層帯は、約240万年前から活動を開始したと考えられている。一方、西南日本が現在の東西性の圧縮場になったのは、100万〜150万年前頃とされており、横ずれ断層が卓越する。1995年兵庫県南部地震で出現した野島地震断層は、まさに右横ずれ断層であった。また、伊豆半島周辺では、50万年前に小陸塊（現在の伊豆半島）の衝突によって現在の地殻応力場に変化したとされている。

このような地殻運動は、六甲山変動に代表されるネオテクトニクスと呼ばれ

ているもので，第四紀後半以降に加速されているといわれている（**図 2・25**）。このように圧縮の度合いを強めた日本列島は，少なくとも過去数十万年の間，現在と同じような広域的な応力場が継続し，それによる急速な隆起と変形破壊によって現在の山地部が形成されたといえる。その変動様式は，列島の横断方

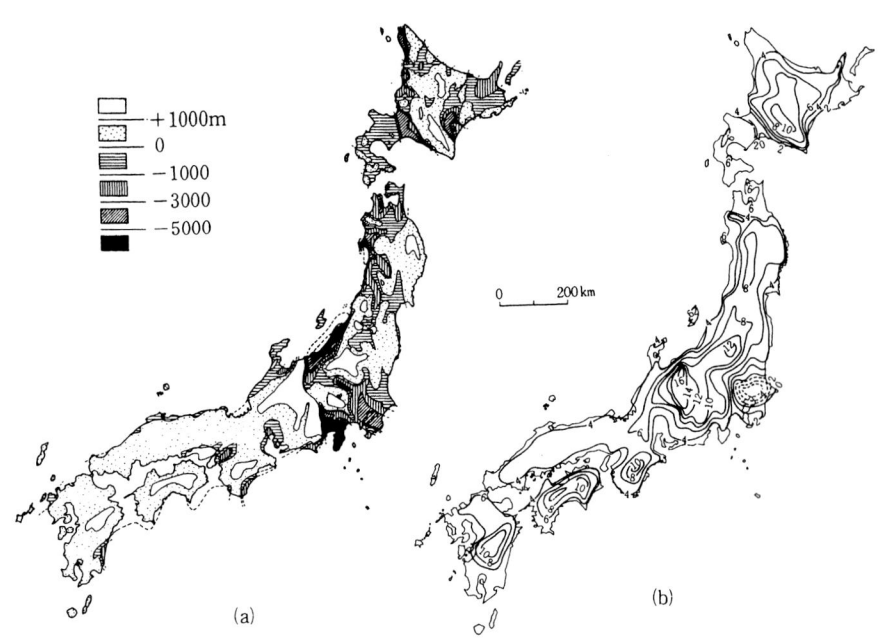

図 2・22 日本列島の上下変動図
　(a)は新第三紀以降の上下変位量［Matsuda ほか：Late Cenozoic orogeny in Japan. Tectonophysice, 4, 1967 年, pp. 349〜366］。(b)は第四紀の上下変位量［吉川ほか編：新編 日本地形論，東京大学出版会, p. 415］。数値は 100 m 単位, 実線は隆起, 破線は沈降。

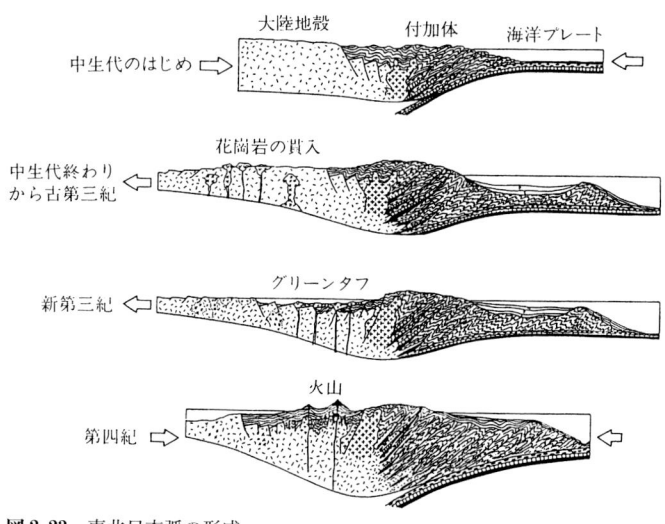

図 2・23 東北日本弧の形成
　大陸の縁の付加体として北上山地と阿武隈山地の骨格が形成され，後に日本海が開き，第四紀には火山が噴火して現在の東北日本弧の姿となった。
（Kitamura, 1991）
［小島圭二ほか編：日本の自然 地域編, 東北, 岩波書店, 1997 年, p.7］

向での短縮運動とそれに伴う上昇運動（**図2・26**）で，現在観測されている三角点測量やGPSで示される変動状況ともほぼ一致している。

(c) 海水面変動と地盤運動による平野部の形成

第四紀になって隆起する日本列島にあって，局部的に沈降する地域も認めら

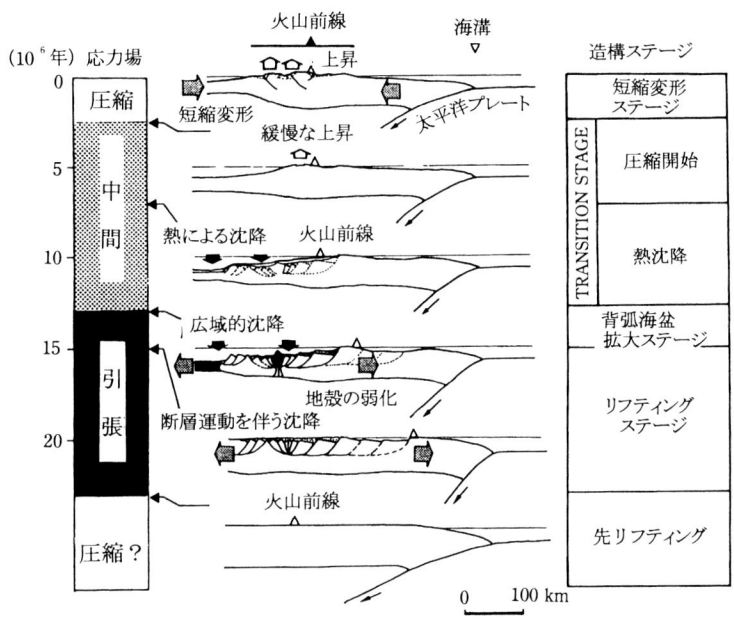

図2・24 東北日本弧の発達経過を示す模式図（Sato & Amano, 1991）
［狩野謙一・村田明広：構造地質学，朝倉書店，1998年，p.259］

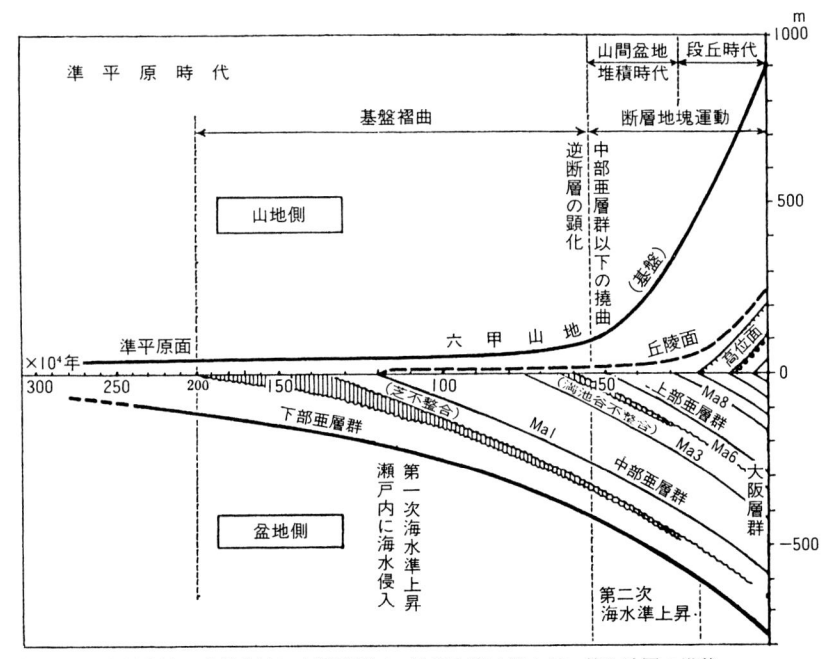

図2・25 六甲山地の成長曲線と大阪湾側での沈降と海水準上昇に伴う地層の堆積
Maは海成粘土の略号
［藤田和夫：日本の山地形成論，蒼樹書房，1983年］

図 2・26 日本列島の地殻変動
三角点の変動（1948〜1967 年）からわかった 2 点間の距離（地殻）の短縮方向．矢印の長いところは変化が大きく，東京付近での年間平均の短縮率は 100 万分の 0.2 程度である．
［平 朝彦：日本列島の誕生，岩波書店，1990 年，p.174］

れる．それは，石狩低地，新潟地域，関東平野，濃尾平野，大阪平野などの平野部で，1 m/千年以上の沈降が認められることがある．一方この時代は，大陸氷河の拡大（氷期）と縮小（間氷期）に伴う全地球規模での氷河性海水準変動の影響下で，平野部の形成が進行した（**図 2・27，図 2・28**）．

　氷河性海水準変動は，過去 70 万年間では海水準の上下変動がほぼ一定しており，現在に比べて＋十数 m〜－百数十 m の範囲内にあった．氷期・間氷期の周期性に関しては，地球の軌道要素（公転軌道の形や地軸の傾きなど）の変化に伴う周期的な日射量変動にその原因を求める考え方が一般的である．日本列島周辺においては，最終氷期最盛期（約 18000 年前）には，海面が現在より 120 m 前後低下していた．そして，その時期には結氷や海面低下によって日本海の面積が縮小し，日本海側の降水のもととなる水蒸気の供給が減少したこと，太平洋側では台風の来襲する頻度が減少したことなどが推定されている．その後，海水準は急激に上昇して，約 6000 年前に現在比 0〜＋5 m に達した．この海面上昇は縄文海進と呼ばれ，平野部に進入して谷部の埋積を促進し，沖積低地を形成した．

　日本列島の台地・低地を合わせた平野面積は，列島全体の約 24％程度，沖積低地のみでは 13％程度である．このような平野部の形状や分布の基本形は地殻運動によって規制された．さらに平野部は沈降傾向に加え，最終氷期以降の海水進入時に，軟弱な沖積層の異常な発達がもたらされた．欧米の大都市の位置する大陸部では，日本のような軟弱地盤の発達は少ない．日本の軟弱地盤が安定した大陸部に比べて異常に厚いのは，地殻運動による後背山地の隆起と平野の沈降に加え，縄文海進などによる海水準の急激な上昇が働いたためである．

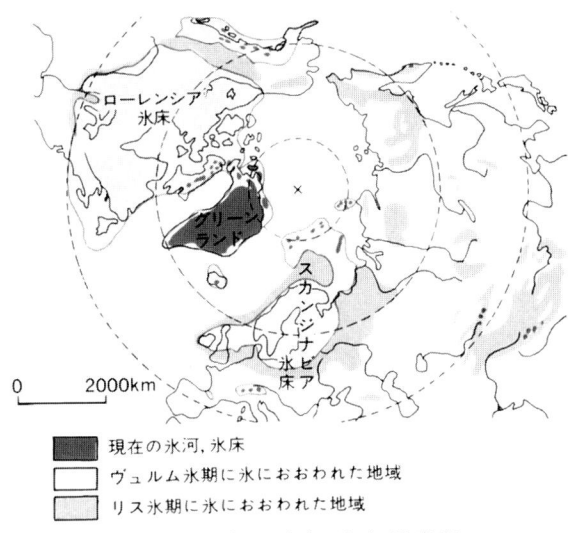

図 2・27 第四紀における氷河・氷床の発達（北半球）
[若浜五郎：氷河の科学，日本放送出版協会，1978年]

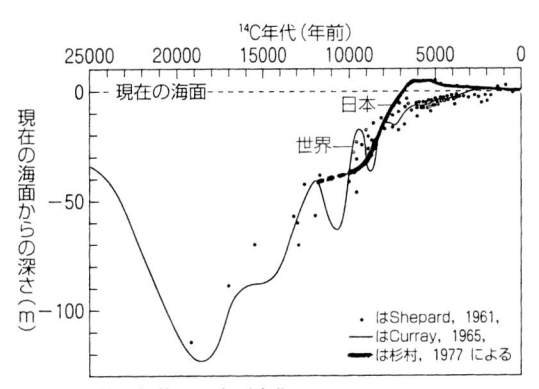

図 2・28 第四紀後期の海面変化
図は安定大陸の資料をもとにして，25,000年前以降の海面変化を示したものである。約17,000年〜7,000年前に急速な海面上昇があったことがわかる。これは最終氷期が終わり，氷河の氷が溶けて海面が上昇したことを示している。また，日本各地の資料からは，約6,000年前に現在より海面が高い時代が合ったことが推測できる。
[浜島書店編集部編：最新図表地学，浜島書店，1998年，p.73]

（2） モザイク状に複雑に分布する日本列島の岩盤類

　日本列島は，約4.5億年前から始まったプレート運動の沈み込みに伴って堆積物や火成岩などの地質岩体（地質体ともいう）を付加されながら，海側へ約400 km にわたって成長してきた。そして，現在の列島に近い姿となったのは，日本海が開いた約1500万年前以降といわれている。この列島を構成する地質は，プレート運動に伴って，多くの構造線や断層等で分断されている。その結果，欧米などの大陸部に比べて，より小規模な岩体がモザイク状に組み合わされた複雑な地質分布（**図 2・29**）を呈するようになっている（第4章参照）。

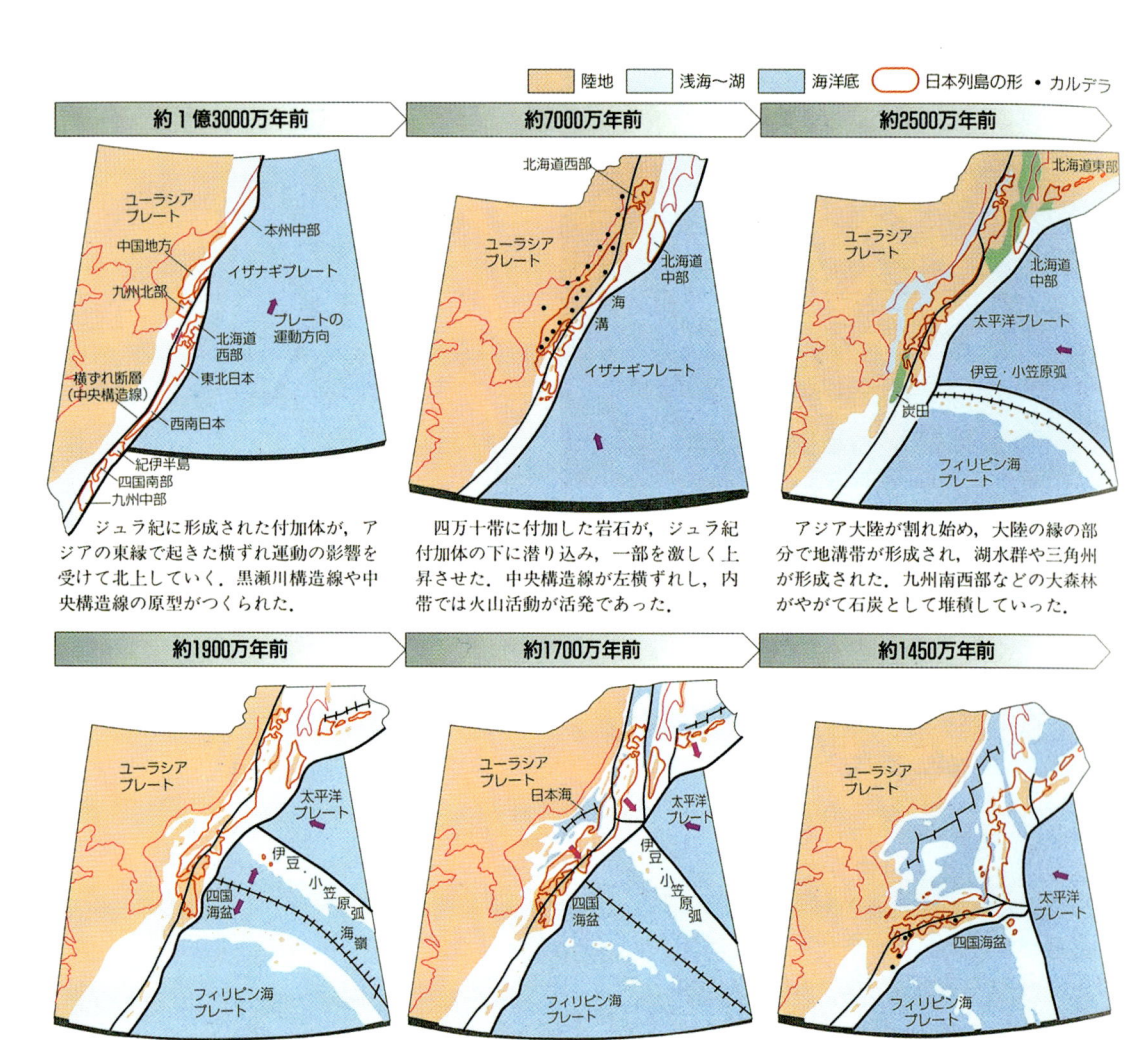

第2章 特異な日本列島の地形・地質

凡例: 陸地 / 浅海～湖 / 海洋底 / 日本列島の形 / ・カルデラ

約1億3000万年前
ジュラ紀に形成された付加体が，アジアの東縁で起きた横ずれ運動の影響を受けて北上していく．黒瀬川構造線や中央構造線の原型がつくられた．

約7000万年前
四万十帯に付加した岩石が，ジュラ紀付加体の下に潜り込み，一部を激しく上昇させた．中央構造線が左横ずれし，内帯では火山活動が活発であった．

約2500万年前
アジア大陸が割れ始め，大陸の縁の部分で地溝帯が形成され，湖水群や三角州が形成された．九州南西部などの大森林がやがて石炭として堆積していった．

約1900万年前
九州・パラオ海嶺と伊豆・小笠原弧が分離し，四国海盆が拡大し始め地溝帯はさらに拡大した．そのため，海水が浸入した．

約1700万年前
日本海が拡大を始め，四国海盆も拡大し続け，伊豆・小笠原弧がほぼ現在の位置に近づいた．

約1450万年前
オホーツク海も拡大し，千島弧ができ始めた．1500万年前になると，日本海の拡大が終了し，日本列島は本州中部で折れ曲がった．

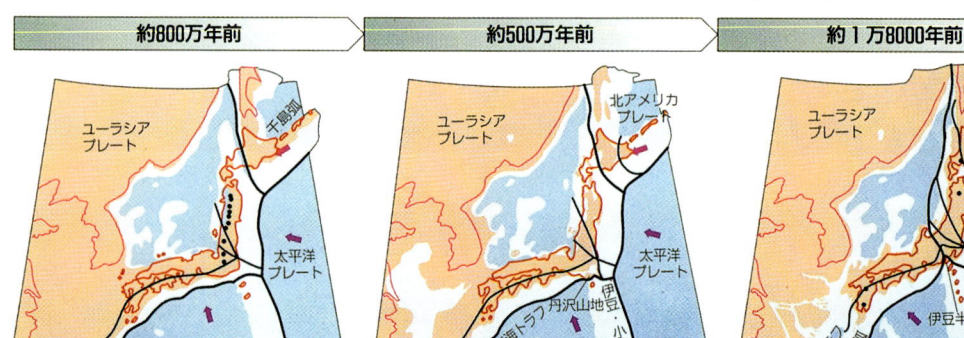

約800万年前
伊豆・小笠原弧は本州に衝突し，千島弧前部も北海道に衝突して日高山脈を隆起させた．東北日本はほぼ水没していたが，やがてカルデラの活動が盛んになった．

約500万年前
本州に伊豆・小笠原弧にあった丹沢海嶺が衝突した．西南日本はだいたい陸地化していたが，南西諸島では海水が浸入し始めた．

約1万8000年前
200万年前より日本海底が東進し，日本列島は東西に押されて山脈が隆起した．上図の時代は氷河時代の最盛期で，海面が下がり大陸と陸続きになっている．

図2・30 日本列島形成の歴史
（平 朝彦：日本列島の誕生，岩波書店，1990年に基づく）
［浜島書店編集部編：最新図表地学，浜島書店，1998年，p.72］

日本列島に残存する大陸地殻の断片

大陸の安定地塊を構成する先カンブリア紀の非常に硬い岩盤も，その縁辺部では海洋プレートの沈み込みに伴って破砕・変成され，断片的となっている。日本列島では，飛騨，野母半島（長崎），隠岐などの大規模な断層破砕帯（構造線という）中に極めて小規模に点在している程度である。

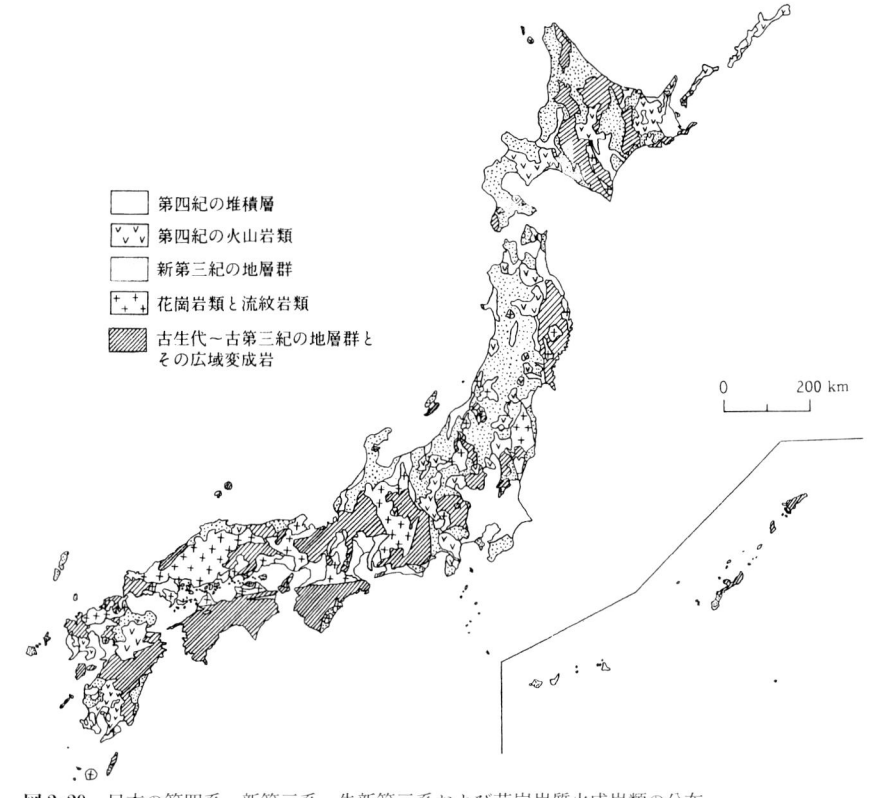

図 2・29 日本の第四系，新第三系，先新第三系および花崗岩質火成岩類の分布
（地質調査所『日本地質アトラス』1982 年から作成）
［島崎英彦・新藤静夫・吉田鎮男編：放射性廃棄物と地質科学―地層処分の現状と課題―，東大出版会，1995 年，p.9］

凡例：
- 第四紀の堆積層
- 第四紀の火山岩類
- 新第三紀の地層群
- 花崗岩類と流紋岩類
- 古生代～古第三紀の地層群とその広域変成岩

古生層の岩相

北海道中軸部，北上山地，足尾山地，関東山地，美濃－丹波帯，秩父帯などに厚く分布し，主として砂岩，泥岩（頁岩），石灰岩，層状チャート，凝灰岩からなる。オリストストロームとなって不連続性岩盤を構成している。そしてその多くは付加体堆積物で，付加過程において各種岩石が交じり合って複雑な岩相を呈している。そのため，相接する岩石の形成された場所や環境を異にし，硬さや透水性を全く異にしていることが多い。この時代の火成岩体は花崗岩，閃緑岩，はんれい岩，蛇紋岩，玄武岩からなるが，一般に小規模な岩体である。

日本列島の地質体は，大きく西南日本と東北日本に区分される。古い岩盤類（古第三紀以前の地層・岩石）に関して言えば，西南日本では，その地質構造は東西方向に延び，大まかには北から南に向かって新しい地質が分布する。東北日本では，地質構造は南北に延び，大まかには西から東に向かって新しい地質が分布する。いずれも沈み込み帯である海溝側に向かって，新しい地質が分布している。

図 2・30 に示すように，日本海が拡大する新第三紀の時代には，西南日本は隆起傾向にあり，その逆に東北日本は沈降傾向が強く多島海となった。そして約 1450 万年前になると日本海の拡大は終了し，日本列島は本州中部で折れ曲がった。このような時代に，東北日本を中心に，凝灰岩類や泥岩類などを主とした軟岩いわゆるグリーンタフと総称される新第三紀層が形成された。そして，それらは激しい海底火山活動の影響（例えば熱水変質作用など）を被ったため，より脆弱な地質体と変化していった。

また，この頃から現在の火山帯に近い位置で火山噴出が活発化し，多くの火山岩類が地表にもたらされた。そして，その火山噴出物の多くは，現在，土地利用が進んでいる平地部や丘陵地・山麓に広く分布している。また，丘陵地と平野部は，最終氷期の終了に伴う世界的海進の時代に厚く発達した第四紀層の分布でも特徴づけられる

このような日本列島の地質体は，大雑把には日本列島の基盤（土台）をなしている古い岩盤類（古第三紀以前の地層・岩石），それを覆って日本列島の輪郭を構成する新第三紀の地層や岩石，列島部を広く被覆する火山岩類，そして主要な生活舞台となる平地部を構成する第四紀層に分けられる。

これら地質時代の古さや岩質の違いは，強度や密度などの岩石物性に大きな違いを生じている。とりわけ，古第三紀より古い岩石は新第三紀以降の堆積岩に比較して，一般に緻密で硬いといった特徴がある。

(a) 日本列島の土台をなす岩盤類

古第三紀以前の地層・岩石は，山地部を中心に露出しているが，各地の平地部でも深部ボーリング等でその存在が確認され，広い範囲で日本列島の土台をなしている（**図2・29**参照）。

この時代の日本列島は，大陸の縁辺に位置する沿海部であり，その主要な地質は，主に古生代から中生代にかけて形成された付加体と，それを貫く白亜紀の花崗岩類である（**図2・31**）。さらにプレート運動の活発化に伴って，低温高

中生層の岩相

約2.4億年前から6500万年前の時代に形成された地質である。この時代の造山運動は世界的に活発である。日本ではプレートの沈み込みに伴う付加作用により，古生代から継続して美濃-丹波帯や秩父帯などに堆積物が厚く形成し，さらに三波川・領家両変成帯を形成している。白亜紀から古第三紀にかけて，四万十帯などに砂岩・泥岩・その互層が厚く堆積・付加されている。この時代は，濃飛流紋岩の噴出や大規模な花崗岩の貫入などの広範かつ大量の火成活動があったことも特徴的である。

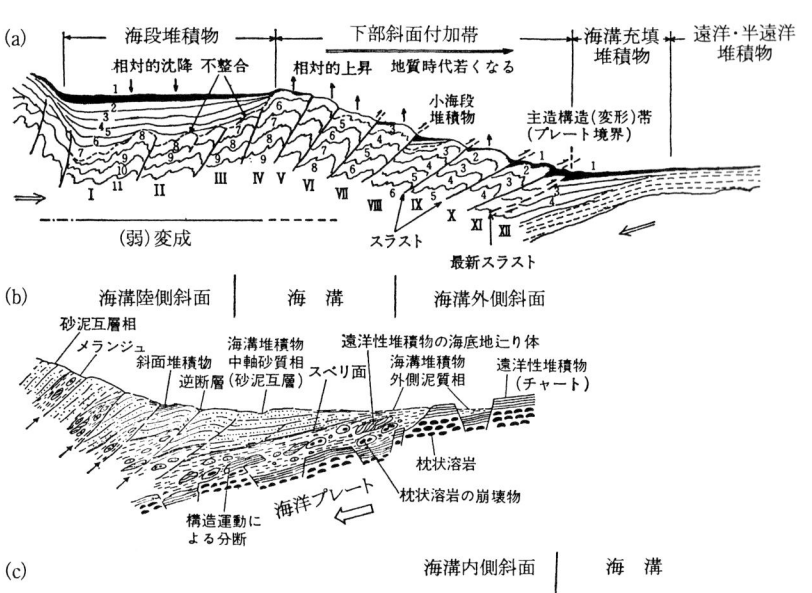

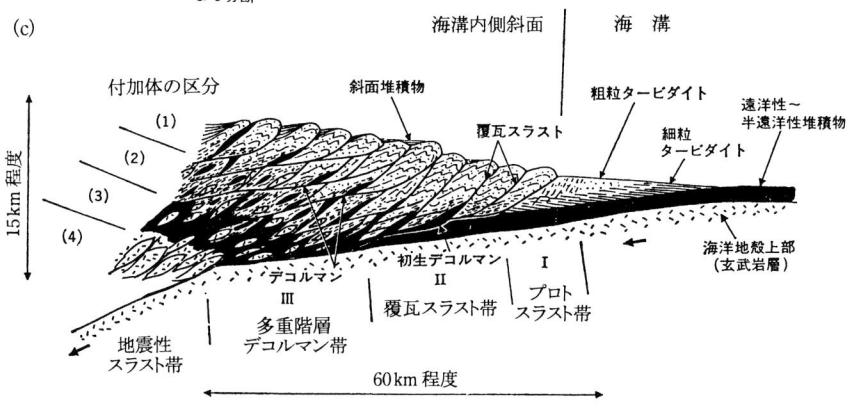

図2・31 四万十帯の地質構造の解析に影響を与えた付加体形成モデル
(a) 太平洋型堆積・造溝モデル（勘米良，1978）
(b) 四国の調査結果に基づくモデル（平ほか，1980）
(c) 南海トラフと四万十帯の調査結果に基づく海溝付加体形成モデル（加賀美ほか，1983）
[狩野謙一・村田明広：構造地質学，朝倉書店，1998年，p.242]

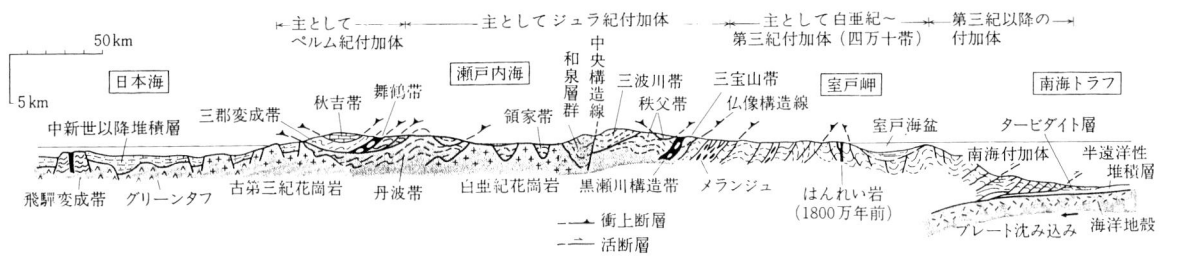

図 2・32 中国・四国地方の地質構造
[中村和郎ほか編:日本の自然 地域編 6, 中国四国, 1997 年, pp.8, 9]

圧型変成岩（例えば三波川変成帯や三郡変成帯の岩石）や，高温低圧型変成岩（例えば領家変成帯の岩石）が形成された。日本列島を縦断方向に切り裂く中央構造線や黒瀬川構造線はジュラ紀に原型がつくられた（図 2・32）。

この時代の堆積岩類は，砂岩，頁岩のほかにチャート，輝緑凝灰岩（火山砕屑岩）等や石灰岩が主なものである（図 2・33）。いずれも強く変形し，褶曲したり断層によって分断されている。花崗岩類（図 2・34）は塊状岩盤の典型であり，比較的良好な岩盤が多い。しかし，北欧などの花崗岩と比べると，日本の花崗岩は細かい割れ目が多く，風化も著しい。

古第三紀層の岩相

新生代古第三紀の約 6500 万年前から 2350 万年前までの時代に形成された地質である。古第三紀の堆積岩は，大きく 2 グループに分けられる。1 つは北海道（空知，夕張，釧路など），九州（北九州，天草）などごく限られた日本の主要な炭田地域に分布する陸成〜浅海相の砂岩・泥岩・その互層である。他の 1 つは，西南日本外帯の太平洋岸に帯状に広く分布する四万十帯に分布する砂岩・泥岩とその互層である。四万十帯では多くはタービダイト相であり，かなりの部分がオリストストロームである。また，地域的に頁岩や粘板岩となっており，粘板岩（スレート）は劈開（平行に割れやすい性質）のよく発達した岩石である。これらの地層は中生代半ばに始まり，新生代に継続した地殻変動によって著しく変形・破断している。

図 2・33 古第三紀および中・古生代の堆積岩類と広域変成岩類(層状岩)の分布
[阪口 豊：日本の自然, 岩波書店, 1981 年, pp.264〜269]

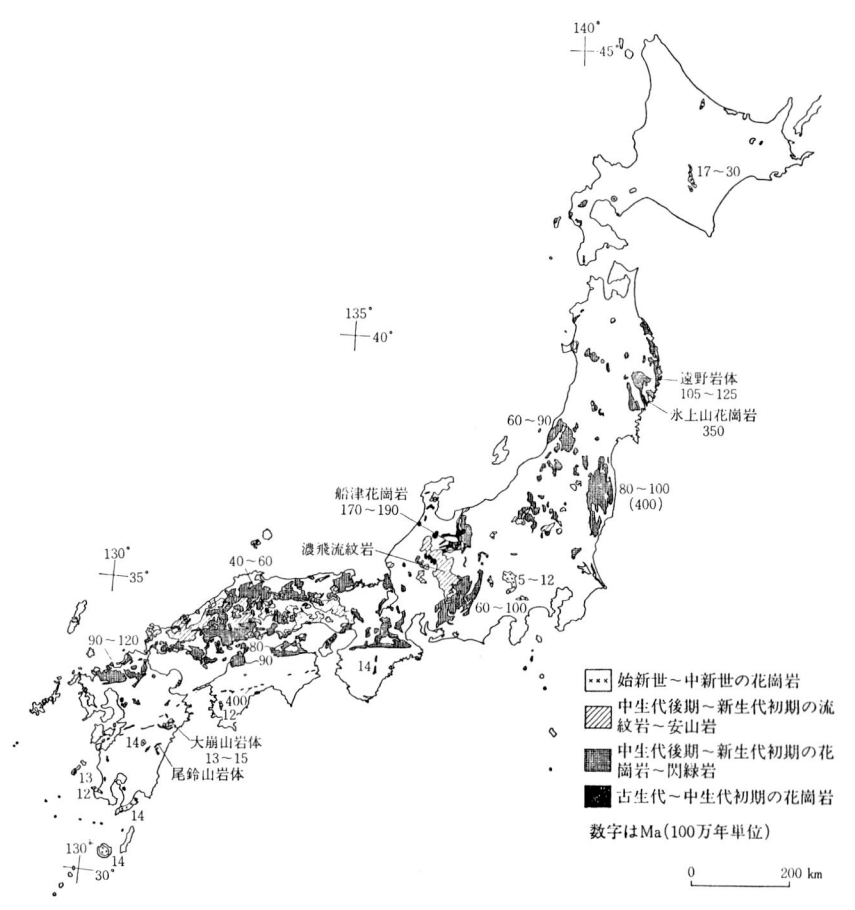

図 2・34 花崗岩類(塊状岩)の分布
[坂口 豊：日本の自然，岩波書店，1981 年，pp.264～269]

(b) 列島部（山地部）を形づくる岩盤類

新第三紀の地層・岩石は，約 2350 万年前から約 170 万年前の時代に形成された地質であり，新生代の大部分を占める（**図 2・35**）。この期間に形成された新第三紀層になると，現世的要素を増しており，固結度も低くなりいわゆる軟岩と呼ばれるものが多い。新第三紀層は日本列島に広範囲に分布し，特に「グリーンタフ地域」（北海道西南部～東北日本海側全域～フォッサ・マグナを含んだ地域）ではその発達が顕著である。地層は厚いところで数千～10000 m に達している。グリーンタフの呼称が示すように緑色に変色した多量の火山岩類を含むとともに，砂岩・泥岩・その互層から構成される。

このほかに，非グリーンタフ地域である西南日本内陸部や太平洋岸には，砂岩・泥岩とその互層や火山岩類が小規模に散在する。これらの地域では，続成作用の弱いことによる岩石の低固結・軟質が工学的に問題となる。

(c) 丘陵地・平野部を構成する堆積物

わが国の丘陵地と平野部は，その多くが人口が集中し，高密度に土地利用の進んだ地域であり，そこには第四紀層（更新世から完新世の岩石・地層）が発達している（**図 2・36**）。

第四紀前半（更新世）の地層は，第四紀の大部分を占める約 170 万年前から

図 2・35 新第三紀堆積岩類(砕屑性軟岩)の分布
[坂口 豊：日本の自然, 岩波書店, 1981年, pp.264〜269]

約1万年前までの時代に形成された地層（洪積層とも呼ぶ）である。日本の洪積層としては，大阪平野での大阪層群（最下部を除く）や関東平野での上総層群中・上部および下総層群，各地に分布する段丘堆積物などが代表的なものである。それらの地層は，形成時代が新しいため半固結から未固結である。

完新世の地層は，約1万年前以降に形成された地層（沖積層とも呼ぶ）である。この時代は，最終氷期最後の寒冷期末約1万年前から現在に至る最新の地質時代である。この時代に起こった縄文海進と呼ばれる急激な海面上昇と停滞は，沖積低地に軟弱な粘土層，砂層，ピートなどを厚く堆積させている。

日本の平野の多くは大河川流域の末端堆積域に位置し，海岸沿いに分布する。これらの海岸平野では，海面上昇に対応して形成した海成粘土層を特徴とする軟弱な堆積物を主体としている。河口に発達する三角州では，砂層の下位に厚い海成粘土層が堆積している。自然堤防背後の後背湿地や溺れ谷では，軟弱な粘土・シルト・ピートなどが堆積している。大都市の立地する日本の海岸平野は，ほとんどがこのような軟弱地盤で構成されているのである。

また，降下火砕堆積物や未固結火砕流堆積物，段丘堆積物，谷底や平地を埋める沖積堆積物，山麓斜面に分布する崖錐堆積物などの地層が分布し，いずれも未固結で締まりが悪い。

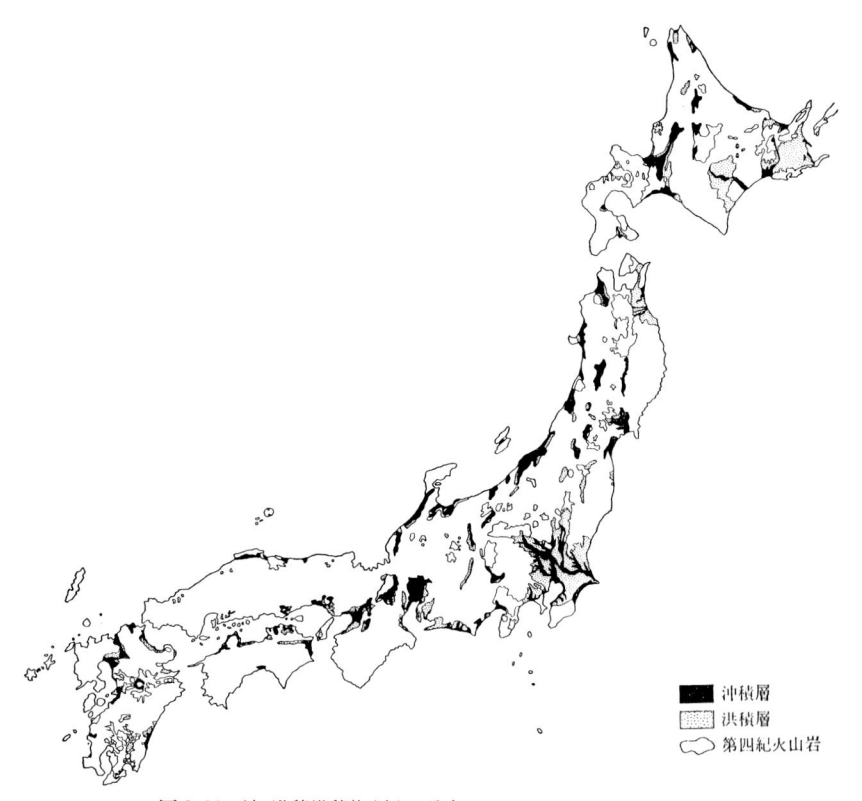

図 2・36 沖・洪積堆積物(土)の分布
[坂口 豊：日本の自然，岩波書店，1981年，pp.264〜269]

(d) 列島部を広く被覆する火山岩類

　新第三紀以降の火山岩・火山堆積物は，日本列島の地表部分の22％（新第三紀火山岩13％，第四紀火山岩9％）を占める。古第三紀以前の火山岩の割合はわずかに4％であり，これらの数字は新第三紀以降になって日本列島の火山活動が激化したことを示している（**図2・37**）。

　新第三紀の火山岩は，グリーンタフ地域に最も厚くかつ広く分布する。この時代の東北日本は，かなり広い地域が海に水没し海盆を生じた。そして海底火山の活動によって世界的に有名な黒鉱鉱床も生成された。第三紀の火山噴出物の多くは，緑色に変質した玄武岩質〜流紋岩質の火山岩類（熔岩・火砕岩など）からなっている。この時代の堆積物は，まだ十分固まりきっていない軟らかい岩石が多い。また，激しい海底火山活動に伴って海底噴火や熱水噴出が生じたため，堆積物中には火山起源物質が多く含まれ，周囲の堆積岩は変質し，種々の粘土鉱物や沸石が生成され，岩盤は脆弱となっていることが多い。

　また，堆積物中には，ハイアロクラスタイトが非常に多く含まれる。ハイアロクラスタイトは，熔岩が水中に噴出したときに急激に冷やさればらばらに破砕されたガラスが固結してできた岩石である。これは水中破砕岩とも呼ばれ，軟質で割れ目に乏しい岩石である。1996年に北海道の豊浜トンネルで崩落した岩石も，中新世のハイアロクラスタイトである。

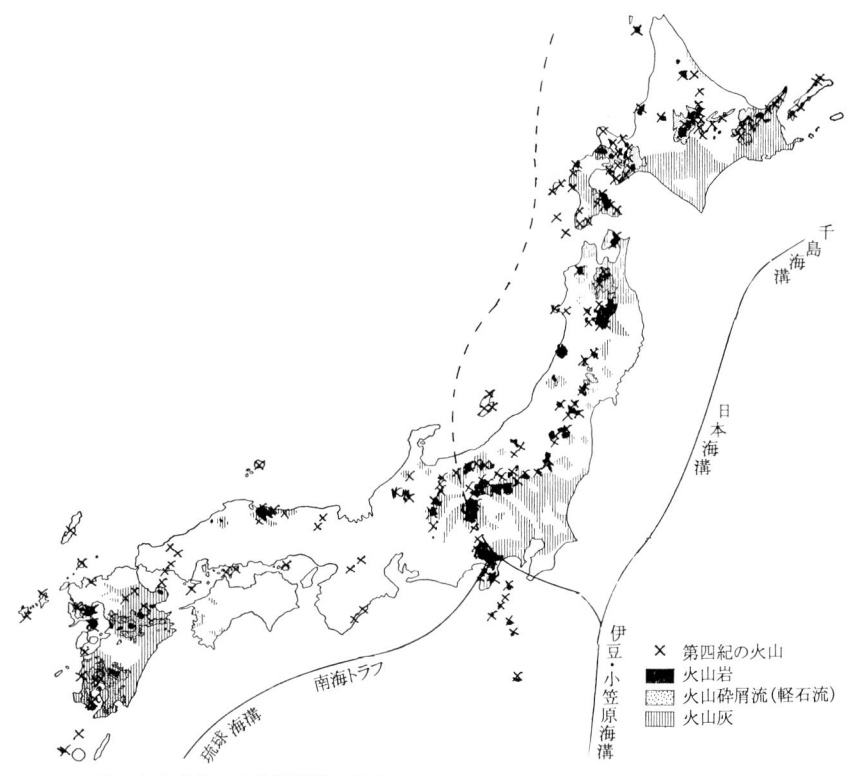

図 2·37 第四紀火山岩火山砕屑岩類の分布
[島崎英彦・新藤静夫・吉田鎮男編：放射性廃棄物と地質科学―地層処分の現状と課題―，東大出版会，1995 年，p.18]
[坂口 豊：日本の自然，岩波書店，1981 年，pp.264～269]

　第四紀の火山岩・火山噴出物は，東日本の火山帯と西日本の火山帯に沿って分布する。そこには約 350 の第四紀火山が存在している。第四紀においては，火山フロントの顕著な移動は認められず，同じ地域内で新たな火山の形成や活動の休止・再開が繰り返されている。関東ローム層・シラスなど第四紀の火山噴出物起源の赤土層や軽石層などは，火山山麓地のみならず平野や丘陵地などの表層を覆って東日本，九州などに広く分布し，崩壊等を含む大規模な自然災害の素因となっている。

2.3 特異な劣化過程をたどる日本列島の岩盤

(1) 岩石・地層の固化過程

　堆積物は，当初未固結な場合が多いが，時間の経過とともに物理的・化学的な作用を受けて固化していく（**図 2·38**）。このような固化作用を続成作用というが，固化程度には地域的な差がある。日本と欧米で同時代の堆積岩を比較してみても，日本の堆積岩の方がより緻密で硬質であるが，反面亀裂が多い特性がある。これは堆積環境，続成環境あるいは広域応力場の違いを強く反映していることを示すものである。

　日本列島のように，急激に沈降する堆積盆地が発達する地域では，堆積物の固化が異常に進行しやすい。ここでは堆積盆地に周辺から多量の土砂が供給さ

図 2・38 日本列島の骨格（硬岩と軟岩の分布）
[小島圭二ほか編：日本の自然，東北，岩波書店，1997年，p.8]

硬岩　■　古第三紀以前の堆積岩，花崗岩，変成岩など
軟岩と土　グリーンタフ（中新世火山岩を含む）
　　　　　新第三紀以降の堆積岩，第四紀火山など

続成作用による堆積物の固化

　その構成物質や堆積速度あるいは地温勾配，熱水作用さらには火成作用などの影響によってその固結度において大きな差が生じてくる。砂礫や泥などの堆積物は，海底や湖底などの堆積盆地を埋積した当初は未固結である。しかし海底や湖底の沈降に対応して，その上に次々に堆積物が重なって厚くなると，下位になった初期の堆積物は温度上昇や上載荷重による圧密，さらに粘土鉱物による糊付け，あるいは鉱物構成の変化によって，次第に固化していく。また，堆積物は，堆積した時代が古いほど，下位にあって固化過程を長く経てより硬くなる傾向がある。例えば東京湾海底のヘドロ（粘土）のようなものが固化して泥岩になるためには，その堆積盆地沈降を続け，ヘドロの上に約500 m程度の厚さの物質が堆積し，さらに数十万年から1000万年くらいの時間を必要とする。

れ，短期間で数千m以上の非常に厚い堆積物が形成されると，地下深部に押し込まれたものは高い温度と圧力下で固化過程が急激に進行する。そして地殻熱流量が高いため，そこでは，化学反応も著しく促進され，より安定した鉱物への再結晶化が進み，岩石の固化にますます拍車がかかっていく。さらに場所によっては地下から上昇してきた火成岩によって熱せられますます硬質な岩石となっていく。

　これに対して，欧米などの大陸部の堆積岩は日本では硬質な岩石となっている古生代やジュラ紀のものであっても，固化の程度がかなり低い。それは，安定地塊の影響を受けて，堆積物の厚さも薄い条件にあり，しかも火成作用の影響もほとんど受けておらず地殻熱流量も少ないためでもある。

　もちろん，日本列島の場合でも詳しく見れば，同じ時代の岩石・地層であってもその固結度に多少地域差がある。また，古い時代のものが新しい時代のものに比べ必ずしも硬質とはなっていない場合もある。例えば，常磐炭田の古第三紀の地層は，それよりも新しい丹沢山地や三浦半島，房総半島に分布する新第三紀の地層より固結度がはるかに低いこともある。しかし，全体の傾向としては，堆積性軟岩（一軸圧縮強さで数千〜20000 kN/m²前後のもの）と呼ばれるものは，普通，新第三紀以降のもので，古第三紀以前のものは主として硬岩となっている。この意味で地層の時代性は，強度を考えるうえで1つの指標となり，工学的に有効である（**図 2・39**）。

火成岩の固化

花崗岩や安山岩などのマグマ起源の岩石は，当初どろどろに溶融した状態であるが，冷却すると上載圧に関係なく，しかもごく短期間で固結し著しく硬質になる。

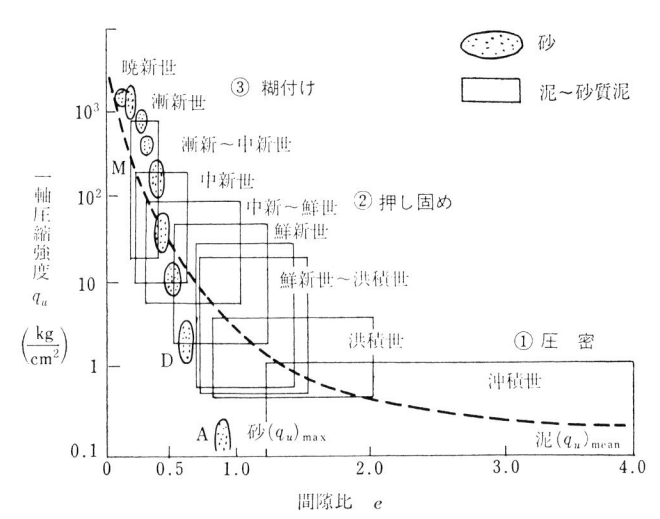

図 2・39 続性作用による岩石物性の変化
注：日本の新生代海成堆積物の物理的変化が示されている。砂礫と泥層の違いに注意。
(Okamoto, R., Kozima, K. and Yoshinaka, R. (1981) Distribution and engineering properties of weak rocks in Japan: Proc. Int. Symp. of Weak Rocks, Tokyo, Theme 5, pp. 89-103.)

温度・圧力条件に支配された地層の変形状態

地下深部での変形破壊は，鉱物粒子間あるいは鉱物結晶内のすべりの集積による流動や塑性的な変形を促進するので，割れ目の発達は顕著でない。しかし，地下浅部になるに従い褶曲するものでは地層の境界がずれて断層化し，地層内で断層や割れ目の形成が顕著となる。また，地層の褶曲・変形に伴って岩石の物性が変化し，背斜軸部で翼部に比べて岩石の強度が低下していることもある。

当然，生成年代や地表に露出した時代が古い岩石ほど，地殻運動を繰り返し受けるので，累積的に変形量や破砕幅が大きくなる。しかも岩石自体は硬質なので，少しの変形でも脆性的な破壊をするため，割れ目などの不連続面に富みやすく，スレート（粘板岩）のような割れ目質の岩盤になっていきやすい。一方軟岩は硬岩に比べて，水の含み具合によって岩石の強さや変形性が大きく影響を受け，一般的には大きな変形を許容し，割れ目の発達頻度が低い。

（2）岩盤の特異な劣化過程

日本列島を構成する岩盤は，過去何回もプレート運動による造構力によって強く変形・破壊している。また，火山活動に伴う変質を受けたり，地表に向かって押し上げられて緩んでいくなどして，全体として劣化の過程をたどっている。さらに削剥されて地表部に達したものは強く風化して，より劣化する過程を経る。このことは，プレート運動に伴う一連の地殻運動の産物とも捉えることができる。その結果として日本列島は，欧米などの古い時代にすでに安定化した大陸部のものと比べて，はるかに特異で激しい劣化過程を経ているといえる。

(a) 急激な変形・破壊による岩盤劣化

サブダクションに伴って地下深部に押し込まれ続成作用を受けて硬質となった岩石・地層は，やがて地殻運動の転化に伴って強く押し上げられていく。この際に地層は強く変形し，褶曲したり断層によって分断していくが，その変形様式は深度や構造的な位置関係（主として温度・圧力条件）によって異なったものとなる（**図 2・40，図 2・41**）。表層付近では脆性的な破壊が進行し，いわゆる亀裂性の岩盤が形成されていくことになる（**写真 2・5**）。

割れ目の発達は，岩盤ひいては地山の力学強度を著しく低下させ，透水性にも大きな変化を生じさせる。特に断層破砕帯においては，粘土鉱物が含まれる場合が多く，岩盤は著しく劣化している。また，活断層に至っては岩盤を強く揺すぶるだけでなく，その繰返し運動によって岩盤に新しい傷を作っていく。兵庫県南部地震（$M7.2$）発生後に，淡路島の野島断層沿いで実施された深部ボーリングコアでは，少なくとも深度 1200 m までの破砕帯中の割れ目に沈着した酸化鉄が認められた。この酸化鉄はすべて地表水からもたらされたものかどうかは不明であるが，かなり深い地下深度まで地表から地下水が循環した

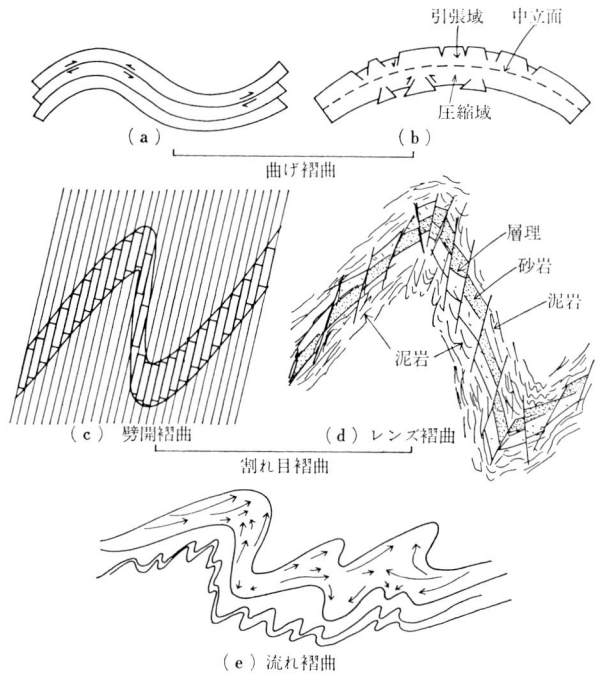

図 2・40 褶曲の様式
[木村敏雄編:地質構造の科学, 朝倉書店, 1984年, p.130]

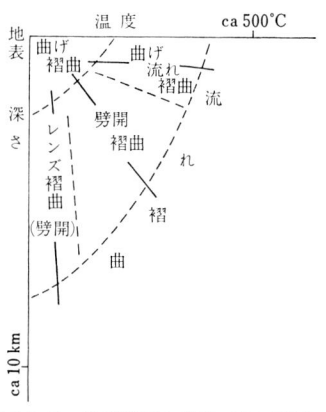

図 2・41 構造階層と温度・圧力(静水圧)との関係を示す概念図(木村, 1979)
ここでは圧力の代わりに地表からの深さとして示してある。
[木村敏雄編:地質構造の科学, 朝倉書店, 1984年, p.139]

古い地質時代から日本列島に作用する熱水変質

熱水変質は白亜紀〜古第三紀の頃からかなり広範囲に見出され, 中国地方などに生成した粘土鉱床がその例である。新第三紀には熱水変質作用を強くうけたグリーンタフ地域が日本列島に広く発達した。そこには黒鉱を含む熱水性金属鉱床や粘土鉱床が多く胚胎するなど, 日本列島特有の熱水変質作用が進行していった。

第四紀に入っても日本列島を縦断する火山帯に沿って, いわゆる活地熱地帯が存在しており, 熱水作用の影響は依然衰えていない。このことは地熱エネルギー資源開発による熱水変質帯の調査が1995年までに42地域に達し, 全国各所に及んでいることでも理解される。

ことを示すものかもしれない。活断層の活動は意外と地中深部まで岩盤を緩める働きをしていそうである。

(b) 活発な熱水変質による岩盤劣化

古い地質時代から現在にかけて火山活動の活発な日本列島にあっては, 熱水変質が岩盤劣化に特に大きな役割を果たしている。

サブダクションに伴って地下深部で発生したマグマは, 日本列島を景観の優

日本列島の岩盤類を劣化させる熱水変質作用

　流動条件や化学的条件に強く規制される熱水溶液は，断層破砕帯，割れ目あるいは岩脈などを通路として，普通は地下から地表に向かって流動して，変質の影響区域（変質帯のこと）が拡大していく。日本列島のように複雑に変形し破断したり，さらに流動過程で多孔質な軽石質火砕岩や割れ目質の熔岩など，透水性の高い岩石・地層を多く含むところでは，流動通路も複雑である。そのような通路沿いにできた変質帯は非常に複雑な形態を有している。また熱水溶液は流動中に壁岩と反応したり，他の溶液と混合してその温度，成分，pHや酸化還元電位などの化学的性質を変化させる。晶出した熱水変質鉱物も様々な鉱物組成を有し，結果として様々な物性を有する岩盤ができる。このような熱水変質を受けると，珪化作用のように一部に強度を増すものもあるが，一般には軟弱化を招くことが多い。堆積岩ばかりでなく硬岩とされる火成岩であっても，地下深部で熱水変質作用を受け粘土化すると軟岩となり，さらには土砂状となっていく。

　熱水変質によってできる鉱物はその環境（温度・圧力条件）を反映した種々の粘土鉱物や沸石類である。高温・高圧の条件下で生成する粘土鉱物は安定な緑泥石やイライトなどである。しかし地表付近の低温・低圧下ではスメクタイト（モンモリロナイトはスメクタイト族に属する特定鉱物種）などの工学的にも不安定な粘土鉱物が形成される。スメクタイトを主成分とするようになった岩石は，一見，石鹸のように見えることから，ソープストーン（石鹸石）と呼ばれることがある。また熱水変質によってできる沸石類も風化しやすく，岩盤劣化に大きく関与している。沸石は岩石の割れ目に網目状に入ることが多く，それが風化して粘土状になると，岩石自体は硬くても，ばらばらに解体してしまうことがある。

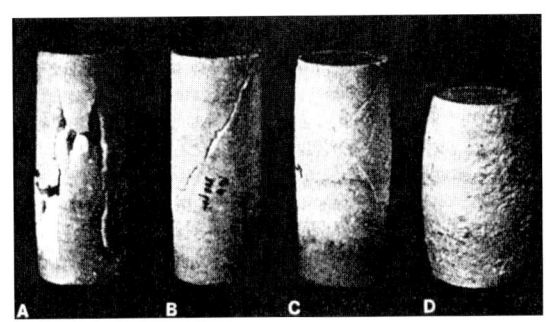

写真2・5 封圧の異なる三軸試験での大理石供試体の変形 (Paterson, 1958)
実験開始時の供試体の長さは同じ。封圧はAからDに0.1，3.5, 35, 100 MPa。Aの供試体は圧縮軸方向に平行な，B,Cの供試体は圧縮軸に斜交する方向の破壊を生じている。Dの供試体はビヤダル型に変形し，肉眼的には破断は生じていない。
[狩野謙一・村田明広：構造地質学，朝倉書店，1998年，p.79]

れた火山の国とし，豊富で温度の高い温泉に恵まれた国ともしている。火山活動は古い地質時代から活発で，広範囲にわたる熱水変質によって岩石や地層がいたるところで劣化していった（**図2・42**）。特に日本海側に発達したグリーンタフ地域では，その変質の影響は大きい（**図2・43**）。火山活動の乏しい安定大陸部と比べると熱水変質による岩盤劣化の影響ははるかに甚大である。

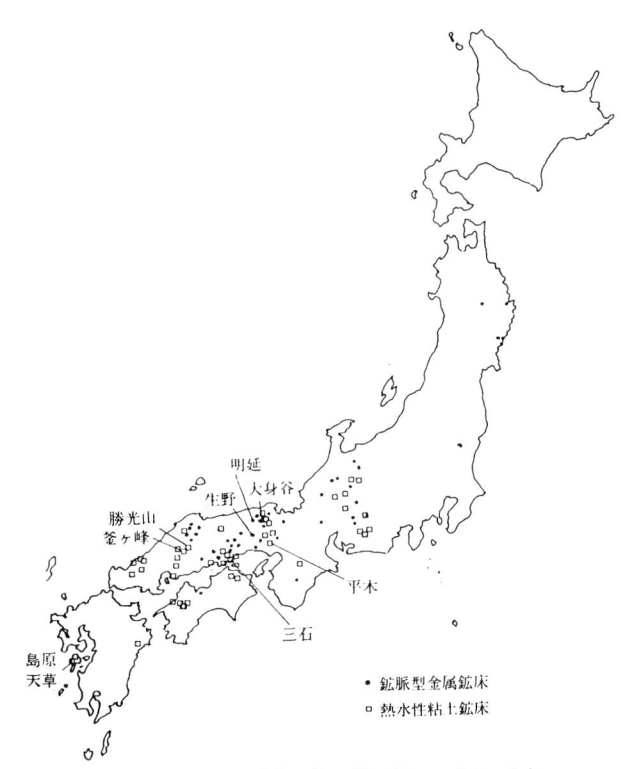

図2・42 活地熱地帯および古第三紀～第四紀カルデラの分布
[島崎英彦・新藤静夫・吉田鎮男編：放射性廃棄物と地質科学―地層処分の現状と課題―，東大出版会，1995年，p.298]

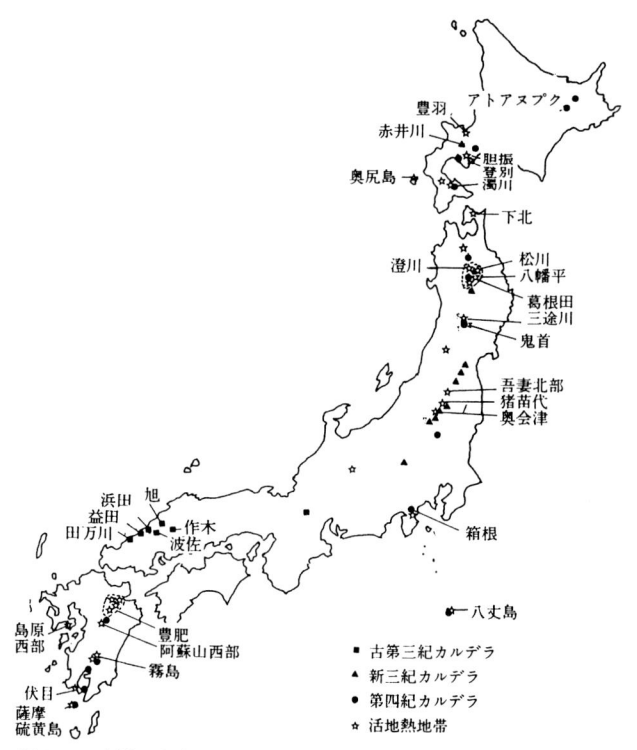

図2・43 新第三紀熱水性金属鉱床と熱水性粘土鉱床
[島崎英彦・新藤静夫・吉田鎮男編：放射性廃棄物と地質科学―地層処分の現状と課題―，東大出版会，1995年，p.295]

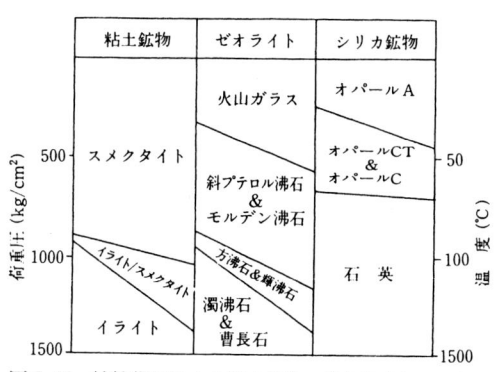

図2・44 続性作用による粘土鉱物，ゼオライト，シリカ鉱物変化と温度・圧力条件
[島崎英彦・新藤静夫・吉田鎮男編：放射性廃棄物と地質科学―地層処分の現状と課題―，東大出版会，1995年，p.279]（Aoyagi and Kazama, 1980）

　このような熱水変質は，後述する風化とともに岩盤の劣化に直接的に関与している。熱水変質によって種々の粘土鉱物ができるが，その中でもスメクタイト（**図2・44**）については，その含有量が少量であっても岩石の物性に大きく影響を与える。地中にあって新鮮で比較的硬い岩盤状態でも，それが地表へ露出されたりトンネル掘削によって拘束を解放されると，著しく吸水・膨張して強度劣化するのが特徴である。地盤災害を考えた場合，最も影響度の高い粘土鉱物であるといえよう。

(c) 風化による表層岩盤の劣化

　岩盤の風化や変質は，岩質の違いなどでその風化や変質の様式がかなり異なっているものの，岩盤の強度劣化に重要な役割を果たしている（**図 2・45** に示される花崗岩の風化例）。

　第四紀に入ってからの日本列島の隆起は，地下深部にあった岩石・地層を急激に地表付近に押し上げていった。この隆起と侵食の過程で，地表付近に達した岩石や地層は，除荷による膨張で破断し著しく緩みを増大させた。構造力による脆性的な破壊と相まって，表層部の割れ目の発達は，欧米の大陸部のものに比べてはるかに著しいものとなった。

　さらに表層部に達した岩盤は，季節的あるいは日照的な温度変化を受けて，膨張と収縮を繰り返し，ひび割れを生じて表層から次第に細片化した。また，日本の高温多湿・多雨という気候条件が大量の地下水を岩盤内にもたらし，その地下水が，地表付近に発達した割れ目や透水層を伝わって岩盤と反応し，化学的な風化が促進したのである。特に，岩盤の性質から，風化に伴ってスメクタイト等の粘土鉱物が生じやすいことが，日本における岩盤風化の1つの特徴であるといえる。

上載荷重の減少に伴う岩盤の膨張と割れ目の形成

　地下深部にあった岩盤が地表に露出すると，上載荷重が著しく減少し，地表に向かって膨張し，場合によって割れ目が発生する。地表付近で認められるシーティングと呼ばれる節理もその一種で，地形面に沿って発達し，花崗岩のように本来塊状で均質な岩体に発生しやすい。シーティングは，変成岩や地下深部まで埋没した堆積岩等の硬い岩石においても形成され，この割れ目の発達は風化の初期段階を示すともいえる。

地表部で進行する物理的風化

　侵食によって地表に露出した岩石は季節的あるいは日照的な温度変化によって，膨張と収縮を繰り返し，ひび割れを生じて次第に細片化していく。一方，乾燥地や高山・寒冷地域では，岩石の割れ目に含まれる水が凍り，成長するときに発生する力で岩石が機械的に破壊する。このような凍結融解に伴う物理的風化現象は北欧などでよく見られるが，日本でも北海道などで見られる。

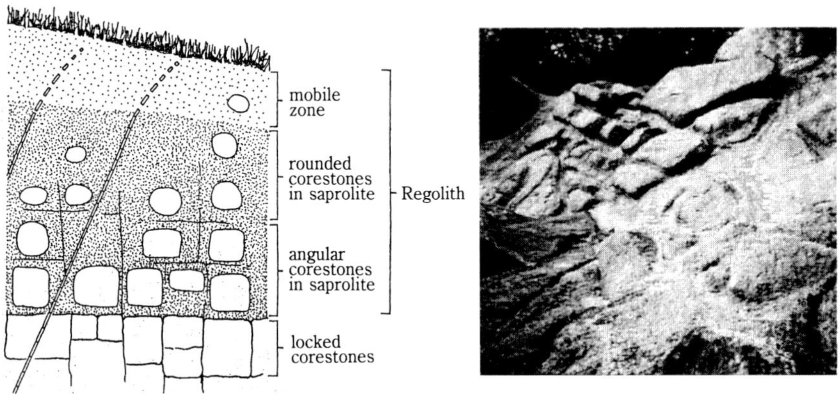

図 2・45　風化の模式図（粗粒花崗岩の例）
[原図・写真：北川隆司，1990 年]

地下水の影響が関与する化学的風化

　物理風化からさらに風化による岩盤劣化が促進されるには，空気やいろいろな成分を溶かし得る水の豊富な存在が重要である（この作用を化学的風化という）。北米や北欧などの降水量の少ない地域では化学的風化は促進しにくい。一方，日本を含む湿潤気候の地域あるいは高温多湿の地域では，岩石は豊富な地下水に反応して劣化していく。つまり岩石の構成鉱物は地表付近に長期間放置されると，次第に常温・常圧条件に対応した粘土鉱物に交代されていく。岩石が地下深部で固化する過程では，スメクタイトから緑泥石へと高温・高圧下で安定した粘土鉱物となるが，これが地表部に押し上げられると緑泥石からスメクタイトに戻る可逆的な反応をたどる。特に新第三紀の泥岩や凝灰岩などの軟岩は，風化してスメクタイトなどの膨潤性粘土鉱物を多く含み，著しく脆弱化し，乾湿の繰り返される部分ではばらばらとなるスレーキングを起こしやすい。また，泥岩などに含まれる黄鉄鉱は，もともと還元環境下で海底のヘドロ中などで形成されるが，酸化環境になると硫酸を作る。この硫酸が岩石を溶解し，結果的に岩石の強度低下を招く事例が意外に多い。

花崗岩などに認められる深層風化

　花崗岩などの粗粒な深成岩体は，しばしば数十 m 以上の深い部分まで粒子がばらばらになって土砂状となる，深層風化という特異な風化状況を呈することがある。このように厚いマサ土は阿武隈や吉備高原といった古い地形部で発達し，また，新第三紀中新世以前に形成したところが確認されているので，かなり古い時期の風化生成物を含んでいる。花崗岩からマサ土が形成される過程には，隆起に伴う応力解放や粗粒な鉱物同士の膨張率の違いなどの物理的風化要素と，水との化学的反応による風化要素の複合とが考えられている。例えば，黒雲母が化学的風化を受けてバーミキュライトになり，膨潤性をもつようになると，花崗岩は著しく強度劣化するようになる。このような深層風化は北米や北欧などの大陸地域ではあまり認められない。

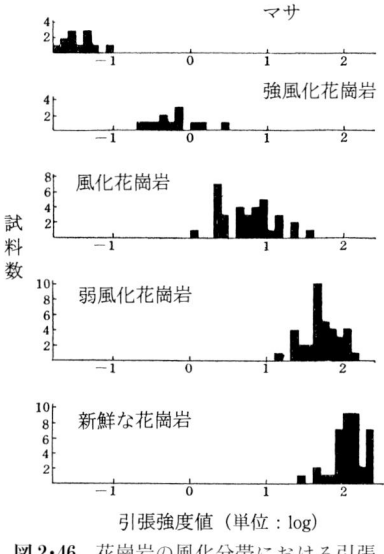

図2・46 花崗岩の風化分帯における引張強度値頻度分布（木宮，1975）
横軸は引張強度値を常用対数で表した値（風化引張強度指数 τ に相当）。
[木村敏雄編：地質構造の科学，朝倉書店，1984年，p.311]

　このように，地表部に新鮮な岩盤が発達する北米や北欧などの大陸地域と日本とでは，その風化程度は大きく異なり，風化・変質などによって著しく劣化するわが国の岩盤は，地山強度の低下といった工学的問題点をしばしば誘発することになる（**図2・46**）。

2.4　生活舞台としての脆弱な地形・地質環境

（1）　脆弱な地形・地質環境の成立

　日本列島は，プレート運動に伴って狭い地域に種々の地形・地質がモザイク状に組み合った，まさに箱庭的な景観を呈するに至り，地下には地震や火山噴火を起こすエネルギー源を抱えているうえに，温帯地域で海際にあり，多雨で台風の通り道に位置している。また，社会的条件も加わって，世界のなかでも種々のタイプの自然災害（マルチ災害）が頻繁に発生する国土となっている（**図2・47**）。

　地理的に日本列島は，世界でも隆起速度の速い地域に属し，大部分の山地部が第四紀を通じて隆起した。一方，局部的に発生した沈降地域は，平野や盆地などの低地となった。これに汎世界的海水面の変化が付加され，沈降地域の埋積と沖積平野の形成といった過程を経てきている。その間に第四紀層は日本列島の平野部を厚く被覆し，しかも場所によって岩相（土相）は変化に富み，固結度が低い。また，山地から丘陵・平野部にかけて扇状地・崖錐が形成された。

　その結果，日本列島は海岸線の総延長が約3.4万kmの四島と，周囲0.1km以上の島が6852個に及ぶ列島として成立した。その地形配分は山地・丘陵・火山といった急傾斜な土地が76％の面積を占め，低地と台地を一括した平野はわずかに24％にすぎない。その平野も山地と丘陵などの間に細切れの

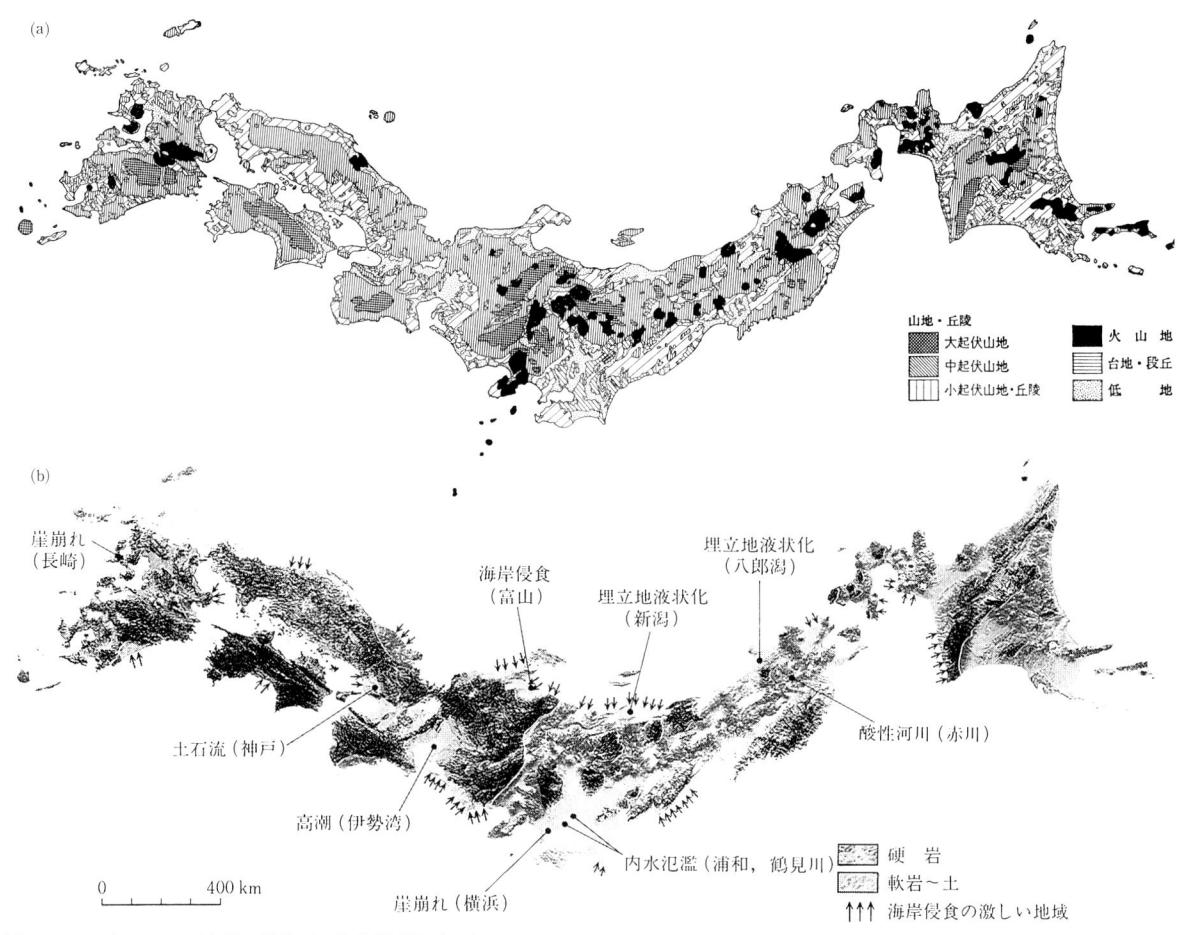

図2·47 日本における地形と災害（人為的要素も含む）
(a) 日本の地形の大区分
 （青野・尾留川，1980。国土地理院「日本国勢地図帳」から日本地誌研究所により作成）
 ［鈴木隆介：建設技術者のための地形図読図入門，第1巻 読図の基礎，古今書院，1997年，p.157］
(b) 人為的な災害の分布図
 平野の軟弱地盤では地盤沈下や都市化に伴う内水氾濫が，また軟岩や火山灰の丘陵地では宅地造成などが盛んで地すべりや土壌浸食が進行する。硬岩地域には急斜面が多く，岩盤が風化しているため，集中豪雨による崖崩れや土石流の災害が多い。
 （海岸侵食は堀川清司，1973による。国土地理院陰影図を利用）
 ［町田 洋・小島圭二編：新版 日本の自然 8，自然の猛威，岩波書店，1996年，p.20］

ように分散している。河川は急な勾配をなし，現在でも山地の激しい侵食が進み，生産された大量の土砂が河川により運ばれて，低地を埋積し続けているといった不安定な状態にある。

　日本列島の気候条件は，その大部分が温暖湿潤気候区（**図2·48**に示す中緯度森林帯）にあって，しかも毎年のように台風や梅雨前線などによる集中豪雨がもたらされる。山間の豪雨は短時間に平野に達して猛威をふるうし，山間では山崩れや地すべりが発生する。このような斜面災害をはじめ，地震，火山噴火，台風，津波，水害，地すべり，豪雪といった災害の種類や発生件数の多さに象徴されるように，もともと自然災害の多いことが日本列島の特徴である。

　このような災害の頻発は，国土の高密度の利用とも密接に関係している。土地利用における人口の分布状況をみると，総人口の約3/4が低地と台地（段丘

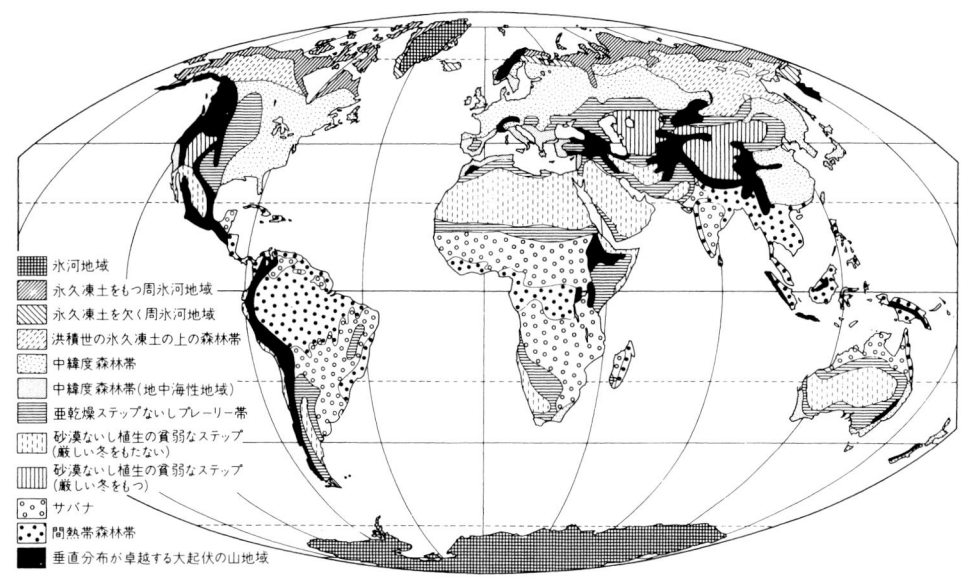

図 2・48 世界の気候地形帯
（各地帯には別称も使用されるが，それらの境界線はおおむね一致している）
[鈴木隆介：建設技術者のための地形図読図入門，第 1 巻 読図の基礎，古今書院，1997 年，p.135]
(Tricart, J. and Cailleux, A. (1965) Introduction a la geomorphologie climatique : SEDES, Paris)

表 2・1 日本の中地形類別の面積と人口

中地形類の地形種区分		面積 (km²)	面積比 (%)	人口 (万人)	人口比 (%)	人口密度 (人／km²)
広義の山地	山地	203	55.2	1230	20	61
	火山	23	6.4	80	1	34
	山麓・火山麓	13	3.6	140	2	102
	丘陵	41	11.3	740	12	172
平地	台地(丘陵)	40	10.9	1170	20	290
	低地	46	12.6	3700	45	581
	計	369	100	6070	100	166

注） 地形種区分は国土地理院によるもので，**図2・48**(a)の区分と異なっているが，広義の山地と段丘および低地の差異は明らかである。人口統計は1955年の国勢調査であり，市街地人口（2600万人）を除いたものである
[鈴木隆介：建設技術者のための地形図読図入門，第 1 巻 読図の基礎，古今書院，1997年，p.167]

等）いわゆる平野に住んでいる（表 2・1）。人口密度は，低地，台地，丘陵，山地，火山の順に小さくなっているが，平均的な人口密度は世界的にみても高く，特に平野部の人口密度が異常に高い。しかし，平野部といっても大陸部の大河川の河床勾配からみれば，まだその中・上流部に近い急流部に位置していることになる（図 2・49）。それに加えて近年の大都市圏への人口集中が，都市型の土地利用を加速させている。関東大震災（1923 年）以降には低地から台地へ，1960 年代以降にはさらに丘陵へと拡張し，近年では山地にまで及び大規模な土地改変が進んだ。一方では，海や湖の埋立ての拡大で，軟弱な地盤地帯の利用度が高まっている。そしてその超過密な土地利用を反映して，多種多様な自然災害が年中行事のように各地で多発し，甚大な人的・財産的被害を与えているのである。

プレート運動に強く規制された日本列島の岩盤劣化

日本列島は安定大陸縁辺にあって古い地質時代から繰り返し地殻変動を被っていたが，新第三紀中新世中頃（約1400万年前）以降からほぼ現在と同じ太平洋プレートとフィリピン海プレートの枠組みに規制され，現在に近い地殻の構造に転化していった。第三紀末まではかなり静穏な環境下にあった。しかし，第四紀という新しい地質時代（約170万年前）に入る頃から，プレートの沈み込みによる地殻変動と火山活動が急激に活発化したため，その影響を直接に被る結果となった。

このような地殻変動は，地質構造や地層・岩石をさらに複雑化し，とりわけ火成活動に伴う種々の変質作用は脆弱化過程に拍車をかけた。また，その造構力による隆起は，固化し割れ目質となった岩盤（硬岩）あるいは強く変質した凝灰岩や泥岩などの軟質な岩盤を急速に地表付近にもち上げ，強く変形・破壊した。さらに活断層の活動は，現在でも岩盤を裂傷させ緩めていく一要因となっている。さらに，露出した岩盤は，気候条件と相まって複雑に風化・劣化し，結果的に著しい脆弱化への過程を経ていった。

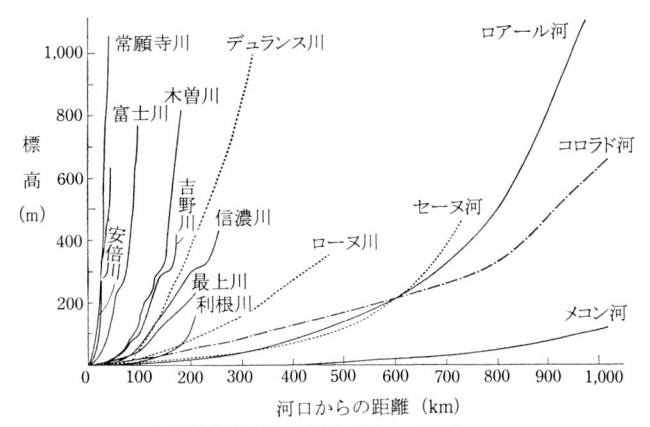

図 2・49 河床縦断曲線の例（高橋・阪口，1976）
[鈴木隆介：建設技術者のための地形図読図入門, 第2巻 低地, 古今書院, 1997年, p.228]

それに比べて，世界には自然災害が少ない国も多い。安定した大陸地塊部に位置するヨーロッパのほとんどの国やオーストラリア，あるいは大地震が起きる太平洋岸を除いた南北アメリカ大陸の国々では，起伏が小さく地形があまり変化していない地域が生活の主要な舞台となっている。そこでは，地震や火山活動による被害はほとんどない。また，広い平原性の地形の発達する土地柄であれば，崩壊，地すべり，津波災害など発生しにくい。また，土地の利用密度も日本に比べて低く，自然災害の影響を受けにくい地域が多い。1998年の中国内陸部で発生した大洪水のような例もあるが，稀にみる集中豪雨の襲来によるもので，大規模な自然災害発生の頻度は極めて低い場合が多い。

（2）不安定な山地部の特性

日本列島では，隆起に伴って形成した山地や丘陵などの地形的特徴は地質（岩石・地層）をよく反映しており，活断層や火山などの地質構造もかなりよく読み取ることができる（この点については南関東周辺地域の例で示すように，**図2・50** と **図2・51** の比較からもよく判読できる）。

山地部は，一般的に中・古生層あるいは花崗岩類などの硬岩，場所によっては新第三紀層であるが硬質となった凝灰角礫岩類などよりなり，斜面勾配のきつい地形をなす。ここでは，岩盤が露出し，断層や割れ目に沿ってクリープや崩壊が発生しやすく，地形的に複数の並行する山稜（多重山稜）や線状の凹地（線状凹地）などといった山体の変形が現れることがある。

このような不連続な岩盤で発生する岩盤崩壊の場合，その異方性の性状によって変形の様式が大きく異なる。例えば，移動岩塊の重心がその基底のミドルサード（中央1/3）から外れるような割れ目の発達状態の場合にはトップリング（転倒）して崩落する。また，移動岩盤の重心がそのミドルサードの範囲内にあるような場合（流れ盤）には，岩盤すべりとなって崩壊する（**図2・52**，**図2・53**）。また，山地斜面に発生する岩盤クリープは極めて緩慢な斜面移動ではあるが，長期間の間に岩盤を変形・破砕し，崩壊や地すべりに移行することも多い。このような岩盤クリープ，トップリングあるいは流れ盤斜面などから大規模崩壊が発生していくこともある。特に地震などが起こると，巨大崩壊が

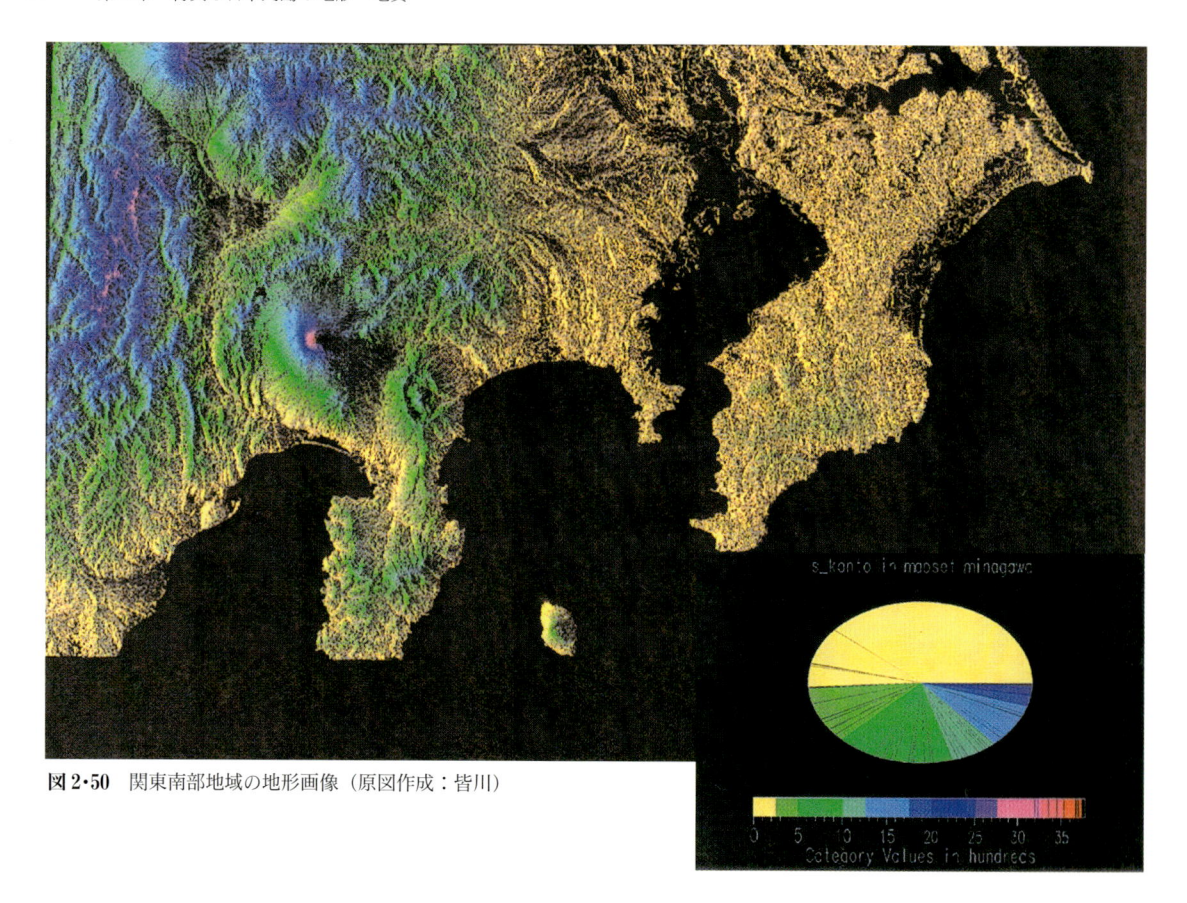

図 2・50 関東南部地域の地形画像（原図作成：皆川）

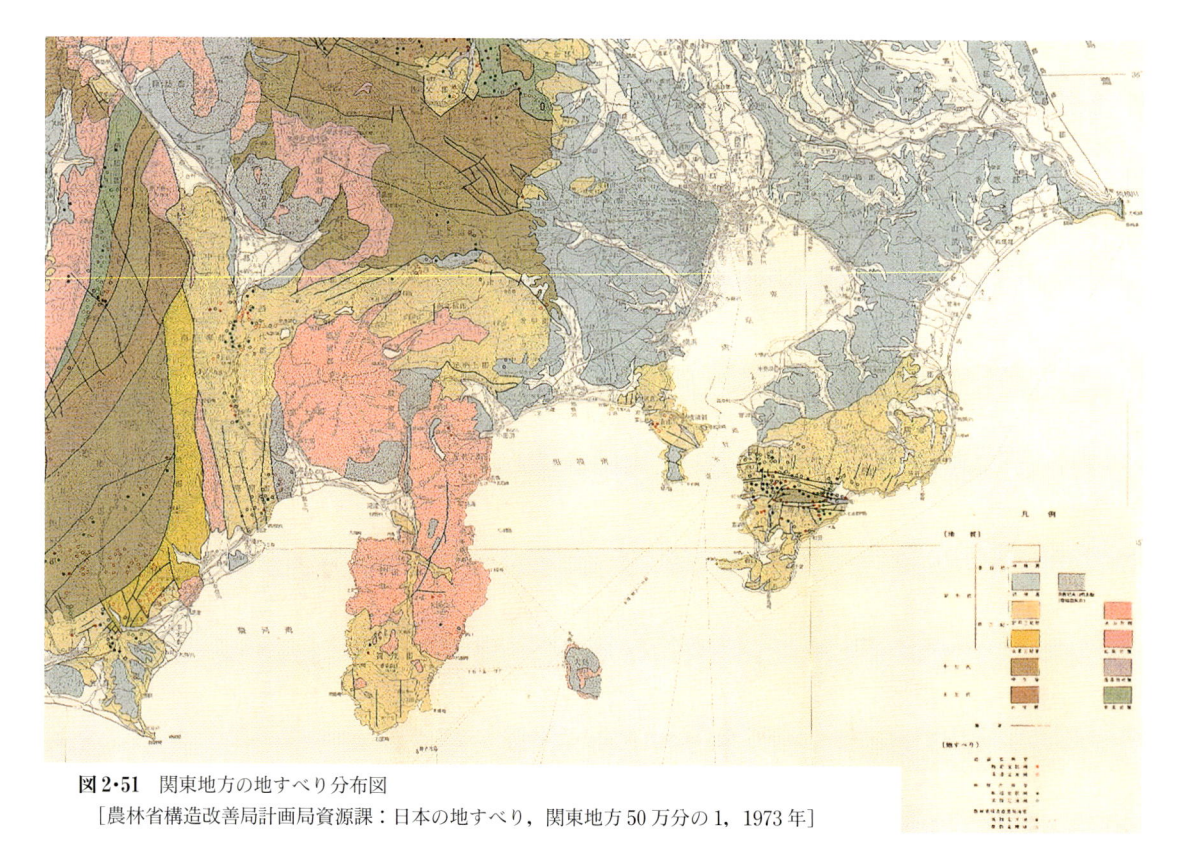

図 2・51 関東地方の地すべり分布図
〔農林省構造改善局計画局資源課：日本の地すべり，関東地方 50 万分の 1，1973 年〕

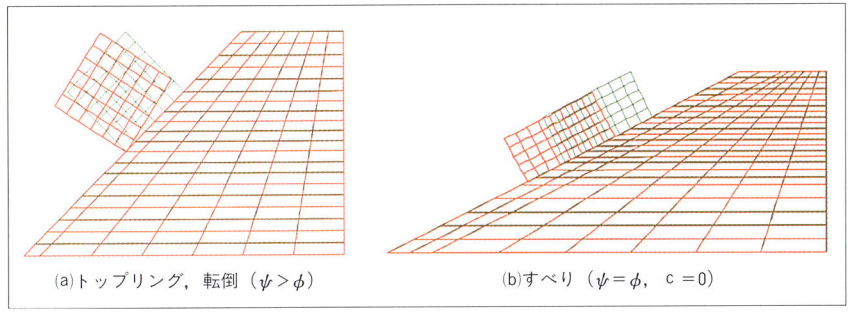

図 2・52 平面斜面上の移動塊の挙動についての FEM（含ジョイント要素）解析例
ψ：斜面勾配，ϕ：内部摩擦角，c：粘着力（原図作成：皆川）

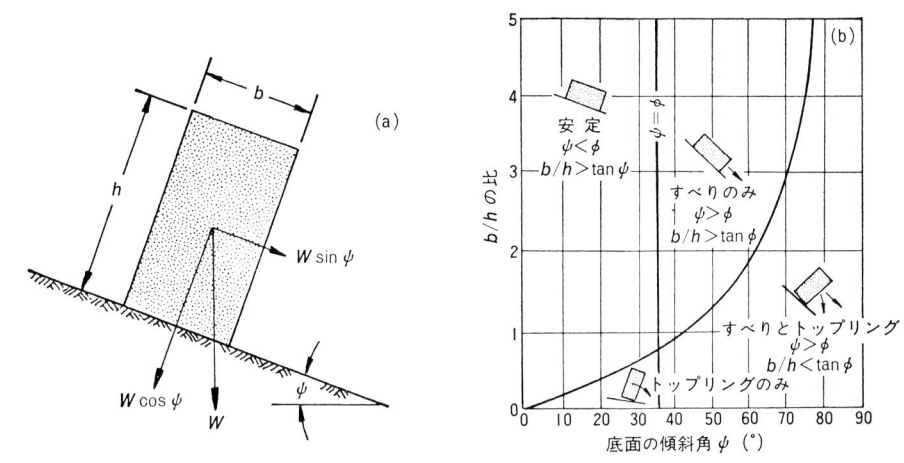

図 2・53 傾いた平面上にあるブロックのすべりとトップリングの条件
[小野寺 透・吉中龍之進訳：フックブレイ「岩盤斜面工学」，朝倉書店，1979年，p.22]

付加体堆積物で代表される複雑な岩盤の地質調査

　山地部の土台を構成する中・古生層は，複雑な各種岩石よりなり，付加過程から現在に至る間に形成された破砕帯を含め，土木構造物の建設や自然災害の防止に多くの問題を投げかけつつある。また，ダムサイトの調査などで，地下水の複雑な挙動も問題となってきている。このような複雑さを理解するためには，付加体堆積物の構成岩石と付加過程に関する十分な認識が不可欠である。

　付加体堆積物では一般に地層累重の法則が成立しないため，地質図学による岩相の側方追跡は困難で，地下の岩相分布を地表の岩相分布から推定することが困難である。そのため，施工対象によっては，より系統的で詳細な地表地質踏査およびボーリング調査などの地質調査が必要となることがある。

発生する可能性も高まる。花崗岩のような均質な岩体でも除荷に伴って発達したシーティングに沿って崩壊が発生することが多い。

　山地部で急崖からの剝離した岩塊や岩片は，斜面崩壊や落石として，斜面表面を急速に移動する。表層崩壊の多くは深さ 1～2 m 程度で頻繁に発生する。その崩壊物質は，岩屑や土壌あるいは強風化岩であることがほとんどで，多くの場合，集中豪雨などにより狭い範囲に集中して発生する。過去にも集中豪雨による災害が頻繁に引き起こされてきた。1 災害あたり崩壊土砂総量はほとんどの場合 10 万 m³ のオーダーにとどまる。稀にではあるが，崩壊物質の量が 100 万 m³ から 1000 万 m³ を超える巨大崩壊が発生し，人的にも大規模な被害を伴うことがある。

　さらに，そのような崩壊地から生産される土砂は急な渓谷に不安定な状況で堆積し，大規模な土石流の発生源となっていく。土石流は，豪雨などによる大量の水の供給によって，土砂と噴出水や渓流水とが一緒になって流動化して高速（例えば 10 m/s 程度）に流れ下ったもので，極めて大きな運搬力と破壊力をもっているのが特徴である。

　一方，丘陵部は，新第三紀以降に生成した砂岩・泥岩や凝灰岩類などの軟岩によって構成され，定高性のある緩やかな地形をなすことが多い。特に，グリ

地すべりを含む多種の自然災害メカニズムの把握

地すべりは，岩盤クリープ，崩壊，土石流堆積物などが地すべりに移化したもの，あるいは地山そのものがすべる初生的地すべりなど，種々の起源を有している。地域的にみると，地すべり多発地帯は，東北地方から北陸地方にかけてのグリーンタフ地域，あるいは三波川結晶片岩などの破砕された地域など，特定の地層あるいは褶曲や断層などの構造に規制されて発達していることが多い。特に温泉地すべりは，火山帯に沿った東北地方の脊梁沿いに集中して分布している。多くの地すべり活動は，降雨や融雪による地下水位の上昇が主要な誘因となっている。これ以外に，温泉火山活動に伴う噴気孔の閉塞と蒸気爆発をきっかけとした特異な地すべり例もある。さらにその地すべり土塊が，岩屑流や土石流となって流下し，より下流部での災害を誘発することもある。日本では，地震時にすべり面が液状化したと考えられる崩壊性地すべりの一部を除けば，緩慢な動きを示す多くの地すべりは，地震動によってその滑動が加速されることは少ない。

突発性の岩盤崩落

新第三紀のハイアロクラスタイトを含む凝灰岩類には，中硬岩に近く，しかも割れ目に乏しく工学的に安定なものがある。しかし，このような岩盤であっても，急崖部で割れ目が発生し，しばしば大規模な岩塊のままで崩壊を起こすことがある。このような崩壊も割れ目の性状によって変形様式が異なるが，いずれにしても，ほとんど目立った前兆なしに発生するのが特徴で，突発的な大事故を伴うことがある。

ーンタフ地域は，新第三紀以降から現在に続く地殻変動の活発な地域であり，山地の隆起運動，褶曲や断層の発達を継続させている。これらの変動によって，新第三紀の固結度の低い岩盤が山地をなし，急速な風化と浸食も相まって，グリーンタフ地域での第三紀層地すべりや崖崩れが多発する原因となっている。これら新第三紀以降の岩石は，割れ目質ではないが，火山性物質の供給を受けて膨潤しやすい性質をもつものが多い。さらに熱水変質を受けて粘土化した岩石は温泉余土と呼ばれ，温泉地すべりといった地すべりやトンネルの膨張性地山の素因になったりする。また，粘土化した泥岩や凝灰岩はスメクタイトなどを含むことが多く，風化して著しくスレーキングしやすくなり，その結果，岩盤強度が著しく劣化することになる。そのようなところでは，地下深部においても岩石が脆弱で，ダムサイトにおける掘削が増大したり，あるいはトンネル工事に際しては塑性変形領域の拡大に伴う支保工の変形破壊事故の原因ともなる。

ある程度大きな規模の岩盤クリープや地すべりの存在する地域で，そこにトンネルなどの地下構造物やダムを建設しようとすると，非常に大きな困難を生じる。クリープの進んだ岩盤は，細かい岩片に分離していることが多いので，異常な偏圧がかかり，トンネルを建設・保守するのが大変である。また，ダム基礎としての耐荷性や透水性は，ほとんど期待できない場合が多い。

急流河川が発達したわが国においては，水利用の必要性から内陸の山地に多数のダムが建設された。そして，河床堆積物の多量の採掘・利用と相まって，河川から海岸への砂礫供給が減少した。そのため，砂浜海岸のみならず軟岩の岩石海岸でも顕著な海岸線の後退が始まり，その海岸侵食防止のため海岸護岸工が連続的に建設されるといった連鎖的な支障が発生している。

山地部を削る河川は，活断層などの地盤変動で岩盤が破壊されたところに川筋をつくることが多い。また，活断層は，山地と平野や盆地との境界部であったりする。そういうところに人が住み，道は人の住む集落を結んで発達し，活断層に沿った土地利用度が増すことが多くなる。その結果，活断層の動きは強い地震動や変位として直上の人口密集部に直接影響を与えることになる。阪神・淡路大震災の記憶はあまりにも生々しい。

（3） 生活舞台としての平野部の特性

日本の平野部は，農業や工業などの主要な生産舞台となっており，その地質は沖積層か洪積層と相場が決まっている。一方，外国における都市の地盤は，第三紀層であったり，中生代の地層であったり，日本では考えられないような古い地層が多い。日本の平野部を構成する沖積層や洪積層は，平坦な地形と未固結な帯水層という特徴から，生活の場として多くの恩恵を与えている反面，洪水・地震など防災の点，あるいは地下水利用や盛土工事などに伴う地盤沈下，建築構造物基礎の支持層，廃棄物等による地層汚染など種々の課題をわれわれに投げかけている。それに比べ，同じ緩やかな地形に発達した欧米の都市については，多くの場合が硬く締まった古い地質であるため，このような問題は少ない。

日本は平地の少ない山国であるが，その平野部は海水準変動や地盤変動に大きく規定されて形成されている（**図2·54**）。平野部の沈降量は，日本海側では

東北日本の平野，太平洋側では関東以西の平野で大きく，断層運動や褶曲による沈降量は，過去100万年間で500mをはるかに超える場合もある．第四紀の堆積物の厚さは，例えば大阪湾で800〜900mである．また，濃尾平野では養老山地側で厚くなり1000m程度となっている．

　日本の平野は，地形的な特徴でみると，一般的に山間部から海岸部に向かって，谷底低地，扇状地，蛇行原，三角州の順に配列するという一定の規則性が見いだされることが多い（**図 2・55**）．日本の現世の海岸平野（主として三角州，一部蛇行原に対応）は，第四紀の最終氷期以降（170万年前以降）に形成された．ここでは，氷期の海水準低下期に形成された河谷が後氷期の海水準上昇によって沈水し，埋積されたもので，堆積量の少ないところでは大小の入江が残された（**図 2・56**）．大河川の流入する入江は急速に埋積されたが，特に台地を刻む支流の流入する入江の埋積は本流のそれより遅れた．そのため，本流の自然堤防によって支谷の谷口が閉塞され，支谷底が湖沼となった．それが埋積されて支谷閉塞低地（後背湿地，沼沢地，潟湖跡地，潟湖底など）が形成された．支谷閉塞低地は泥炭を含む軟弱地盤で構成されることが多く，本流からの氾濫水または本流への排水不良で冠水しやすい．このため，かつては湿田や沼田としてその利用が限定された土地であった．このようにして生成された軟弱地盤は，一般に極細粒砂やシルト，粘土，ピートなどで構成される．N値5以下の軟弱地盤が厚さ数十m以上に及ぶ地域もある．

　このような軟弱地盤では，重量構造物などの支持層を軟弱地盤に求めることはできない．例えば，東京下町の低地でみると，それを構成する海成沖積層（有楽町層に含まれる）は，粘土・シルト・砂などから構成され，その標準貫入試験のN値は0〜3（粘土・シルト），砂層の場合で10〜20までのことが多く，軟弱である．海成沖積層の基盤は，山の手の主要な構成である東京層（締まった砂層）と同じものである．したがって，下町に造られる建造物は東京層を支持層とすることが多く，このため，上部の沖積粘土層が圧密現象を起こして収縮すると，ビルが見かけ上浮き上がることになるわけである．仮に沖積粘土層がなく砂層だけであったとしても，緩ければ地震時に液状化する可能性が高く，構造物の不同沈下や破壊などの被害を受けることがある．

　海岸平野の大部分は，非固結の軟弱地盤で構成されているので，それらの自然的圧密や地下水の汲み上げ・盛土の載荷などによる人工的圧密によって，地盤沈下の生じている地域が多い．平野はもともと海面すれすれの高さにできた低平地であるから，地盤沈下によって地表面が海面より低くなり（いわゆる0m地帯），分岐流路が高い護岸堤防で両岸を拘束されて天井川になっている区間がある．また，軟弱地盤に高盛土をすれば，地盤中に側方流動や長期間の残留沈下が生じ，構造物の不同沈下の原因となり，状況によってはその破壊につながるのである．

　内海や内湾の海岸では，各種産業用地，廃棄物埋立場，空港，港湾施設，観光施設などの建設のために大規模な埋立地が造成されている．一般に埋立てや干拓される地区の海岸は遠浅の海岸である．それは三角州の沖合あるいは潟湖である場合が多い．そこでは，主として細砂ないし泥質堆積物が広く厚く分布し，軟弱地盤を形成し，埋立地に各種の変状を与えることになる．

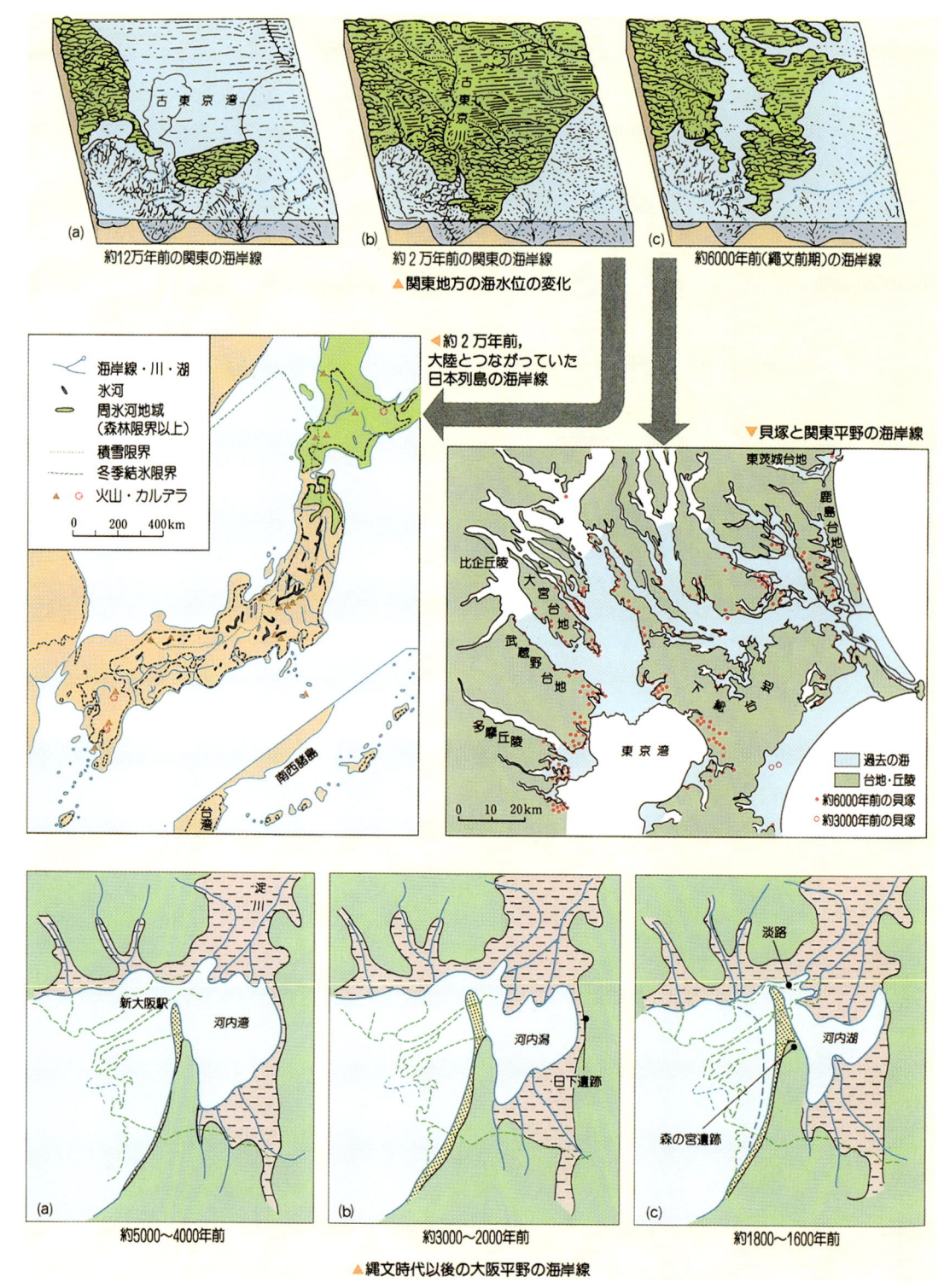

図2·54 海水位の変化と気候変動・地殻変動
［小島丈兒編：新訂地学図解，第一学習社，1999年，p.52］

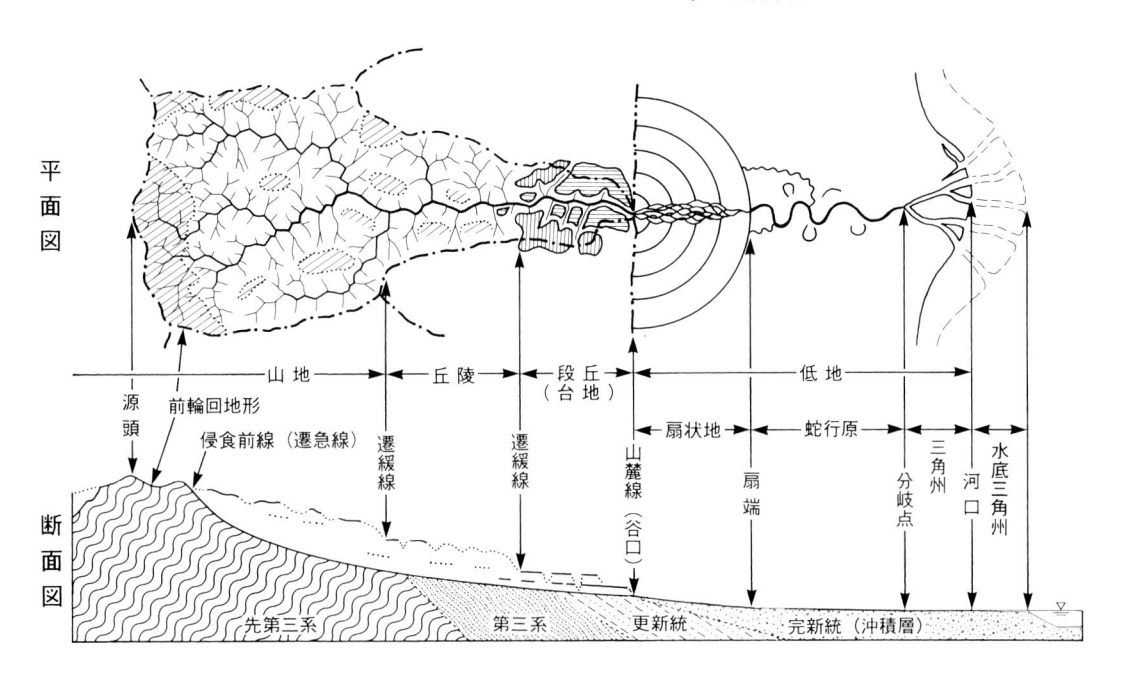

2.4 生活舞台としての脆弱な地形・地質環境　55

平面図／断面図

平面図ラベル： 山地 — 丘陵 — 段丘（台地） — 低地
　源頭／前輪回地形／侵食前線（遷急線）／遷緩線／遷緩線／山麓線（谷口）／扇状地／蛇行原／三角州／水底三角州
　扇端／分岐点／河口

断面図ラベル： 先第三系／第三系／更新統／完新統（沖積層）

地形場	山地・丘陵・（段丘）			低地			海底
	侵食前線	山麓線	谷口	扇端	流路分岐点	河口	
表層地質	風化岩／岩盤	岩盤	礫	砂		泥	
複式地形種	前輪回地形	谷壁斜面	谷底低地	扇状地	蛇行原	三角州	水底三角州
単式地形種　河川敷				▲	▲	▲	
自然堤防					░	░	
後背低地						░	
浜堤・砂丘					▲		
その他	従順山稜 浅谷	ガリー 崩壊地 地すべり地	崖錐 土石流堆 沖積錐 河岸段丘	扇頂溝 旧流路跡	旧流路跡 河跡湖 河畔砂丘 後背湿地	旧流路跡 潟湖 0m地帯 後背湿地	干潟 澪
河川　河川密度	大	極大	中	小	小	中	極小
流路形態	直線、蛇行	直線	直線、網状	網状	蛇行	蛇行、直線	直線
屈曲率 (1〜2)							
特異河川		間欠川		水無川 天井川	湧泉川 天井川	感潮河川 天井川	
主要な地形過程（堆積を省略）	匍行	匍行 崩落 地すべり 土石流	土石流 氾濫 下刻 側刻	氾濫 洗掘 側刻	氾濫 湛水（内水） 側刻	氾濫 高潮 湛水（内水） 地盤沈下	

図2・55　流域を構成する地形種の一般的配置と各地区の特徴
　表層地質および地形種の記号は、それぞれの相対的構成比の河川縦断方向におけるおよその変化傾向を示す。ただし、浜堤と砂丘は、扇状地または蛇行原が海岸に直面している場合の発達状況を示す。
　[鈴木隆介：建設技術者のための地形図読図入門，第1巻 読図の基礎，古今書院，1997年，p.131]

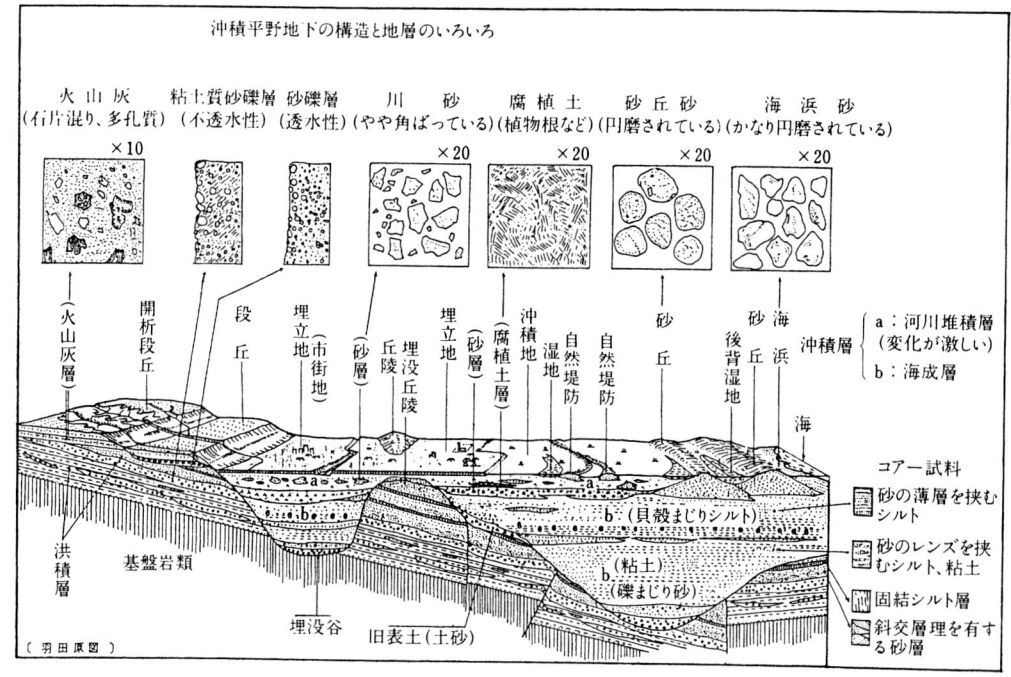

図2・56 堆積低地の地形種と表層堆積物および地下構造の関係を示す模式図（羽田，1991）
[鈴木隆介：建設技術者のための地形図読図入門，第2巻 低地，古今書院，1997年，p.210]

　堆積低地を構成する堆積物の下位には，一般に固結した岩盤がある。その岩盤の表面形態は起伏に富み，埋没谷，埋没尾根，埋没段丘などが伏在する。地震災害の相対的危険度は，低地面を構成する堆積物の性状（礫質・砂質・泥質および有機質など）やその組合せ，基盤岩の表面形態などの地盤条件，地下水位などによって著しく異なってくる。また，そのような地盤に地震動が入力すると，地下の構造を反映した地盤特性によって，複雑な揺れ方をする。このような例が，1995年兵庫県南部地震によって都市部に甚大な被害がもたらされた「震災の帯」と考えられる。

　このような都市域では，地価の高騰と土地利用の稠密化に伴って，低地にも大規模な地下空間が建設されている。地下鉄道，地下街，地下駐車場，地下変電所，地下貯水槽，遊水池などがその例である。また各種のライフラインも埋設されている。この種の大規模地下空間の建設では，土圧や水圧が，最大の課題であるが，酸欠や地下水の塩水化もしばしば問題となる。また，建設工事に伴う地下水流出・低下などにより流砂現象を起こすことがあり，沈下や陥没問題を発生させる場合がある。

　たとえ建設技術が進歩し，社会からの要請が大きくなったとしても，このような地盤条件を軽視することはできない。十分な調査と検討を怠れば，しばしば施工時に種々の難問を生み，工事費用の著しい増加を招くばかりでなく，構造物の維持管理や自然環境の保全に大きな問題を残す。これが，欧米の平野と異なり，日本列島の平野部が抱える脆弱な自然環境の根本問題である。

第 2 章　参考文献

1) 全国地質業協会連合会：豊かで安全な国土のマネジメントのために，1998 年
2) 小島圭二ほか編：日本の自然 地域編 2，東北，岩波書店，1997 年
3) 町田 洋・小島圭二編：新版 日本の自然 8，自然の猛威，岩波書店，1996 年
4) 中村和郎ほか編：日本の自然 地域編 6，中国四国，1997 年
5) 貝塚爽平編：世界の地形，東京大学出版会，1997 年
6) 貝塚爽平：発達史地形学，東京大学出版会，1998 年
7) 貝塚爽平ほか編：写真と図で見る地形学，東京大学出版会，1985 年
8) 活断層研究会編：新編 日本の活断層，東京大学出版会，1991 年
9) 平 朝彦：日本列島の誕生，岩波書店，1990 年
10) 磯崎行雄：日本列島の起源，進化，そして未来，全国地質業協会連合会「技術フォーラム '98」講演集，1998 年
11) 磯崎行雄・丸山茂徳：日本におけるプレート造山論の歴史と日本列島の新しい地帯構造区分，地学雑誌，100(5)，1991 年
12) 池田俊雄：わかりやすい地盤地質学，鹿島出版会，1986 年
13) 貝塚爽平：日本の地形，岩波書店，1977 年
14) 島崎英彦・新藤静夫・吉田鎮男編：放射性廃棄物と地質科学―地層処分の現状と課題―，東京大学出版会，1995 年
15) 鈴木堯士：四国はどのようにしてできたか―地質学的・地球物理学考察―，南の風社，1998 年
16) 皆川 潤・大槻憲四郎：淡路島のトレンチの断層条線が示す野島断層の活動史，月刊地球号外 21，1998 年
17) 大槻憲四郎・皆川 潤・青野正夫・大竹政和：兵庫県南部地震に刻まれた野島断層の湾曲した断層条線について，地震 2，Vol.49，1997 年
18) 千木良雅弘：災害地質学入門，近未来社，1998 年
19) 千木良雅弘：風化と崩壊，近未来社，1995 年
20) 動力炉・核燃料開発事業団：「わが国の地質環境」地層処分研究開発第 2 次とりまとめ第 1 ドラフト（平成 10 年度），PNCTN 141298-013，1998 年
21) 鈴木隆介：建設技術者のための地形図読図入門（第 1 巻 読図の基礎），古今書院，1997 年
22) 鈴木隆介：建設技術者のための地形図読図入門（第 2 巻 低地），古今書院，1998 年
23) 高橋 裕・阪口 豊：日本の河川，科学，46，1976 年
24) 日本地形学連合会：地形学から工学への提言，地形工学セミナー 1，古今書院，1996 年
25) 陶山国男・羽田 忍：現場技術者のための「やさしい地質学」，築地書館，1978 年
26) 坂口 豊：日本の自然，岩波書店，1981 年
27) 高山 昭：NATM の理論と実際 4 版，土木工学社，1983 年
28) 農林省構造改善局計画局資源課：日本の地すべり，関東地方 50 万分の 1，1973 年
29) 狩野謙一・村田明広：構造地質学，朝倉書店，1998 年
30) 木村敏雄編：地質構造の科学，朝倉書店，1984 年
31) 小野寺 透・吉中龍之進訳：フックブレイ「岩盤斜面工学」，朝倉書店，1979 年
32) 尾池和夫・堀高峰・山田聡治：1995 年兵庫県南部地震に先行した長期・中期・短期現象について，月刊地球／号外，No.13，81-87，1995 年
33) 北川隆司・西平裕司・井上 基・門藤正幸：広島県西部，花崗岩中の断層破砕帯に生成している粘土好物の K-Ar 放射年代，応用地質 37 巻 5 号，1997 年
34) 寒川 旭：揺れる大地 日本列島の地震史，同朋社，1997 年

第3章　多発する日本の災害

3.1 各種災害と法制度

　災害とは，自然現象や人為的原因により，社会生活や生命が受ける被害といえる。災害対策基本法によれば，「暴風，豪雨，豪雪，洪水，高潮，地震，津波，噴火その他の異常な自然現象，または大規模な火事もしくは爆発その他，その及ぼす被害の程度において，これらに類する政令で定める原因により生ずる被害をいう」とある。

　日本の国土は総面積約38万 km^2 であるが，居住適地がその約25％で，都市の土地利用状況では，人口集中地区の面積が国土面積の約3％にすぎず，その大半が地盤の悪い沖積低地に発展している。また，都市域の居住地は，関東大震災（1923年）以降は低地から台地へ，さらに大都市圏への人口集中が始まった1960年以降は丘陵へと拡大し，近年は山地にまで及んでいる。このように，1960年以降は都市域における人為的地形改変の速度が，自然的地形変化の速度を数倍も上回る結果となった。この人為的改変が主要因となる災害も多くなっている。

　自然現象の結果として発生する災害を自然災害とすれば，人為的原因（人間の活動に起因）によって発生する災害は，公害ならびに事故として区別される。例えば，過剰揚水による広域地盤沈下は公害とされており，急斜面の崩落は落石事故と呼ばれている。しかし，いずれも地質がその原因であり，長時間に及ぶ自然現象が，人為的行為によってごく短時間に発生したとも考えられる。したがって，一部の公害や事故も含め，本章では地質に関連する災害について触れる。

　地質に関連する災害は，その発生エネルギーや発生場所によって多様に区分されるが，ここでは，地震，火山（噴火），斜面，地すべり，河川（洪水），地下水による災害について述べる。

（1）災害発生状況

　地質に関連する多様な災害のうち，気象または地象別に発生した土砂災害（土石流，地すべり，崖崩れ）について，1989(平成元)年より1997(平成9)年までの発生状況を表3・1に示す。

　表3・1によると，年間発生件数は最大で4322件［1992(平成4)年］，最小で413件［1996(平成8)年］となり，10倍程度の差がある。しかし，1991(平成3)年〜1994(平成6)年間の土石流は，雲仙普賢岳の噴火によるもの（火砕流を含む）が多く，それらを除くと最大が1875件［1993(平成5)年］，最小が282件［1994(平成6)年］である。これは1日の発生件数に換算すると最大で

5 件, 最小でも 0.8 件であり, 毎日どこかでなんらかの土砂災害が発生していることになる。

発生状況をみると, 雲仙普賢岳による火砕流や土石流が, 集中した期間に限定した地域で大多数を占めるが, それを除くと梅雨および台風による土砂災害が, 全体の 60 % を超えている年が多い。日本が温帯地方で降水量が多いため, 降水と地形・地質に関係する災害が多発することを示している。

地震による災害は, 1993 (平成 5) 年, 1995 (平成 7) 年, および 1997 (平成 9) 年に多発している。1993 年は北海道南西沖地震, 1995 年は兵庫県南部地震と大規模な震災を生じているが, 1997 年は鹿児島県薩摩地方の 2 回に及ぶ M

表 3・1 気象・地象別土砂災害発生状況

気象・地象	土砂災害の種類	発生件数								
		1989年(平成元年)	1990年(平成2年)	1991年(平成3年)	1992年(平成4年)	1993年(平成5年)	1994年(平成6年)	1995年(平成7年)	1996年(平成8年)	1997年(平成9年)
融雪 1〜5月	土石流	—	3	3	2	1	—	1	6	5
	地すべり	12	22	20	12	7	12	15	22	12
	崖崩れ	1	4	3	2	1	4	7	4	2
	小計	13	29	26	16	9	16	23	32	19
降雨 1〜5月	土石流	—	4	2	—	2	2	38	3	6
	地すべり	23	10	3	13	14	15	14	4	14
	崖崩れ	11	33	23	44	10	20	46	13	47
	小計	34	47	28	57	26	37	98	20	67
梅雨 6〜7月	土石流	4	83	8	11	72	1	166	41	16
	地すべり	13	81	42	17	75	11	179	27	41
	崖崩れ	24	377	202	60	441	22	186	105	321
	小計	41	541	252	88	588	34	531	173	378
降雨 8〜12月	土石流	45	3	12	8	46	8	36	9	22
	地すべり	44	7	8	6	41	21	18	2	20
	崖崩れ	220	56	24	39	459	63	58	21	78
	小計	309	66	44	53	572	92	112	32	120
台風	土石流	84	51	23	9	70	9	7	20	33
	地すべり	19	58	49	7	32	9	1	7	49
	崖崩れ	87	382	347	84	472	28	20	102	352
	小計	190	491	419	100	574	46	28	129	434
火山	土石流	67	94	2831	4005	2079	822	4	—	—
	地すべり	—	—	—	—	—	—	—	—	—
	崖崩れ	—	—	—	—	—	—	—	—	—
	小計	67	94	2831	4005	2079	822	4	—	—
地震	土石流	—	—	—	—	2	—	49	—	—
	地すべり	—	2	—	—	2	—	10	2	—
	崖崩れ	2	—	—	—	30	5	30	2	117
	小計	2	2	—	—	34	5	89	4	117
その他	土石流	—	—	—	—	16	11	8	12	19
	地すべり	—	—	—	—	—	—	—	—	—
	崖崩れ	—	—	—	3	—	—	—	11	—
	小計	—	—	—	3	—	11	8	23	19
合計	土石流	200	238	2879	4035	2288	853	309	91	101
	地すべり	111	180	122	55	171	68	237	64	136
	崖崩れ	345	852	599	232	1413	142	347	258	917
	小計	656	1270	3600	4322	3872	1063	893	413	1154
備考(火山災害の内容)	桜島土石流	67	94	65	71	82	41	—	—	—
	雲仙火砕流	—	—	2755	3919	1959	780	4	—	—
	雲仙土石流	—	—	11	15	38	1	—	—	—

出典: 土砂災害の実態 (平成元年〜9年) 「(財)砂防・地すべりセンター」

図3・1 年度別土砂発生状況

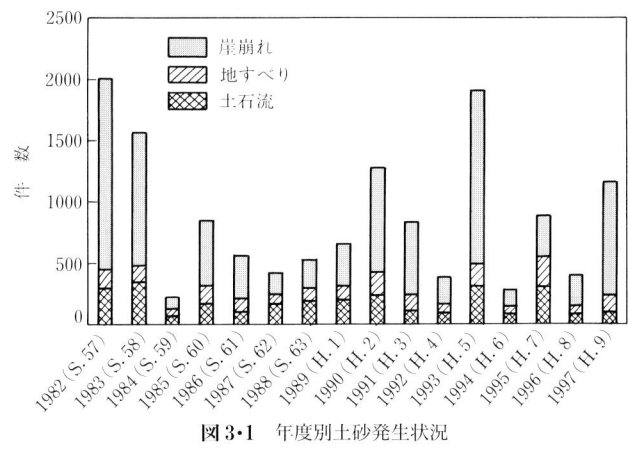

6程度の地震によるもので，同地方特有のシラスによる影響が大きいことを示している。

次に，財団法人砂防・地すべりセンター発足の1982(昭和57)年以後のデータに基づき，土石流，地すべり，崖崩れの発生状況を**図3・1**に示す。それによると土砂災害の発生件数は，明らかに減少傾向にあるとは断言できない。土砂災害が増加している年は，崖崩れ（急傾斜地崩壊）が多発しているという傾向がある。崖崩れなどについては，後述する「急傾斜地の崩壊による災害の防止に関する法律」等により対策がなされているが，ほとんどが斜面の形状に合わせた応急対策であり，斜面の傾斜を緩くする，または周辺の開発を抑止するなどの恒久対策の事例は少ない。さらに，崖崩れの発生件数が減少していないことは，防災対策の施工箇所数よりも急傾斜地周囲の開発箇所が上回っている可能性を示すものといえよう。ただし，自然災害による死者・行方不明者数は，1967年以降のデータによれば，約10年間隔でその数が突発的に増加するが，おおむね減少傾向にあり，防災対策の効果を認めることができよう（**図3・2**）。

（2） 災害関係の法制度

災害関係の法律は多岐にわたっているが，地形・地質等に関連する災害関係の主な法律としては，以下のようなものがある。

〔基本法関係〕
- 災害対策基本法（1961）
- 地震防災対策特別措置法（1995）
- 大規模地震対策特別措置法（1978）
- 建築物の耐震改修促進に関する法律（1995）
- 石油コンビナート等災害防止法（1975）

〔予防関係〕
- 国土総合開発法（1950）
- 河川法（1896）・新しい河川法（1965）
- 海岸法（1956）
- 砂防法（1897）・新しい砂防法（2001）
- 地すべり等防止法（1958）

第3章　多発する日本の災害

年	崖崩れ	土石流・地すべり	洪水・地震	雪崩	合計
1967	158	297	148		603
1968	5	154	100		259
1969	82	32	69		183
1970	27	22	126		175
1971	171	53	152		376
1972	239	194	204		637
1973	18	19	44		81
1974	129	40	70		239
1975	49	71	82		202
1976	81	72	89		242
1977	8	12	34		54
1978	23	16	70		109
1979	23	4	175		202
1980	25	0	89		114
1981	20	13	60		93
1982	185	152	171		508
1983	78	29	177	1	285
1984	16	29	9	5	59
1985	15	41	49	1	106
1986	26	4	18	15	63
1987	4	3	25		32
1988	12	17	30		59
1989	15	14	59		88
1990	19	32	46		97
1991	12	55	127		194
1992	3	0	3		6
1993	141	33	251		425
1994	0	11	0		11
1995	8	38	6268		6314
1996	4	14	20	1	39

注）（財）砂防・地すべりセンター　土砂災害の実態より

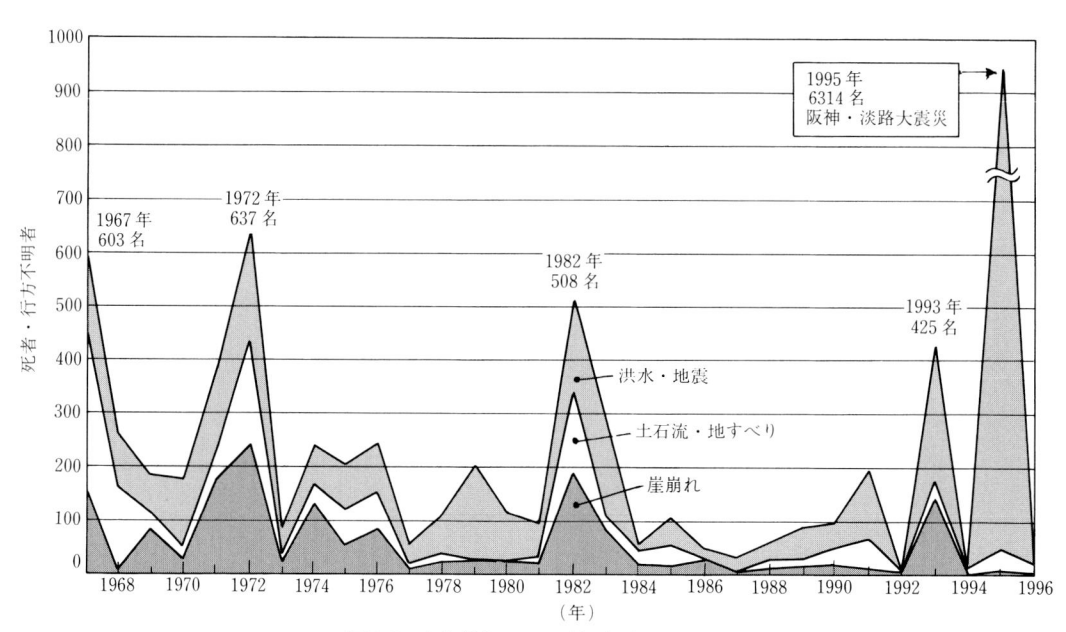

図3・2　自然災害による死者・行方不明者数

・急傾斜地の崩壊による災害の防止に関する法律（1969）
・活動火山対策特別措置法（1973）
・土砂災害防止法（2001）
〔応急対策関係〕
・消防法（1947）
・災害救助法（1947）
〔災害復旧および財政金融措置〕
・激甚災害に対処するために特別の財政援助等に関する法律（1962）
・防災のための集団移転促進事業にかかわる国の財政上の特別措置等に関する法律（1972）

主なものについて特徴を選びだすと以下のようになる。

① 災害対策基本法

この法律の目的は，「国土並びに国民の生命，身体及び財産を災害から保護するため，防災に関し，国，地方公共団体及びその他の公共団体を通じて必要な体制を確立し，責任の所在を明確にするとともに，防災計画の作成，災害予防，災害応急対策，災害復旧及び防災に関する財政金融措置その他必要な災害対策の基本を定めることにより，総合的かつ計画的な防災行政の整備及び推進を図り，もって社会の秩序の維持と公共の福祉の確保に資すること」であり，その対象としては「放射性物質の大量の放出，多数の者の遭難を伴う船舶の沈没その他の大規模な事故」をも含むものとしている。

② 地震防災対策特別措置法と大規模地震対策特別措置法

前者は，地震防災緊急事業5カ年計画の作成，地震に関する調査研究の推進の体制の整備等に主眼がおかれているが，後者は，地震防災対策強化地域の指定，地震観測体制の整備，地震防災体制の整備，地震防災応急対策などにより，地震防災対策の強化に主眼をおいている。

③ 地すべり等防止法
④ 急傾斜地の崩壊による災害の防止に関する法律
⑤ 活動火山対策特別措置法

これらの法律は，それぞれ対象が「地すべり」「急傾斜地」「火山」と異なるが，主たる目的は「国土の保全と民生の安定に資する」点にある。しかし，これらの法律に関与する大臣はそれぞれ異なっている。

すなわち，地すべり防止区域は主務大臣が，急傾斜地崩壊危険区域は都道府県知事が，火山の爆発などの災害に対する避難施設緊急整備地域は内閣総理大臣が，それぞれ指定する。

最近の防災対策の方向は，自然災害に立ち向かうのではなく，災害をいかに避けるか，つまり，災害の事前情報の把握と活用，および災害発生後の危険状態を予測した地域防災予測図（危険度評価図）またはハザードマップの作成に向けられている。火山および洪水のハザードマップは，それぞれの地方自治体から発行されており，防災担当部署などで閲覧することができる。また，火山ハザードマップは市販されている。公表されている火山および洪水のハザードマップを**表3・2**と**表3・3**に示す。

表3・2 火山ハザードマップ（国土庁把握）

火山名	発行年月	発行者
十勝岳	1992（平成4）年12月	上富良野町，美瑛町（北海道）
樽前山	1994（平成6）年3月	北海道，苫小牧市，千歳市，恵庭市，白老町
有珠山		北海道，伊達市，虻田町，壮瞥町，豊浦町，洞爺村
駒ヶ岳	1998（平成10）年8月	森町，砂原町，鹿部町，南茅部町，七飯町（北海道）
岩手山	1998（平成10）年10月	建設省（岩手工事事務所），岩手県，盛岡市，雫石町，西根町，滝沢村，松尾村，玉山村
草津白根山	1995（平成7）年3月	草津町，嬬恋村，長野原村，六合村（群馬県）
浅間山	1995（平成7）年3月	佐久市，小諸市，軽井沢町，御代田町（長野県），長野原町，嬬恋村（群馬県）
伊豆大島	1994（平成6）年3月	大島町（東京都）
三宅島	1994（平成6）年	三宅村（東京都）
雲仙岳		島原市（長崎県）
阿蘇山	1995（平成7）年3月	阿蘇広域行政事務組合（熊本県内12町村）
霧島山	1996（平成8）年3月	都城市，小林市，えびの市，高原町（宮崎県），栗野町，吉松町，牧園町，霧島町（鹿児島県）
桜島	1994（平成6）年	鹿児島市，垂水市，桜島町（鹿児島県）

表3・3 洪水ハザードマップ

No.	都道府県	市区町村	公表年月
1	北海道	留萌市	1995（平成7）年10月
2		鶴川町	1997（平成9）年8月
3		豊頃町	1997（平成9）年10月
4	青森県	五所川原市	1996（平成8）年10月
5		弘前市	1998（平成10）年7月
6	岩手県	花巻市	1996（平成8）年5月
7		一関市	1997（平成9）年9月
8		盛岡市	1998（平成10）年9月
9	宮城県	鹿島台町	1995（平成7）年9月
10		名取市	1995（平成7）年10月
11		涌谷町	1998（平成10）年3月
12		岩沼市	1996（平成8）年6月
13	秋田県	西仙北町	1996（平成8）年6月
14		二ツ井町	1997（平成9）年10月
15		大曲市	1997（平成9）年10月
16		本庄市	1998（平成10）年3月
17	山形県	中山町	1996（平成8）年9月
18		三川町	
19	福島県	福島市	1996（平成8）年6月
20		郡山市	1997（平成9）年12月
21	栃木県	足利市	1997（平成9）年12月
22	埼玉県	朝霞市	1995（平成7）年9月
23	千葉県	茂原市	
24	新潟県	上越市	1996（平成8）年6月
25	山梨県	市川大門町	1997（平成9）年6月
26	長野県	飯山市	1995（平成7）年5月
27	愛知県	豊橋市	1996（平成8）年8月
28	三重県	香良洲町	1997（平成9）年10月
29	大阪府	寝屋川市	1996（平成8）年7月
30		岸和田市	1996（平成8）年12月
31		高槻市	1998（平成10）年9月
32	兵庫県	川西市	1997（平成9）年1月発生
33	岡山県	和気町	1995（平成7）年11月
34	島根県	益田市	1998（平成10）年5月
35	愛媛県	大洲市	1996（平成8）年6月
36	高知県	伊野市	1995（平成7）年12月
37		中村市	1998（平成10）年3月
38	佐賀県	武生市	1996（平成8）年6月
39	大分県	日田市	1995（平成7）年5月
40	鹿児島県	栗野町	1996（平成8）年7月

（1997年3月現在）

3.2 地震による災害

　数多くある自然災害のなかでも，特に巨大災害への危険性をはらんでいるのが地震災害といえる。まだ記憶に新しい阪神・淡路大震災（1995年1月発生）では，大都市に内在する地震災害への脆弱性がみられた（**写真3・1〜写真3・5**）。不幸なことだが，世界で起こっている地震の約1割が日本列島とその近海で発生しており，われわれの住む日本が「地震列島」と呼ばれるように地震の巣であるという現実を再認識せざるを得ない。

日本列島とその周辺で発生する大規模な地震のタイプは，いわゆるプレート境界型地震（海洋性地震）と内陸型地震（直下型地震）に分けられる。

プレート境界型地震（海洋性地震）は，一般に震源は数十km以上と深く，同一場所での発生頻度は100年前後に1回程度である。規模の大きい巨大地震が多く，津波を伴う場合が多い。例えば，太平洋プレートの沈み込みによる地震には十勝沖地震（M 7.9，1968年），三陸はるか沖地震（M 7.5，1994年）などがある。フィリピン海プレートの沈み込みでは，関東地震（M 7.9，1923年），東南海地震（M 7.9，1944年），南海地震（M 8.0，1946年）などのM 8クラスの巨大地震がある。また，沈み込んでいくプレート内部でも，三陸地震（M 8.1，1933年），釧路沖地震（M 7.8，1993年），北海道東方沖地震（M 8.1，1994年）などの地震が発生している。

内陸型地震（直下型地震）は，地震の規模はM 7クラスだが，地下浅いところで発生すると，阪神・淡路大震災を引き起こした兵庫県南部地震（M 7.2，1995年）や福井地震（M 7.1，1948年）のような大惨事を伴う。この地震の発生頻度は，活発な場所でも数千〜1000年に1度程度であるが，阪神・淡路大震災で大きなずれを起こして一躍注目を浴びた活断層（**写真3・6**）は，日本列島とその周辺海域に多数存在する。現在，精力的にこの活断層の調査が行われている。

今日までに，われわれは多くの地震を繰り返し体験し，多くの地震被害を受けてきた。そして，そのたびに調査研究が実施され，地震工学の技術は飛躍的に進歩を遂げてきた。しかし，地震発生のメカニズムが十分に解明されたとは言い難く，地震予知の技術はまだ十分とはいえない。

このような事情から，現在では，地震発生後の被害をいかに最小限に食い止めるかという地震防災対策が重要とされている。とりわけ，大都市や主要地方都市では，阪神・淡路大震災での教訓を活かし，地震防災対策が地域防災計画における大きな柱の1つとされて，従来までの防災対策計画の見直しが盛んに行われている。本格的なサイスミックハザードマップ：地震災害予測図（**図3・3**）も作成され，地域防災への活用がなされつつある。

（1）　過去の地震災害

わが国の地震災害については，最古のものとして允恭5年（西暦416年）の地震が日本書紀に記されており，その後，多くの歴史地震記録が残されている。このことは世界でも類を見ないことで，地震の調査研究や防災を考えるうえでもわれわれの貴重な財産となっている。また，いかに多くの地震災害を受け続けたかの歴史でもある。

日本で大きな被害を生じた地震のうち，最近100年間に発生した主な地震を通して，われわれは地震災害をどのように捉え，そこから得られた経験をいかにその後に活かしてきたのか，その概観を以下に述べる。

（a）　濃尾地震（M 8.0，1891年）：大規模な直下型地震

内陸型地震としては最大規模のものであった（**写真3・7**）。濃尾断層帯（根尾谷断層含む）では約80 kmにわたって断層運動によるずれが地表に現れた。被害はこの断層帯周辺と地盤の軟弱な沖積低地（濃尾平野）に集中し，家屋全壊140000以上，死者7200余名という被害を受けた。この地震を契機として，

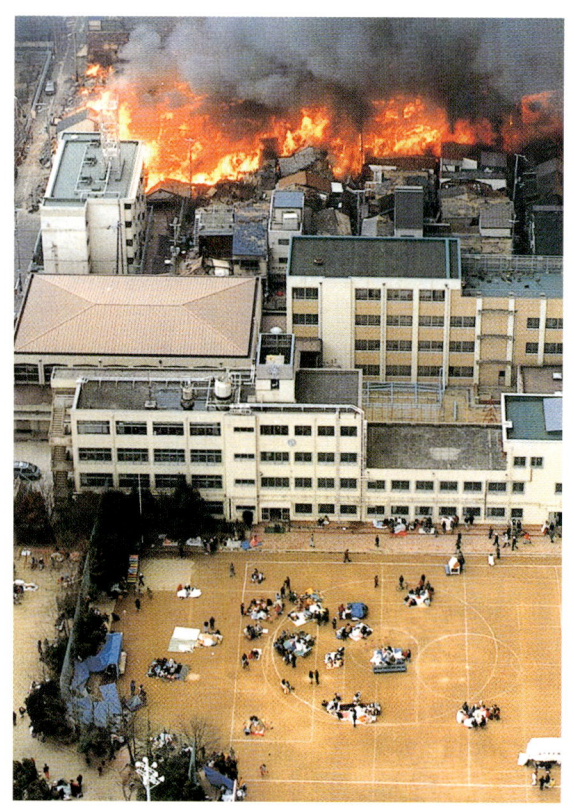

写真 3・1 地震火災（阪神・淡路大震災：長田区）
避難した御蔵小学校のそばまで火の手が迫っている。
［毎日新聞社：ドキュメント阪神大震災全記録（毎日ムック），1995年，p.14］

写真 3・2 地震動による鉄筋コンクリート建物の崩壊（阪神・淡路大震災：兵庫区） ［撮影：中央開発］

写真 3・3 家屋倒壊率 50〜65％の状況（阪神・淡路大震災：灘区住吉宮町付近） ［撮影：中央開発］

写真 3・4 阪神高速道路 3 号神戸線の倒壊（阪神・淡路大震災：灘区） 上部構造と一体の構造形式であるピルツ橋の橋脚が倒壊した。 ［撮影：中央開発］

写真 3・5 人工島での液状化現象（阪神・淡路大震災：ポートアイランドのコンテナ埠頭） 液状化により流出した泥水が一面を覆う。最大で約 3 m の地盤沈下が起こった。
［撮影：共同通信社］

写真 3・6 阪神・淡路大震災を引き起こした野島断層
　地震とともに延長約 10 km の右横ずれ断層が淡路島西岸沿いに出現した。　［子供の科学，誠文堂新光社，1995 年 4 月号］

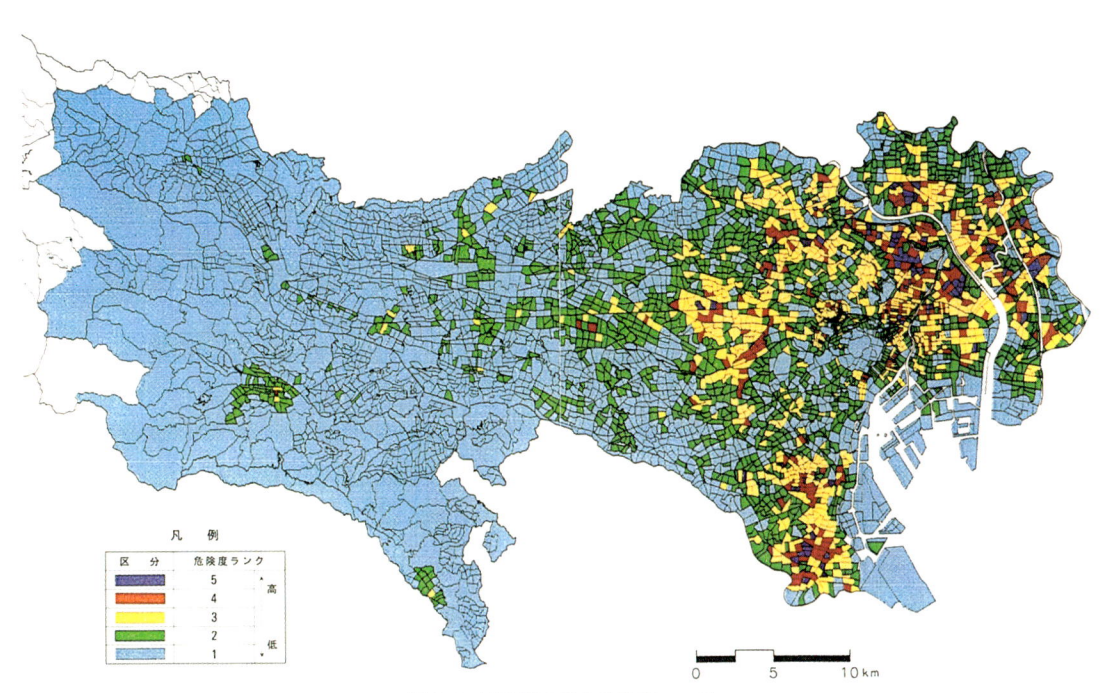

図 3・3 東京都の総合危険度マップ

［東京都都市計画局開発計画部管理課：あなたのまちの地域危険度—地震に関する地域危険度測定調査報告書（第 4 回），東京都政策報道室都民の声部情報公開課，1998 年，p.17］

写真 3・7　濃尾地震の被害写真
尾張紡績会社の倒壊（濃尾震災地写真による）
［地震予知総合研究振興会：日本の地震活動, 1997 年, p.169］

翌1892(明治25)年には震災予防調査会が発足し，日本の地震調査研究が始まった。

(b)　**関東大地震（$M\,7.9$, 1923年）：首都圏を襲った大震災**

相模湾，神奈川県，房総半島の南部を含む相模トラフ沿いの広範囲を震源域としたプレート境界型地震（海洋性地震）である。関東地方全域に大被害を与えた（**写真 3・8**）。地震直後の火災が被害を大きくし，死者・行方不明 142000 余名という未曾有の大被害となったのである。この地震を契機に地震研究所が設置された。

地震後に復興局で行われた地質調査は，東京・横浜地区を 500 m グリッドごとに区分けしたきめ細かなものであり，本格的な都市地盤図が完成した。その結果，それまで不明であった沖積平野の地下地質が解明されるとともに，地震被害が地盤を構成する地質に大きく影響されることが明らかにされた。

木造家屋の被害は下町低地（軟弱地盤）に集中し，剛性の高い土蔵の被害は山の手台地（硬質地盤）で顕著であったことがわかった。さらに，沖積層の層厚と被害率の関係等より地震動が表層の地質構成に大きく関係していることなども明らかとなった。

(c)　**福井地震（$M\,7.3$, 1948年）：初の都市直下型地震**

軟弱な地盤上に広がる市街地の直下に震源があり，揺れは極めて大きく，木造家屋の全壊率が高かった。都市直下型地震の怖さを，われわれに最初に印象づけた地震であった（**写真 3・9**）。

この地震は，兵庫県南部地震によく似た特徴がみられた。被害ゾーンが東西幅十数 km で南北延長 20 km に及んだこと，地表では地震断層が確認されていないが地下には大きな動きをした断層が存在していること，断層の真上から約 3 km 離れているデパートで建物に壊滅的な被害が生じたことなど，神戸市での被害に類似している点が多々ある。

この被害を契機として，気象庁震度階の中に新たに震度7が追加された。福井地震後の 1950 年には建築基準法が制定されている。

(d)　**新潟地震（$M\,7.5$, 1964年）：液状化現象による大被害**

新潟県北部の沖合を震源とする地震で，被害は新潟県や山形県など9県に及

写真 3・8 関東大地震の被害写真
全半壊した家屋 25,2000 余,焼失 44,7000 余。地震後の火災が被害を大きくした。 [写真所蔵:東京大学地震研究所]
[伯野元彦:被害から学ぶ地震工学,鹿島出版会,1992 年,p.125]

写真 3・10 新潟地震の被害写真
液状化現象によるビルの倒壊 [写真:新潟日報]
[地震予知総合研究振興会:日本の地震活動,1997 年,p.173]

写真 3・9 福井地震の被害写真
大和百貨店の倒壊
[伯野元彦:被害から学ぶ地震工学,鹿島出版会,1992 年,p.129]

写真 3・11 新潟地震の被害写真
燃え続ける石油タンク [写真所蔵:東京大学地震研究所]
[伯野元彦:被害から学ぶ地震工学,鹿島出版会,1992 年,p.121]

んだ。新潟市では,鉄筋コンクリートのビルがそのまま傾き倒れ,護岸は多くの箇所で決壊が生じた(**写真 3・10**,**写真 3・11**)。この地震では,開発された市街地で液状化現象が起き,地盤の液状化が建築物と土木構造物に多大な被害を及ぼしたことが特徴となっている。この地震によって液状化に対する調査研究が進み,1970 年代には各種構造物の耐震基準に液状化対策が盛り込まれるようになった。また新潟地震では,現地に設置されていた強震計が初めて地震を記録した。石油タンクから出火した火災は,危険物施設の地震火災に対する警鐘となった。

(e) 十勝沖地震(M 7.9,1968 年):耐震設計上の問題点

青森県東方沖の広い範囲を震源域としたプレート境界型地震(海洋性地震)である。被害は青森県を中心に北海道南部から宮城県まで広範囲に及んだ。地震による崖崩れや地すべりが発生し,家屋の倒壊も相次いだ。前日までの大雨による地盤の緩みも加わり,火山堆積物の分布する丘陵地や軟弱地盤地帯での被害が甚大であった。また,鉄筋コンクリート造の公共建築物が圧壊し被害が出たことで,その後,建築基準法施行令が改正され,鉄筋コンクリート構造設

計基準が改定されることとなった。なお，この震源域の北東側に隣接する海域では 1952 年に十勝沖地震（M 8.2）が発生しており大きな被害が出ている。

　(f)　宮城県沖地震（M 7.4，1978 年）：新興宅地造成地に被害集中

　地震動による被害は宮城県（仙台市）に集中した。特に新しく開発の進んだ軟弱地盤地域と丘陵地の宅地造成地区に被害が多かった。ブロック塀の倒壊による圧死やライフラインの被害は，市民生活に大きな打撃を与えた。このように，都市化・宅地化など社会状況の変化は，地震被害の様相を大きく変えた。この地震後，建築基準法施行令の大幅な改正がなされている。

　(g)　日本海中部地震（M 7.7，1983 年）：忘れていた津波の恐怖

　日本海側で発生した最大規模の地震である。秋田県および青森県西部を中心に死者 104 人を出す被害となった。この地震による主な被害は津波と液状化によるものであった。震源域が陸地に近かったため，津波は地震発生からわずか 7 分後に来襲し 100 人が犠牲となった。平野部での液状化現象による被害も，民家や河川堤防，港湾施設で見られた。この地震は，津波の恐ろしさをわれわれに再認識させた（**写真 3・12**）。

　(h)　長野県西部地震（M 6.8，1984 年）：大規模な斜面崩壊

　長野県王滝村付近で発生した地震で，被害のほとんどが大規模な斜面崩壊とそれに続く土石流によるものであった（**写真 3・13**）。御岳南東山腹で発生した御岳崩れ（伝上崩れ）は，崩壊土量 3400 万 m³ で，約 10 km 流下して王滝村まで達した。御岳山のような壮年期の火山では，地震や豪雨を引き金として大規模な斜面崩壊が発生することは珍しいことではない。

写真 3・12　日本海中部地震での液状化（噴砂）現象
［撮影：地質調査所］［地震予知総合研究振興会：日本の地震活動，1997 年，p.28］

写真 3・13　長野県西部地震での大規模な斜面崩壊御岳南東山腹で発生した御岳崩れ(伝上崩れ)［建設省河川局砂防部監修・砂防・地すべり技術センター編：地震と土砂災害，1995 年，p.43］

① 被災後の奥尻町青苗地区（1993年7月13日撮影）　　② 被災前の奥尻町青苗地区（1976年撮影）
写真3・14　北海道南西沖地震で津波と火災による被害を受けた奥尻町青苗地区　[撮影：国際航業]

(i) 北海道南西沖地震（$M\,7.8$，1993年）：奥尻島での津波と火災の複合被害

日本海東縁部で発生した地震である。これまで大地震のそれほど多くなかった北海道南西部の日本海沿岸地域に多大の被害をもたらした。なかでも，奥尻島での津波と地震火災の発生による壊滅的な被害は，われわれに大きな衝撃を与えた（**写真3・14**）。各地で液状化や斜面崩壊などの地盤災害が多く発生した。

(j) 兵庫県南部地震（$M\,7.2$，1995年）：都市型大災害，地震防災再構築

関東大震災以来の未曾有の都市型大災害である。木造家屋の倒壊，そして同時多発的に発生した火災をはじめ多種多様な被害の発生で6300人を超える犠牲者を出した。兵庫県南部地震による被害は阪神・淡路大震災と命名された。神戸市を中心とする阪神都市圏に「震災の帯」と呼ばれる長さ約30 km，幅約2 kmの帯状地域に壊滅的な被害が集中し，気象庁観測史上初の震度7も適用された。建築物，道路，鉄道，港湾，地下鉄，ライフライン施設等，都市の中枢をなす土木・建築構造物の壊滅的な惨状は，耐震技術大国，地震防災先進国を誇っていたわれわれに多くの課題を投げかけた。

(2) 地震による災害の種類

地震による災害には，大地の揺れ（地震動）そのものによって引き起こされる直接的な構造物の被害，地盤の液状化，斜面崩壊などと，間接的にその被害を大きくする火災，津波などの二次災害がある。

これらを，揺れによる構造物被害，地盤災害，および二次災害に分けて説明する。

(a) 構造物被害

わが国は，過去の地震で受けた多くの犠牲を教訓として，構造物の耐震性を高めてきた経緯がある。そして現在でも，日本の各種構造物の耐震性は世界のなかで高いレベルにあることは確かであろう。しかし，阪神・淡路大震災の経験により，さらなる見直しを迫られることになった。

建築物については，関東大震災（1923年）の体験を経て，翌年に初めて耐

震規定が設けられ，1950年に建築基準法の制定となった。十勝沖地震（1968年）のRC造の被害を契機にさらに規定は強化され，宮城県沖地震（1978年）での教訓もあり，規定は大幅に見直されて現行の新耐震基準が1981年に制定された。このような流れは程度の差はあれ，他の土木構造物（道路，鉄道，橋梁，ダム，堤防，港湾，空港など），ライフライン（電力，ガス，通信，上下水など），危険物施設などでも同じことがいえる。

これまでの地震による構造物の被害状況を見た場合，地震に対する構造物自身の強さだけから被害の程度は測れない。むしろ，構造物を支える地盤の強さが大きく関係している事例が多い。さらに，構造物の固有周期と地盤の卓越周期との関係が被害の程度に大きく関係している。

日本の主要都市部には，地震動で大きく揺れやすい沖積層が分布しており，まず，これら表層の地盤特性を明確にしておくことが基本的に重要なことである。さらに，兵庫県南部地震で被害の集中した「震災の帯」の出現については，現在その成因として，断層から相当離れた場所でも盆地端部効果によって異常に大きい地震動が発生することや，三次元的な地下深部構造が大きく関与していることが明らかにされつつある。なお，地震被害に及ぼす影響が強いとみられている深部地盤構造については，現在でも極めて情報が不足しており，今後の調査が望まれるところである。

(b) 地盤災害

地震が原因で発生する主な地盤災害は，液状化現象と斜面崩壊である。

地割れや陥没も数多く発生しているが，これらで直接犠牲者の出た例は少ない。むしろ，木造家屋などの基礎が不等沈下することによる被害や地中埋設管等の変状例が多くなっている。

① 液状化現象

一般に，緩く堆積した飽和砂質土地盤に強い地震動が加わると，地盤そのものが液体状になり支持力を失う液状化現象が見られる。液状化が生じると，単に水や砂が噴き上がる噴砂現象だけでなく，構造物を支える力が失われ，比重の大きなものは沈下や傾斜し，比重の小さい地中埋設管などは浮力で浮き上がる。また，液状化層の側方への大きな移動は，盛土の崩壊，護岸のはらみ出しや沈下を生じさせる。

液状化現象の発生地点は，地形条件と密接な関係がある。例えば，日本海中部地震（1983年）での液状化は，沖積平野（特に河川氾濫原地域），海岸・河川に沿った埋立地，砂丘地帯（砂丘間低地，砂丘内陸側周縁部）および干拓地などで発生している（**図3·4**）。なお現在では，詳細な微地形区分によって液状化被害の可能性の程度が予測されている（**表3·4**）。

液状化現象は，**図3·5**に示すように，昭和以降で発生した地震だけに限ってみても，全国の沖積平野や盆地などで繰り返し発生している。この現象に関しては，福井地震（1948年）以前はほとんど話題にはならなかったが，新潟地震（1964年）において，人口の集中した平野部でこの現象が一度に起き，われわれに大きな衝撃を与えたのである。

新潟地震以降，液状化の研究は飛躍的に進んだ。液状化発生メカニズムが明らかになるにつれ，その予測手法や対策工法の開発が盛んになり，耐震設計を

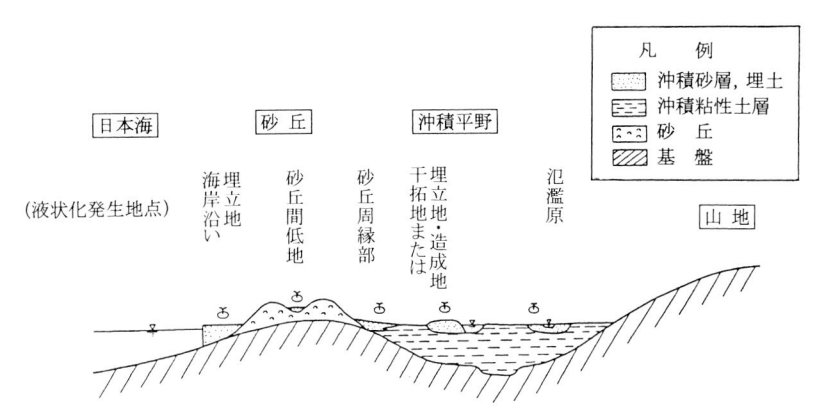

図3・4 日本海中部地震における液状化発生地点模式図
［原図：日本海中部地震被害調査報告書，応用地質，1984年1月］

表3・4 詳細な微地形区分による液状化の可能性の予測

地形単位		表層の液状化被害可能性の程度
分類	細分類	
谷底平野	扇状地型谷底平野	小
	デルタ型谷底平野	中
扇状地	扇状地	小
	緩扇状地	中
自然堤防	自然堤防	中
	自然堤防縁辺部	大
後背低地		中
旧河道	古い旧河道	中〜大
	新しい旧河道	大
旧沼地		大
湿地		中
河原	砂礫質の河原	小
	砂泥質の河原	大
デルタ（三角州）		中
砂州	砂州	中
	砂礫州	小
砂丘	砂丘	小
	砂丘末端緩斜面	大
海浜	海浜	小
	人工海浜	大
砂丘間低地・堤間低地		大
干拓地		中
埋立地		大
湧水地点（帯）		大
盛土地	砂丘と低地との境界付近の盛土地	大
	崖・急斜面に隣接した盛土地	大
	谷底平野上の盛土地	大
	低湿地上の盛土地	大
	干拓地上の盛土地	大
	その他の盛土地	中

［若松加寿江：自然災害を知る・防ぐ 第二版，第2章 地震災害を知る・防ぐ，古今書院，1996年］

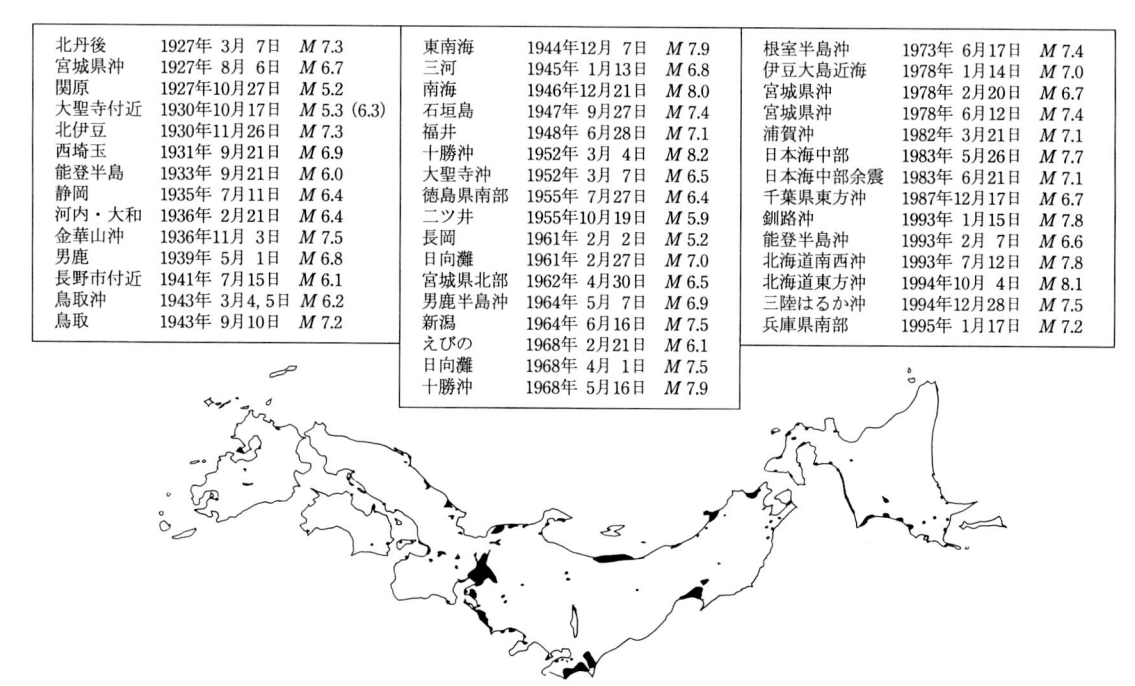

北丹後	1927年 3月 7日	M 7.3	東南海	1944年12月 7日	M 7.9	根室半島沖	1973年 6月17日	M 7.4
宮城県沖	1927年 8月 6日	M 6.7	三河	1945年 1月13日	M 6.8	伊豆大島近海	1978年 1月14日	M 7.0
関原	1927年10月27日	M 5.2	南海	1946年12月21日	M 8.0	宮城県沖	1978年 2月20日	M 6.7
大聖寺付近	1930年10月17日	M 5.3 (6.3)	石垣島	1947年 9月27日	M 7.4	宮城県沖	1978年 6月12日	M 7.4
北伊豆	1930年11月26日	M 7.3	福井	1948年 6月28日	M 7.1	浦賀沖	1982年 3月21日	M 7.1
西埼玉	1931年 9月21日	M 6.9	十勝沖	1952年 3月 4日	M 8.2	日本海中部	1983年 5月26日	M 7.7
能登半島	1933年 9月21日	M 6.0	大聖寺沖	1952年 3月 7日	M 6.5	日本海中部余震	1983年 6月21日	M 7.1
静岡	1935年 7月11日	M 6.4	徳島県南部	1955年 7月27日	M 6.4	千葉県東方沖	1987年12月17日	M 6.7
河内・大和	1936年 2月21日	M 6.4	二ツ井	1955年10月19日	M 5.9	釧路沖	1993年 1月15日	M 7.8
金華山沖	1936年11月 3日	M 7.5	長岡	1961年 2月 2日	M 5.2	能登半島沖	1993年 2月 7日	M 6.6
男鹿	1939年 5月 1日	M 6.8	日向灘	1961年 2月27日	M 7.0	北海道南西沖	1993年 7月12日	M 7.8
長野市付近	1941年 7月15日	M 6.1	宮城県北部	1962年 4月30日	M 6.5	北海道東方沖	1994年10月 4日	M 8.1
鳥取沖	1943年 3月4,5日	M 6.2	男鹿半島沖	1964年 5月 7日	M 6.9	三陸はるか沖	1994年12月28日	M 7.5
鳥取	1943年 9月10日	M 7.2	新潟	1964年 6月16日	M 7.5	兵庫県南部	1995年 1月17日	M 7.2
			えびの	1968年 2月21日	M 6.1			
			日向灘	1968年 4月 1日	M 7.5			
			十勝沖	1968年 5月16日	M 7.9			

図 3・5　液状化履歴図・年表
（資料：若松加寿江著『日本の地盤液状化履歴図』東海大学出版会，1991年）
［イミダス編集部：日本列島・地震アトラス 活断層，集英社，1995年，p.8］

行うにあたっては，従来よりさらに進んだ構造物被害と土質特性の密接な関係が常に考慮されるようになった。また，日本海中部地震（1983年）以降では，液状化地盤の側方流動による被害が確認され注目されるようになった。阪神・淡路大震災においても，ポートアイランド等で側方流動による大規模な護岸の被害が発生し，現在の液状化対策に関しては，これらも踏まえた見直しが行われている。

　② 斜面崩壊

通常の地震災害では，平野部での液状化や地割れによる変状，津波，火災などが注目されがちであるが，斜面崩壊も数多く発生している。その発生形態は多種多様であり，タイプとしては崩壊型，土石流型，地すべり型に分けられる。崩壊型は，急斜面が土石の落下を伴って急激に破壊するもので，最も多く見られる。土石流型は，大量の土砂が急勾配の渓流を流下するもので，山津波と呼ばれている。地すべり型は，緩斜面で土塊がゆっくり移動するものである。

関東大地震時のように，地震前後の降雨が斜面崩壊を助長し，被害が拡大する場合が多々ある。また一般には，この現象を予測する時間的余裕のないケースが多く，大被害に発展しやすい傾向があるといえる。さらに最近では，山地斜面が切盛り等で人工改変された境界部での地震被害も多発している。

　(c) 二次災害

　① 津波

日本近海は世界有数の津波多発地帯である。各地区で発生頻度は異なるが，繰り返し起こっている。昔の津波では1000人以上の犠牲者が出ることも珍し

くなかったが，1952年に津波予報の全国組織の確立によって犠牲者は少なくなった。気象庁は全国に予報を発信し，最近では，各防災機関や報道機関を通じて沿岸住民への地震津波情報は素早く伝達されるようになった。しかし，1983年の日本海中部地震，さらに10年後の北海道南西沖地震においては，多くの人々が津波の犠牲となり，改めてその怖さを見せつけた。

② 火災

関東大地震，福井地震の体験を通して，大規模地震の直後にひとたび火災が発生すると大被害を生じることを，われわれは地震火災の怖さとして十分認識しているはずであった。しかし，北海道南西沖地震（1993年），兵庫県南部地震（1995年）では，同時多発火災の怖さを再度見せつけられた。特に，地震時の消火活動については多くの制約を受けるため，火災の拡大に消防力が迅速に対応できなかったという例が多く見られている。

(3) 地震調査研究と地震防災対策

阪神・淡路大震災での教訓を踏まえ，日本の地震調査研究と防災対策の本格的な再構築が進んでいる。

地震発生メカニズムがまだ十分に解明されているとは言い難い現状では，一般市民の間にも，地震予知は極めて困難であるという認識が主流となっている。しかしながら，兵庫県南部地震後，わが国の地震調査，観測，研究体制は大きく変わりつつある。1995年7月には，地震防災対策の強化を目的とした地震防災対策特別措置法が成立した。これに基づき政府に地震調査研究推進本部が設置され，地震調査研究の新しい体制がスタートしたのである。

地震の直前予知の実用化は難しいことが明確に示され，当面は，長期的な予測や基礎的な調査研究，あるいは地震直後に素早い対応を可能にするための観測を強化するという方向性が打ち出された。全国の各地域で，どんな地震が，数百年以内に，どの程度の確率で発生するのかという長期的な地震危険度を調べ，10年後をめどに「地震動予測地図」が示されようとしている。現在，全国で進められている活断層調査の結果等も，この基礎資料として使われるものである。

現在作成されているサイスミックハザードマップ（地震災害予測図）には，問題点も多々ある。この基礎資料となる地盤情報は表層地盤に関するものがほとんどで，深い地盤の情報は極めて限られている。このため，地盤のモデル化や解析手法も一次元的なものが主流で，深い地下地質構造を踏まえた二次元・三次元的な地盤のモデル化による高度な解析は行われていない場合が多い。ハザードマップを見る場合は，常にその作成過程についても注意を払っておかねばならない。

阪神・淡路大震災後，日本の地震観測網は大幅に増加した。揺れの大きさを測る強震計，高感度地震計や地殻変動の様子を見るGPS（全地球測位システム）等の観測点の充実は，単に地震活動を理解するための基礎資料に使うのみでなく，災害直後の素早い危機管理，地震防災対応にも活かされねばならない。

現在進められているこのような地震調査研究は，地震防災対策に具体的な形で活かされることにより，初めて実るものといえよう。

3.3 火山による災害

注）活火山とは過去2000年間に噴火した火山のことであるが，1999年2月に，火山噴火予知連絡会において，活火山の定義を今後噴火の可能性を考慮して1万年以内に拡大することを提言した。

　わが国は，環太平洋火山帯の一部に位置することから，火山国と呼ばれている。図3・6は，日本列島における活火山の分布を示しているが，日本列島は狭い国土にもかかわらず86もの活火山を有している。火山の噴火は，地下のマグマのもつ膨大なエネルギーの発散であり，人類がいかに立ち向かおうともとてもかなうものではなく，時として大規模な災害を引き起こす。

　表3・5は，わが国における有史以来の代表的な火山災害と，その概要を示したもので，1991年6月の雲仙普賢岳において発生した火砕流では，一瞬にして43人の尊い命が奪われたことは記憶に新しい。雲仙普賢岳では1792(寛政4)年にも眉山の岩屑流と津波によって15000人が犠牲になっており，これはわが国有史以来の最大の火山災害である。このほか1000人以上の犠牲者を出した大規模な火山災害の例をあげると，山体崩壊で発生した津波による1741年の渡島大島の噴火，岩屑流や火砕流による1783年の浅間山の噴火がある。

(1) 火山（噴火）災害の種類

　火山災害には，火山体崩壊，弾道岩塊，テフラ降下，熔岩流，火砕流，火山泥流などの埋積・高温・衝撃による災害のほか，火山堆積物の崩壊や火山ガス，津波，そして降灰による作物の被害によってもたらされる飢饉などの二次的なものがあげられる。世界史上最悪という92000人の犠牲者を出した1815年のインドネシア・タンボラ火山の噴火では，噴火による直接的犠牲者は，犠

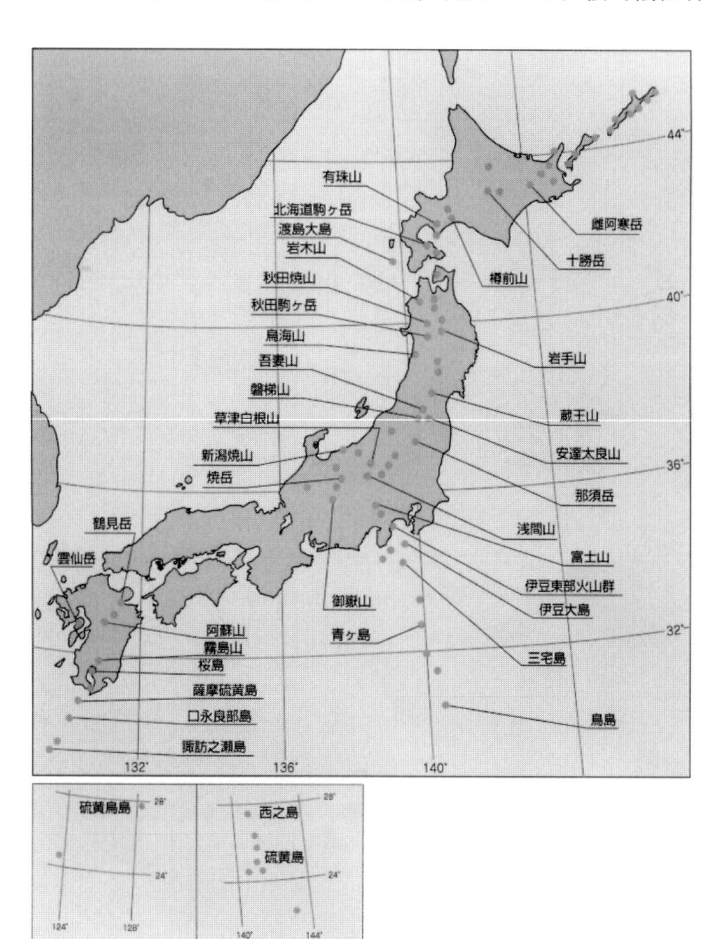

図3・6 活火山の分布　［砂防便覧，1997年］

表3・5 代表的な火山災害の概要

火山名	発生年	被災内容
十勝岳	1926	噴火，火山泥流。2村落埋没，死者144，傷者200，山林耕地被害
	1985	最新の噴火
有珠山	1822	噴火，火砕流。1村落全滅，死者50，傷者53，家畜・山林耕地被害
	2000	最新の噴火
北海道駒ヶ岳	1640	噴火，津波。溺死者700余。
	1942	最新の噴火
渡島大島	1741	噴火，津波。北海道沿岸で溺死者
	1990	最新の噴火
磐梯山	1888	水蒸気爆発，火山泥流，山林破壊，噴出物総量1.2 km³。諸村落埋没，死者461，家屋・山林耕地被害，檜原湖など生成
那須岳	1410	噴火，火砕流。死者180余
	1963	最新の噴火
浅間山	1783	噴火，火砕流，火山泥流，熔岩流（鬼押出し）。噴出物総量2億 m³，死者1,151，家屋流失・焼失・全壊1,182，山林耕地被害，気候異変助長
	1990	最新の噴火
富士山	1707	噴火，噴出物総量8億 m³。降灰砂は東方90 kmの川崎で厚さ5 cm，大被害
青ヶ島	1785	噴火，熔岩流。死者約140，全家屋焼失
鳥島	1902	水蒸気爆発，海底噴火。全島民125死亡
	1965	地震群発で全員撤退。以後無人島
雲仙普賢岳	1792	噴火，熔岩流，火山泥流，津波，強震，山崩れ。津波死者約15,000，有史以来の日本最大噴火災害
	1900〜1994	噴火，火砕流，火山泥流，198年ぶりの噴火，火砕流多発。死者，行方不明44，家屋焼失，山林耕地被害
桜島	1914	噴火，熔岩流，大隅半島とつながる。噴出物総量20億 m³，地震鳴動顕著。諸村落埋没焼失，死者58，傷者122，焼失家屋2,268
	1995	最新の噴火

[日本列島の地質編集委員会編：理科年表読本，日本列島の地質，1997年]（一部加筆）

牲者全体のうちわずか10％にすぎず，残りの90％は噴火後の飢饉による餓死者であった。

このように，火山災害は噴火時にのみ発生するものではない。火山災害のうち噴火時にのみ発生するものを特に噴火災害と呼んでいる。火山災害の主な事例を以下に述べる。このうち，(a)〜(e)が噴火災害に相当するものである。

(a) 火山体崩壊

火山体崩壊は岩屑流を伴い，最も危険な火山災害の1つである。岩屑流とは，高温物質や水を含まない乾燥状態の土石が流れたものである。1888年の磐梯山の噴火では，火山体内部での熱水活動による変質が進行しており，水蒸気爆発がきっかけで山体が崩れ，その結果，川を塞き止めて湖がいくつもできた（**写真3・15**）。

(b) 降下噴出物

降下噴出物による災害は，噴石・火山弾による直接人命にかかわるものや，降灰による農作物の枯死，都市機能の麻痺などがある。

1914年の桜島の噴火では，爆発とともに火口から上空に噴煙が立ち上がり，大量の火山灰の降下と熔岩の流出があった（**写真3・16**）。

(c) 流下噴出物

流下噴出物は，熔岩流，火砕流，火山泥流などに分けられ，それぞれ特徴的

1888年の磐梯山の噴火により，手前の小磐梯山の山頂部が北側に崩れ落ちて馬蹄形の火口が形成された。この時，発生した岩屑流によって麓の集落が埋め尽くされて，461名が犠牲となっている。

写真 3・15 火山体崩壊の事例（磐梯山）
［全国治水砂防協会企画・建設省河川局砂防部監修：日本の活火山砂防，1988年，p.5］

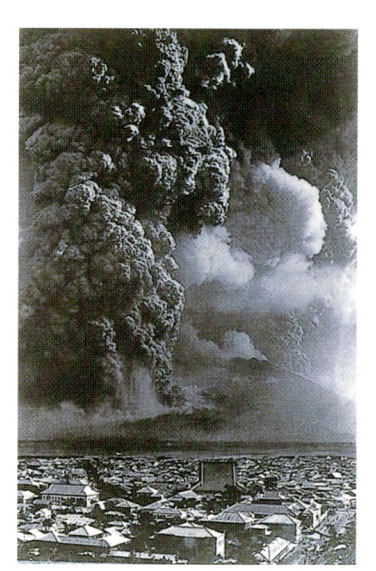

1914年桜島の大噴火では降灰とともに火砕流も発生しており，特に降灰により東山麓の集落が埋没するなどの被害があり，58名の島民が犠牲になっている。

写真 3・16 降下噴出物の事例（桜島）
［全国地質調査業協会連合会：豊かで安全な国土のマネジメントのために，1998年，p.4］

な災害を引き起こす。

① 熔岩流

　熔岩流は，揮発成分を失ったマグマが静かに地表に流出する現象である。日本で見られる熔岩流の多くは，安山岩質で粘性が高いため流速はせいぜい2～3 km/h程度であり，直接人命が奪われることは稀である。しかし現在の技術で，熔岩流を食い止めることは難しく，ひとたび熔岩流が押し寄せると，田畑は厚い溶岩に覆われ，民家は焼き尽くされてしまうなどの被害が起こる。**写真 3・17** は1983年の三宅島噴火による熔岩流である。

② 火砕流（熱雲，サージ）

　火砕流は，火山の爆発時に発泡したマグマの破片が，ガスとともに一団となって地表面を流下する現象である。1991年6月の雲仙普賢岳での火砕流による災害まで，一般市民の火砕流に対する知識はほとんど普及していなかった。このため，雲仙普賢岳では予想を超える災害となってしまったといえる。

　このほか，ガスを主体とした流下噴出物として熱雲やサージがある。熱雲は

谷底に流れてきた溶岩流は平地部に到達すると側方に広がり，道路を寸断し，平地部の民家を広く覆ってしまった。

写真 3・17 流下噴出物―溶岩流―の事例（三宅島）
［全国治水砂防協会企画・建設省河川局砂防部監修：日本の活火山砂防，1988 年，p.5］

浅間山では1783年の噴火で発生した鎌原火砕流により1151名の犠牲者を出し，我が国の火砕流の被害としては最悪のものとなった。

写真 3・18 火砕流の事例（浅間山）
［全国治水砂防協会企画・建設省河川局砂防部監修：日本の活火山砂防，1988 年，p.6］

含まれるマグマ片が未発泡であり，サージは体積の大部分をガスが占めているという点で火砕流と区別されている。なお，1822年の有珠山噴火による被災は熱雲によるものである。

写真 3・18 は，1983 年の浅間山噴火で発生した小規模火砕流である。

③ 火山泥流（ラハール）

火山泥流は，火山体斜面に多量の水が発生して土石とともに流下する現象で，ラハールとも呼ばれる。火山泥流には，火山活動により直接引き起こされる一次泥流と，火山活動には関係なく発生する二次泥流とがある。**写真 3・19** は，1926年に十勝岳で発生した火山泥流による被害状況である。

1985年に南米コロンビアのネバドデルルイス火山では，火砕流によって氷河が溶かされて，土石流が発生し，山麓のアルメロ市などで25000人が犠牲となった。噴火予知の発達した近代において，これほどの犠牲者が出たのは異例のことである。

(d) 火山ガス

火山の活動に伴い，火口や噴気口から大気中に放出される火山ガスは95％以上が水蒸気であるが，このほかに二酸化炭素や塩化水素，亜硫酸ガス，硫化

十勝岳の噴火では，水蒸気爆発によって中央火口丘が崩壊し，崩壊により発生した岩屑流が残雪を溶かして泥流化し，平均時速60 kmというスピードで2カ村を埋没させ，144名の犠牲者を出している。

写真3・19 火山泥流の事例（十勝岳）
[全国治水砂防協会企画・建設省河川局砂防部監修：日本の活火山砂防，1988年，p.6]

水素などの有害な成分が含まれている。この火山ガスの濃度が高い場合には，地形や気象状態などによってガスが集積し，人的被害を発生させた例も少なくない。

その代表的な災害事例としては，群馬県草津白根山の山腹において硫化水素に富んだ噴気が発生し，1971年にスキーヤー6人が，また1976年には遠足の女子高校生ら3人が犠牲になった事例がある。このほかに火山ガス災害として記憶に新しいものでは，1997年9月15日に福島県安達太良山で登山者4人が火口内低所に滞留していた硫化水素を吸って中毒死，同年11月23日には熊本県阿蘇山にて観光客2人が亜硫酸ガスを吸って倒れ死亡した被害がある。さらに同年7月12日には青森県八甲田山の田代平の窪地において，訓練中の自衛隊員3人が火山性の二酸化炭素を吸って死亡している。

(e) 津波

津波は，一般に地震によって海底の地形が急変することで引き起こされると知られているが，火山災害として発生することもある。津波による災害は，時として極めて大規模なものとなる特徴を有している。

写真3・20は，1792年の雲仙眉山大崩壊跡の写真である。このときの雲仙岳の噴火は強い地震動を伴っている。このため，隣接する眉山が山体崩壊を起こし有明海に突入したため，高さ約10 mの津波を生じ，対岸の肥後に押し寄せた。これらは多くの人命を奪う大惨事を引き起こし，「島原大変，肥後迷惑」と呼ばれて後世に伝えられている。眉山は約4000年前に形成された熔岩ドームで，当時の火山活動の中心であった雲仙普賢岳とは完全に独立した山体であった。

1883年に起きたインドネシアのクラカトア火山の噴火では，約36000人が津波にのみ込まれるというすさまじいものであった。この津波の原因について

眉山の近傍で起こった直下型地震により山体崩壊を起こし岩屑流を発生させ，多量の土石を有明海に流入させた。この岩屑流と有明海に土石が流入したことで発生した津波により，約15,000人が犠牲となっている。

写真 3・20 津波の事例（眉山の大崩壊跡） ［撮影：国際航業］

シラスは，その分布域の縁で急勾配を成していることが多く，一般に表面付近は，数メートルの深さまで風化によって劣化している。この劣化が写真に示すように，豪雨などを契機として崩壊し，その露出部が再度風化して，また崩壊するといったように，繰り返されている。

写真 3・21 二次災害の事例（豪雨によるシラス斜面の崩壊跡） ［撮影：国際航空写真］

は諸説があるが，最近の研究では，水中噴火による海水面の急激な盛り上がりの繰り返しによって引き起こされたものと考えられている。ジャワ島やスマトラ島に到達した津波の最大波高は 35 m にも達したといわれている。

(f) 二次災害

火山災害には，これまでに述べた火山の噴火によって直接起こる災害（噴火災害）のほかに，火山堆積物が風化することによって起こる二次災害がある。

写真 3・21 は，鹿児島県に分布するシラスと呼ばれる非熔結の火砕流堆積物からなる台地の斜面崩壊跡である。シラスの風化速度については，最近の研究で，わずか 2 年間で表面から 10〜20 cm 程度であることがわかっている。

(2) 噴火予知および対策

これまで火山災害の実例を見てきたが，このような災害を防ぐにはどうすればよいのか。災害対策として現在行われている噴火の予知と防災事業について以下に紹介する。

(a) 噴火予知

火山噴火によって直接引き起こされる災害つまり噴火災害については，噴火を予知することで，災害を大幅に減らすことができると期待されている。

大規模な噴火の前には，なんらかの前兆現象が現れることがある。前兆現象

は，地下水の水位・温度・化学組成の変化，噴気の活発化，地温の上昇，地形変化，地鳴り，地震，動物の異常行動など様々である．噴火のおそれのある火山に対しては，これらの前兆現象を捉えるように常時観測することが重要である．

次に，噴火開始後の推移予測が重要となる．つまり，噴火の最盛期がいつになるのか，また，どのくらいの規模の噴出物が，どのような形態で，どこへ噴出するのかなどの予測である．これらの予測には，火山の地下で起こっている現象を正確に観測する必要があるが，現在の観測技術では不可能である．

このような噴火の推移予測は，個々の火山の噴火履歴を調べ，噴火が始まった時点で，過去の事例の中から似たものを探し，近未来を予測するといった手法が採られることが多い．

また，活火山の麓に位置し，火山災害が予想される地域では，適正な土地利用の誘導などは極めて重要な課題であり，これらの施策を充実・強化していくためには，各火山に関するいわゆるハザードマップ(注)の整備を推進する必要がある．国土庁では平成7年までに樽前山，伊豆大島，三宅島，および桜島などの10火山について整備が完了し，現在そのデータベース化に着手している．また，各自治体では，地域防災計画においてこのハザードマップを利用し，火山災害の防止・軽減に役立てている．

注）噴火履歴から将来噴火が起こった時の熔岩流・火砕流などの到達範囲を予想し，図示した火山噴火災害危険区域予測図．

(b) 噴火防災対策

噴火予知を行ったら，次にそれに基づく防災対策が必要となる．防災対策には，実際に噴火が起こったときに機能する防災体制と，予想される火山災害に対して，砂防ダムなどの防災施設の建設など，なんらかの対策を行う防災事業がある．火山災害に対する防災体制は，「災害対策基本法」に基づいて整備されており，火山噴火が発生したとき，国は国土庁を中心に緊急災害対策本部または非常災害対策本部を設置し，総合的な噴火災害対策の推進を行う．また，都道府県および市町村では災害対策本部を設置し，あらかじめ策定した噴火災害応急対策の実施を行うことになっている．

このほか，火山専門家と防災にかかわる行政官からなる火山噴火予知連絡会があり，現在進行中の噴火現象についての総合的判断を下す国の最高意思決定機関として位置づけられている．また，防災情報としての活用を目的に，火山噴火予知連絡会は1999年2月2日付で，活火山を活動度に応じて5段階に分けることを気象庁に提言している（表3・6）．さらに，噴火した場合の被害の大きさと社会的影響度（観光地であるなど）を踏まえた監視の重要度をランク分けすることなども提言している．

なお，気象庁が活動度のレベル化を予定している5火山は，精密観測対象となっている浅間山，伊豆大島，阿蘇山，雲仙岳，桜島で，最近の活動度は各火山とも災害の可能性が低いレベル1と評価される．ただし，桜島と阿蘇山が時々，突発的な噴火で災害の可能性があるレベル2にもなり得るとしている．

ちなみに，活動度のレベル化対象ではないが，活動が活発化している岩手山はレベル2ないしは1，過去に起きた1991年の雲仙普賢岳火砕流や1986年の伊豆大島割れ目噴火はレベル4に相当するといわれている．

防災事業については，活動火山対策特別措置法（活火山法）に基づいて実施

表3・6 火山活動度のレベル化に関する一般的な指針
(試行段階の案)

活動レベル	火山の状態	災害の危険性
0	静穏。長期間火山の活動の兆候なし	極めて低い
1	噴気があるか,最近群発地震などが発生	低い。火山ガス災害の可能性
2	噴火の可能性を示す異常現象を検出	突発的な噴火で不慮の災害の可能性
3	既存の火口で小〜中噴火が発生か可能性大	火口の周辺で災害が発生する可能性
4	火山周辺に影響の及ぶ中〜大噴火が発生か可能性大	居住地などで災害が発生する可能性

されている。活火山法は,噴火その他の火山現象により著しい被害を受ける,または受けるおそれがある地域等について,避難施設や防災営農施設などを整備し,降灰除去事業などを実施して,火山周辺地域における住民の生活等の安定を図ることを目的とした法律として制定されている。

具体的には,弾道岩塊から身を守るためのコンクリートシェルターや,火山泥流による被害を軽減するための砂防ダムなどの防災施設の建設を行っている。このような事業に対しては,国が補助金を交付する等の特別措置が講じられている。

3.4 斜面災害

日本列島は,沖積平野や段丘など一部の平坦地を除くと,その大部分が傾斜した土地つまり斜面からなっている。斜面を構成する物質は,重力の作用で下方へ移動しようとする不安定な状態のもとにおかれている。この状態に誘因として降雨や地震が加わると,構成物質は一気に斜面の下部に向かって移動を開始し,そこに保全対象物があった場合には災害を引き起こすこととなる。

斜面災害を引き起こす現象は,一般的に図3・7のように分類される。この中で,地すべりだけは,移動速度が比較的緩慢であること,特定の地質地帯にその分布が限られることなど,他の現象と異なる面が多い。このため,地すべりについては3.5節で独立して扱うこととし,ここでは突発的に発生する崩壊・落石・土石流といった斜面災害について代表的事例を含めて紹介することとする。

(1) 斜面災害の種類

(a) のり面崩壊

のり面崩壊は,切土した直後の不安定な時期に発生し,小規模な表層崩壊のタイプが多い。しかし,施工から長時間を経たものでも,地質構造などに規制されて不安定化がゆっくりと進行し,限界を超えたとき,のり面背後の自然斜面から大規模に崩壊するものもある。代表的な事例は,1982年9月に台風18号の影響で大崩壊した山梨県の中央自動車道談合坂付近の崩壊があげられる(写真3・22)。写真でわかるように,このり面は尾根地形の鞍部をほぼ直角方向に切土したものである。地質は,新第三紀中新世の緑色凝灰岩類(御坂層群)からなり,崩壊地点は緑色凝灰角礫岩を主とし,玄武岩の岩脈がいたると

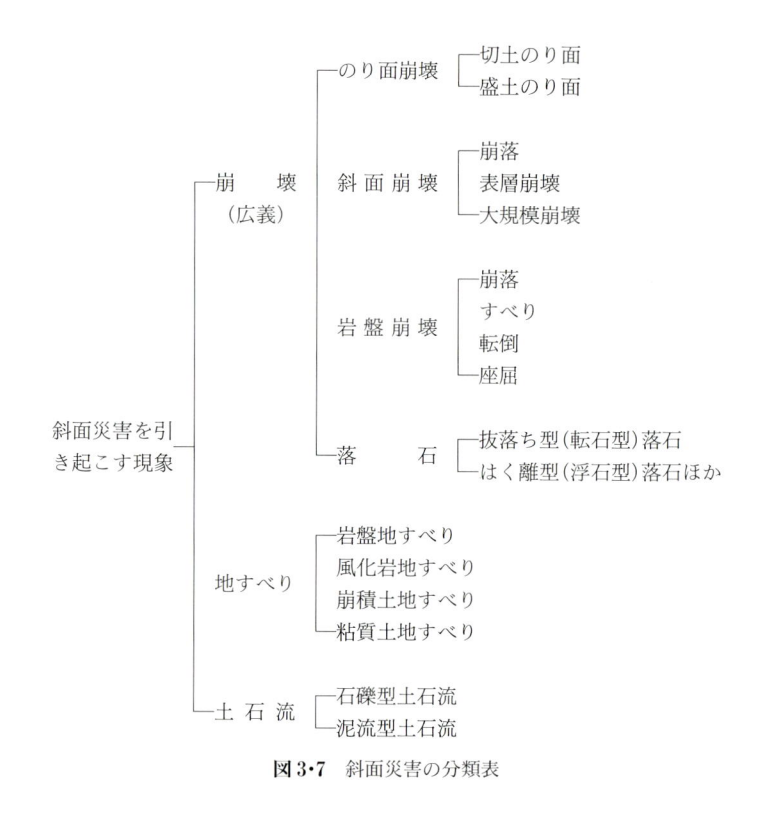

```
                                        ┌─ 切土のり面
                          ┌─ のり面崩壊 ─┤
                          │              └─ 盛土のり面
                          │
                          │              ┌─ 崩落
              ┌─ 崩 壊 ──┤─ 斜 面 崩 壊 ─┤─ 表層崩壊
              │  （広義） │              └─ 大規模崩壊
              │          │
              │          │              ┌─ 崩落
              │          │              │─ すべり
              │          ├─ 岩 盤 崩 壊 ─┤─ 転倒
斜面災害を引 ─┤          │              └─ 座屈
き起こす現象  │          │
              │          │              ┌─ 抜落ち型（転石型）落石
              │          └─ 落　　　石 ─┤
              │                         └─ はく離型（浮石型）落石ほか
              │
              │          ┌─ 岩盤地すべり
              ├─ 地すべり ┤─ 風化岩地すべり
              │          │─ 崩積土地すべり
              │          └─ 粘質土地すべり
              │
              └─ 土 石 流 ┬─ 石礫型土石流
                         └─ 泥流型土石流
```

図3・7 斜面災害の分類表

写真3・22 中央道談合坂の崩壊状況　［撮影：国際航業］

ころで貫入している。のり面掘削時から空洞や大きな亀裂が多く不安定な地質条件となっていた。このような素因のところへ豪雨（連続雨量 360 mm）が加わり，地山の緩みや急激な水位の上昇が生じて崩壊したものと推定されている。

崩壊発生状況は，**図 3・8** に示すように，まずのり面背後の岩盤がせん断破壊し，約 7 m すべり落ちるとともに下部は 5～6 m 道路側に押し出された。この結果，その背面の地山も応力解放等により急激に不安定化し，地すべり性の崩壊が誘発された。全移動土塊量は約 2 万 m^3 と推定され，これら一連の崩壊は約 30 分という短時間のうちに発生した。

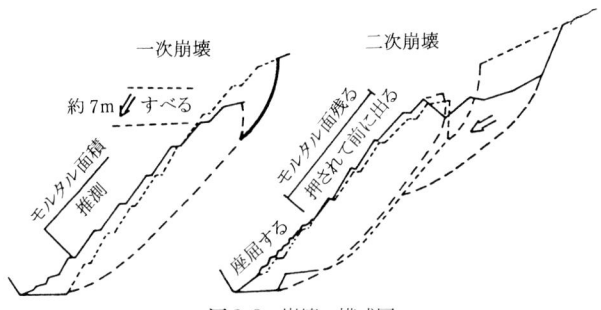

図 3・8 崩壊の模式図

これほどの大規模なのり面崩壊は稀ではあるが，切土のり面においては，元地形より急になることや応力解放によって発生する小さな崩壊はよく見られる。また，地質的に危険なのり面の状態としては，強風化・変質している場合，亀裂が多く流れ盤になっている場合，異なる岩相・岩質が混在している場合，湧水が多い場合などがあげられる。

一方，盛土のり面においては，降雨による浸食や地震時の流動化によって崩壊するケースがる。

(b) 斜面崩壊

斜面崩壊は，一般に「山崩れ」や「崖崩れ」と呼ばれている。通常の斜面崩壊は，自然斜面の表層にある風化物，崩積土，火山灰などの非固結堆積物が，豪雨や地震によって急激に崩壊するものである。斜面崩壊の発生しやすい場所は，一般的には遷急線（浸食前線）付近であり，脆弱な表層物質が一定の厚さ以上あること，斜面が急傾斜であること，集水しやすいこと等の条件が備わっているところである。

斜面崩壊による災害は，毎年のように集中豪雨によって全国各地で発生している。最近では，1993 年 8 月の鹿児島豪雨災害が大災害としてあげられる。鹿児島湾岸の比高 300 m に及ぶ急斜面において，斜面崩壊が連続的に発生したもので，特に竜ヶ水地区では，停車中の電車や民家が海まで押し流されて十数人の死者が出ている（**写真 3・23**）。

竜ヶ水地区一帯は，2 万数千年前に形成された姶良カルデラの西壁にあたり，下部からシルト層・玄武岩・熔結凝灰岩・シラスからなっている。一般的なシラス崩壊とは異なり，熔結凝灰岩や玄武岩の境（斜面の中・下部）で発生しており，地質条件よりも急傾斜という地形条件が影響していると思われる。この場所では，過去に同一斜面での崩壊が何回も繰り返されており，薄い表土

写真 3・23 鹿児島県竜ヶ水地区の斜面崩壊　［撮影：国際航業］

(風化層) が形成されるたびに表層崩壊が発生しているようである。

　どのような地質条件下でも，豪雨があれば斜面崩壊は発生するが，崩壊の形態は地質条件によってそれぞれ異なっている。花崗岩地帯では，1972 年の三河災害，1974 年と 1976 年の小豆島災害に代表されるように，あらゆる斜面で表層崩壊（マサ部の崩壊）が多発する。一方，1975 年の高知県仁淀川災害では，古生層や三波川変成岩地帯のため，個々の崩壊規模が多くて崩壊深も深いものが多く見られた。また，北陸や山陰の第三紀層地帯では，地すべり性の崩壊が多いという特徴もある。

(c)　岩盤崩壊

　岩盤崩壊は，発生初期の運動形態から，崩落，すべり，転倒，座屈の 4 つに区分される。最近の例としては，20 人の死者を出した 1996 年の北海道古平町の豊浜トンネルと，1997 年の北海道島牧村の第 2 白糸トンネルの岩盤崩落が有名である。いずれも高くて急な海食崖で発生しており，地質は新第三紀の比較的軟質な凝灰岩・砂岩・ハイアロクラスタイトであった。

　写真 3・24 に，第 2 白糸トンネルの岩盤崩壊状況を示す。この岩盤崩壊は，1997 年 8 月 25 日，高さ 194 m の岩塔の急崖で発生し，第 2 白糸トンネル南側の覆道を破壊した。崩落の頂部は海水面から 166 m 地点であり，最大厚が 20 m，総体積が約 42000 m^3 と推定されている。続いて 8 月 28 日には落ち残っていた約 23000 m^3 の岩塊も崩落した。この崩落部の地質は，新第三紀オコツナイ層の塊状安山岩質ハイアロクラスタイトで，その下部には軽石質凝灰岩が分布し，緩く海側に傾斜している。崩落の原因は，もともとオーバーハング状で極めて不安定な状態であった岩塊が，降雨により下部の軽石質凝灰岩との境で地下水圧が上昇したことなどが契機となり崩落に至ったものと考えられている。

　このほかに，海食崖で発生した岩盤崩壊災害では，マイクロバスを直撃し 15 人の死者を出したことで知られている 1989 年 7 月 16 日に福井県越前岬で

写真 3・24　北海道第2白糸トンネルの岩盤崩壊　[撮影：国際航業]

発生した崩壊がある。この地質は，やはり新第三紀の凝灰岩と砂岩であった。

また，海食崖以外でも，1987年6月に北海道の層雲峡で熔結凝灰岩の柱状節理が崩落したものや，1991年10月に長野県南安曇郡の国道158号猿なぎ洞門で発生した古生層の崩壊が知られている。

(d) 落石

落石の発生形態を大きく分類すると，抜け落ち型落石（転石型落石）と剥離型落石の2種類に分けられ，それぞれ斜面の地質条件と密接に関係している。

抜け落ち型落石（転石型落石）は，崖錐堆積物，段丘礫層，火山砕屑岩，風化花崗岩など，硬い岩塊（礫）と，その周囲を充填する固結度の低い土砂（マトリックス）からなる斜面で多く見られるタイプである。つまり，相対的に軟質なマトリックスが風化したり浸食されたりして，落石のもととなる岩塊などが地表に浮き出し，遂にはバランスを失って抜け落ちるタイプである。

一方，剥離型落石には，節理などの割れ目や亀裂の多い岩からなる斜面で発生するものと，風化・浸食に対する抵抗性の強い岩と弱い岩との互層からなる斜面において，差別浸食によって形成されたオーバーハング部が崩落するものとがある。

落石は，他の斜面災害が豪雨時に発生することが多いのに対して，地震によって発生するケースも多いという特徴がある。古くは，1978年1月の伊豆大島近海地震で道路や鉄道に著しい被害を与えたのをはじめ，各地震ごとに必ず発生している現象である。**写真 3・25** は，1995年1月の兵庫県南部地震で発生したものである。斜面上部の崩壊地から転動してきた花崗岩の巨石は，小屋を押し潰し，神戸市灘区の六甲ケーブル下駅近くまで達した。

(e) 土石流

土石流は，砂礫群が水と一体になった粥状の流体として，土砂や石が自重で流下する現象である。流下する固体粒子が主に砂などの細粒物質である場合

写真3・25 六甲ケーブル下駅近くまで達した2個の巨石　[撮影：国際航業]

は，特に土砂流と呼ぶことがある。また，土石流は山腹崩壊がきっかけとなって発生するケースが多く，その流下速度は10～15 m/sと速いため，発生してからでは避難が間に合わないことが多い。

土石流災害は，斜面崩壊と同様に集中豪雨のたびに各地で発生している。多くの死者を出した最近の災害例としては，長野県小谷村の蒲原沢災害（1996年11月）や鹿児島県出水市の針原川災害（1997年7月）があげられる。いずれも，流域上部での突発的な崩壊の発生によって引き起こされた土石流であった。

写真3・26は，出水市針原川の崩壊から土石流氾濫状況を示したものである。針原川土石流の起因となった山腹崩壊は，幅平均70 m，長さ220 m，深さ28 mで崩壊土量が約16万 m³という規模であった。地質は，第三紀鮮新世～第四紀更新世の安山岩類（北薩火山類）を主体とし，崖錐堆積物が表面を覆っていた。

山腹で突発的に発生した崩壊土塊は，直下にあったため池へ流入し，水を押し出すとともに，本体は砂防ダムで一部堆積したものの，袖部を破壊して砂防ダムの下流にあった集落を一気に襲い大惨事を引き起こした。

このように，地形的に見て特徴がない一般斜面で，しかも地質条件が同一な

写真3・26 1997年7月に発生した鹿児島県出水市針原川の土石流

周囲でも発生していないのに，ここだけに深さ二十数 m の深層崩壊が突発的に発生したことは，多くの専門家が予想し得ない出来事であった。

崩壊後の観測において，降雨後に崩壊地底部から大量の湧水が見られたことなどから，地下水脈が大きく関与していたものと考えられている。地下水脈の把握は，今後の深層崩壊の予知にとって大きな課題といえよう。

地質分布から見ると，土石流が最も発生しやすいのは花崗岩地帯と新しい火山地帯である。花崗岩地帯では，小豆島土石流災害（1974 年および 1976 年）が有名であり，活火山地帯では，年に数回から十数回も土石流が発生している桜島や焼岳が知られている。また，雲仙普賢岳の 1991 年 6 月の火砕流災害直後から始まった土石流災害も記憶に新しいところである。

(2) 斜面災害の防止

斜面災害を防止するための対策工事は，人家裏や路線沿いで着々と進められているが，その対象箇所があまりにも多いため，現状では警戒避難などのソフト対策にも大いに依存しているといえる。また，対策工事を実施した箇所でも自然条件（地形，地質，降雨など）が複雑なため，未だに斜面崩壊のメカニズムが十分に解明されておらず，超過外力に対する備えとしてソフト対策が必要とされている。ここでは，現在実施されている斜面災害を防止するための取組みについて紹介する。

(a) 定期的な危険箇所の点検

建設省（現国土交通省）では，ほぼ 5 年おきに危険箇所の見直し調査を実施している。建設省の砂防部が主体となった急傾斜地崩壊危険箇所と地すべり危険箇所の点検調査は，1995 年度と 1996 年度に全国一斉に実施された。また，建設省の道路局が主体となった道路防災総点検調査は，1996 年度と 1997 年度に実施され，豊浜トンネル災害の影響もあって岩盤崩壊斜面の安定度評価に重点がおかれた。これらの点検調査結果は，今後の斜面対策の基礎資料として，あるいは対策箇所を決定する場合の優先順位の目安として活用されるものである。

(b) 斜面防災カルテの作成

1997 年度から，急傾斜地，地すべり，道路斜面についての点検調査をさらに進めた形で「斜面防災カルテ」を作成し，防災管理業務に活かすこととなった。これまでの防災点検が対象斜面全体に関する評価であったのに対し，防災カルテは，斜面自体の問題となるポイント（例えば亀裂など）を詳細にスケッチし，定期的にその変化状況を監視するものである。作成例として，道路斜面の防災カルテの構成を**図 3・9** に示す。

(c) 斜面モニタリング

落石検知などの簡易なモニタリングは，道路の一部で供用されているが，岩盤崩壊などを対象とした本格的なモニタリングシステムは，1996 年の豊浜トンネル事故以後，全国 13 カ所で試験研究が進められている。モニタリングシステムの概要を**図 3・10** に示すが，大別すると，斜め写真計測・ノンミラー計測・GPS などの高精度測量技術と，傾斜計・伸縮計・変位計・AE センサーなどの地表・地中計器観測技術からなり，斜面の構成物や崩壊形態に応じて各手法を組み合わせながら実施するものである。

90　第3章　多発する日本の災害

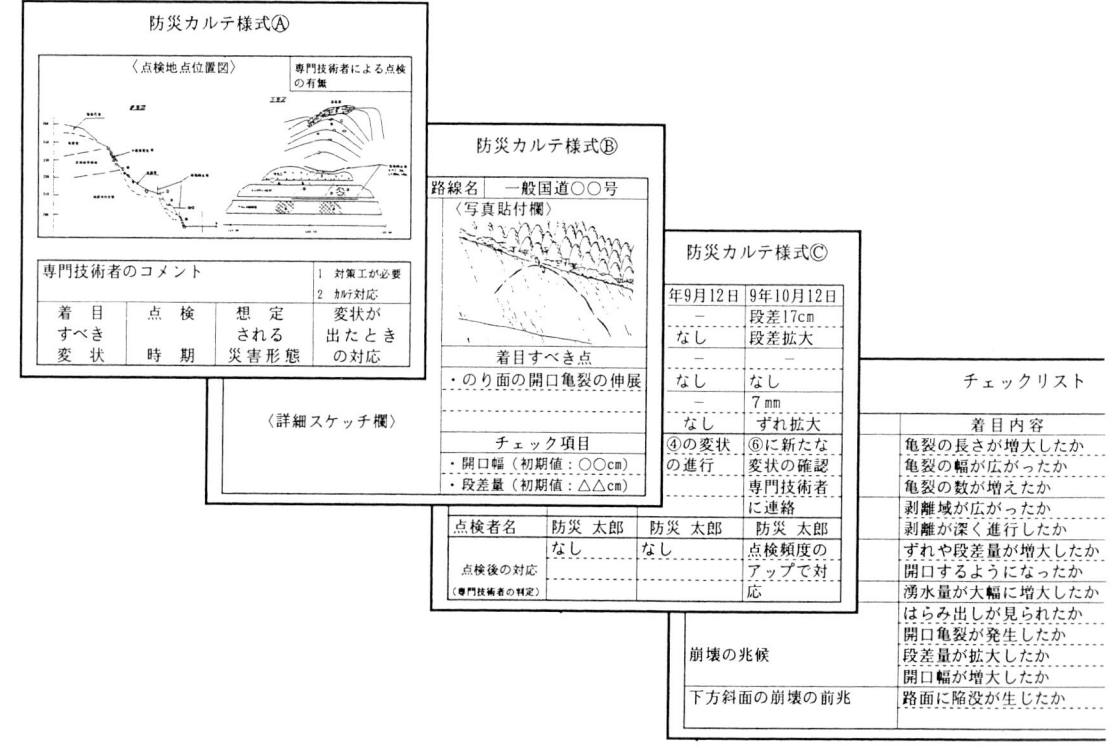

図3・9 防災カルテの構成図

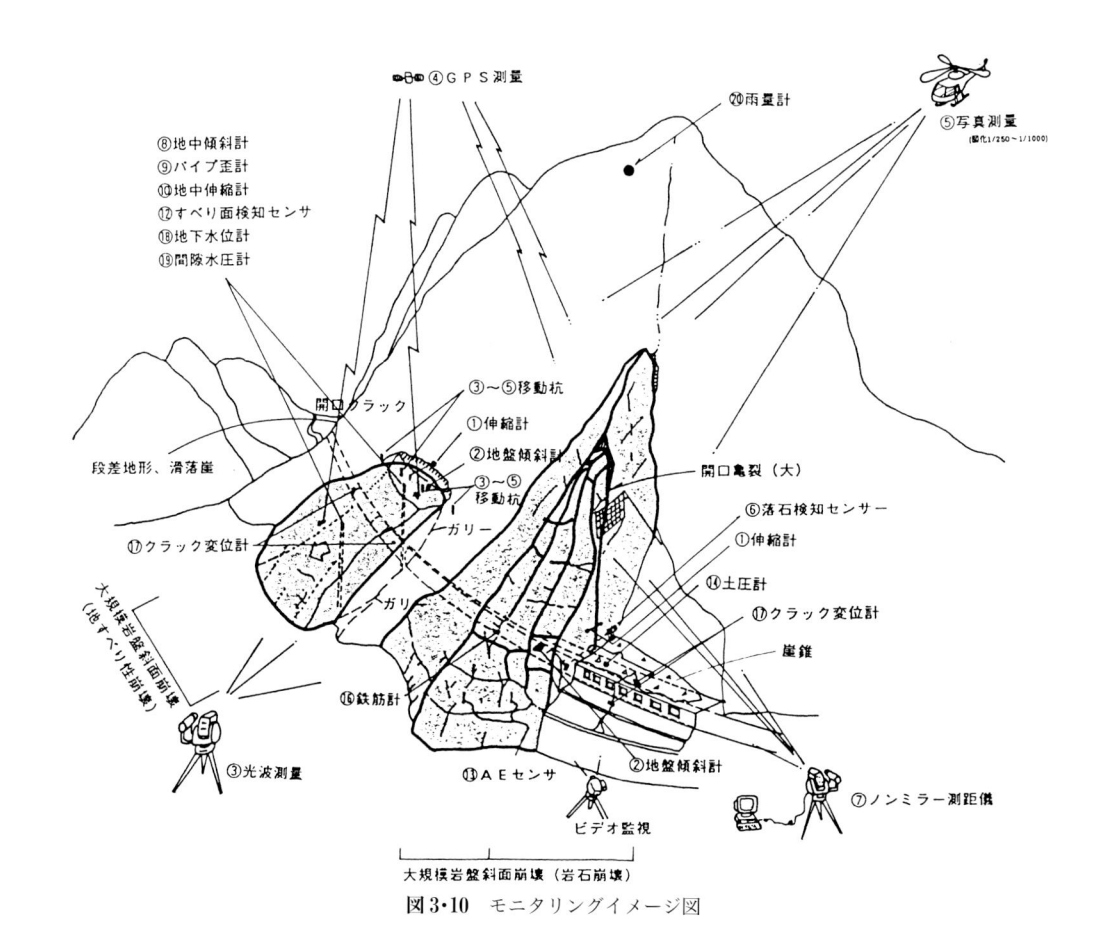

図3・10 モニタリングイメージ図

3.5 地すべり

　地すべりとは，山地や丘陵地における傾斜地で，地塊の一部が降雨や融雪や地下水の急激な上昇によって，その平衡が破れて徐々に低地に向かって，しかも持続的に移動する現象である。したがって，地すべりの動きが止まった後には，地すべり特有の地形が形成される。わが国における地すべりの発生分布は**図3・11**のとおりで，代表的な地すべり災害の規模と被災内容を**表3・7**に示す。

　地すべりの分類には，地すべりの起こる素因である地質的条件による分類と，地すべりの形態および運動の状態による分類とがある。

　なお，地すべりは，斜面上の地塊が重力の作用によって低地に向かって移動するという概念においては斜面崩壊（ここでいう斜面崩壊とは「崖崩れ」の現象を指す）の範疇に入る。しかし，通常の斜面崩壊と地すべりとでは，**表3・8**に示すように種々の相違点があるため，3.4節の「斜面崩壊」と区別して取り扱うことにした。また，規模的に斜面崩壊は移動地塊の平均深度が2.1mであるのに対して，地すべりでの平均は18.5mで断続的に滑動する現象であ

表3・7　代表的な地すべり災害[11]に加筆

発生年月	発生所在地	区域名	主な被災内容	備考
1910	神奈川県	大涌谷	死者6名	火山変質 雨
1942.8	鹿児島県	硫黄谷温泉	死者16名	火山変質
1949.8	鹿児島県	霧島温泉	死者43名	火山変質 大雨
1953.7	神奈川県	早雲山	死者10名 地すべり土量80万 m^3	火山変質 梅雨期
1954.8	鹿児島県	新湯温泉	死者4名	火山変質 台風
1957.4	新潟県	樽田	死者18名	
1957.12	新潟県	南地獄谷	死者2名	火山変質 融雪
1960	群馬県	少林山	倒壊15戸，橋梁1基倒壊，地すべり土量350万 m^3	
1962.4	新潟県	松之山	倒壊371戸 田畑・道路埋積等	
1965	福井県	大滝	全壊4戸 死者10名	
1966.6	大分県	別府明礬	地すべり土量3万 m^3	火山変質 大雨
1971.12	新潟県	南地獄谷	死者1名 国道埋積，全半壊2戸	火山変質 融雪
1978.5	新潟県（妙高高原町新赤倉）	──	全壊14戸，半壊6戸，死者13名，地すべり土量90万 m^3	融雪 崩壊性
1983.7	島根県	中馬	全壊8戸，死者15名 地すべり土量38万 m^3	
1984.9	長野県	松越	全壊8戸，死者13名 地すべり土量25万 m^3	
1985.2	新潟県	玉の木	全壊5戸，半壊2戸，死者10名，地すべり土量4万 m^3	
1985.7	長野県	地附山	全壊52戸，死者26名 地すべり土量360万 m^3	
1997.5	秋田県	八幡平	全壊16戸 地すべり土量250万 m^3	火山変質 融雪，大雨

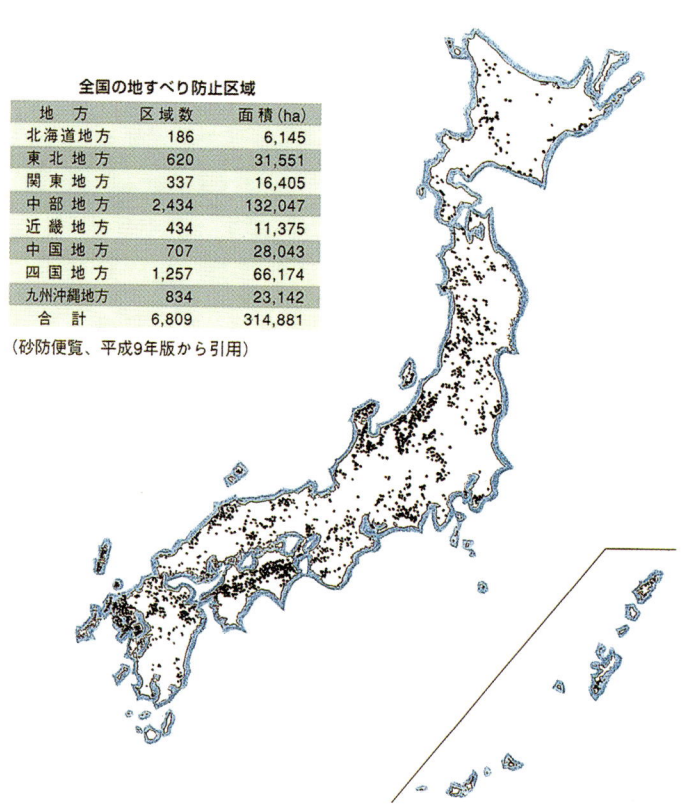

全国の地すべり防止区域		
地　方	区域数	面積(ha)
北 海 道 地 方	186	6,145
東　北　地　方	620	31,551
関　東　地　方	337	16,405
中　部　地　方	2,434	132,047
近　畿　地　方	434	11,375
中　国　地　方	707	28,043
四　国　地　方	1,257	66,174
九州沖縄地方	834	23,142
合　　　計	6,809	314,881

（砂防便覧、平成9年版から引用）

図3・11　地すべり防止区域の分布

　日本海側の東北から信越・北陸にかけてのいわゆるグリーンタフ地帯および中部地方南部から四国中央部・九州にかけての中央構造線に沿う地域が多発地域となっている。

［新版日本国勢地図，地すべり防止区域の分布，1990年］

表3・8　地すべりと崖崩れ

		地　す　べ　り	崖　崩　れ
1)	地　　質	特定の地質または地質構造のところに多く発生する	地質との関連は少ない
2)	土　　質	主として粘性土をすべり面として滑動する	砂質土（まさ，よな，しらすなど）のなかでも多く起こる
3)	地　　形	5～30°緩傾斜面に発生し，特に上部に台地状の地形を持つ場合が多い	30°以上の急傾斜地に多く発生する
4)	活動状況	継続性，再発性	突発性
5)	移動速度	0.01～10 mm/日のものが多く，一般に速度は小さい	10 mm/日以上で速度は極めて大きい
6)	土　　塊	土塊の乱れは少なく，原形を保ちつつ動く場合が多い	土塊は攪乱される
7)	誘　　因	地下水による影響が大きい	降雨，特に降雨強度に影響される
8)	規　　模	1～100 ha で規模が大きい	規模が小さい
9)	兆　　候	発生前に亀裂の発生，陥没，隆起，地下水の変動等が生ずる	兆候の発生が少なく，突発的に滑落してしまう
10)	すべり面勾配	10～25°	35～60°

［渡ほか：地すべり・斜面崩壊の予知と対策，山海堂，1987年］

り，大規模な地すべりとして数万年前から滑動を続けているものもある。

（1） 地すべり災害の種類

地すべりの分類については，現在様々なものが提案されているが，最も一般に普及しているものは地質的条件からみた分類で，第三紀層地すべり，破砕帯地すべり（変成岩帯地すべり），温泉地すべり（火山性地すべり）に区分されている。代表的な地すべり地形の模式図を**図3・12**に示す。

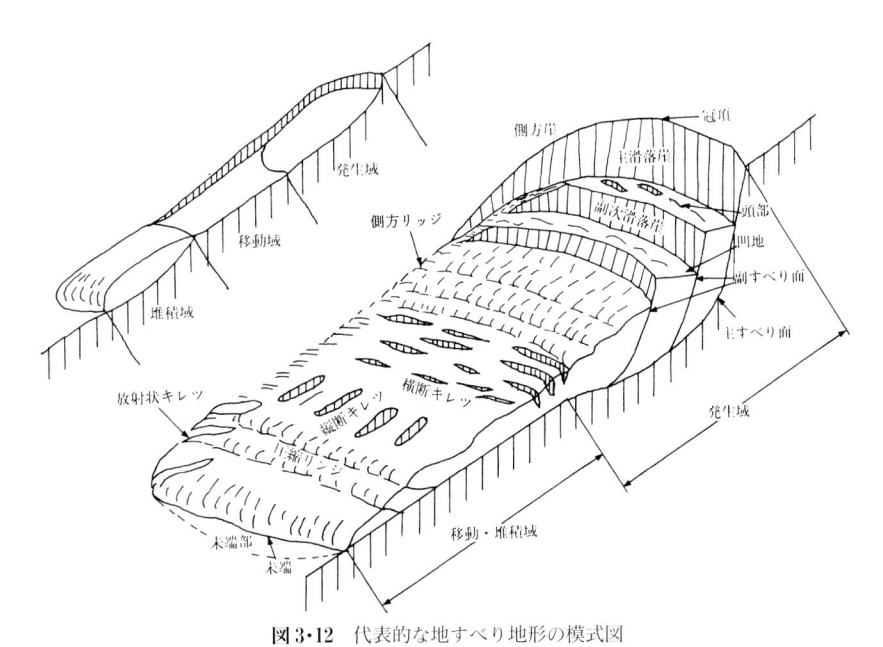

図3・12　代表的な地すべり地形の模式図

[藤田崇ほか：地すべり—山地災害の地質学：地学ワンポイント3，共立出版，1996年，p.30]

代表的な日本の地すべり多発地域は，東北・北陸・四国・中国・九州の日本海側であるが，これらの地域で発生する地すべりの多くは第三紀層地すべりである。破砕帯地すべりは，四国山地やその他の地域で発生し，また，温泉地すべりは，火山作用あるいは後火成作用によって発生することから火山性地すべりとも呼ばれ，地熱地帯に多い。

ただし，この分類に対してはいくつかの問題点が指摘されている。それは，第三紀層，破砕帯，温泉については，それぞれが地質的概念や現象面で全く異なるものであり，第三紀層には破砕帯もあれば温泉もある。このため，場所によっては地すべりの分類が明確にできないケースが生じるのである。とはいえ，大局的には，日本の地すべりの特徴をよく表しており，地すべりと地質現象とを単純明解に結び付けているものといえよう。

以下に，地質的条件からみた最近の地すべり災害の事例を紹介する。

(a) **第三紀層地すべり**

1985年に長野県地附山で発生した地附山地すべりは，新第三紀層の裾花凝灰岩層の風化によって地すべり面が形成されたもので，第三紀層地すべりの代表的なものである（**写真3・27**①）。また，狭い国土の利用が山地にまで及ぶようになった近年において，人的被害としても戦後最大の災害となったものである。

① 災害発生直後の状況 　　　　　　　　　② 復旧後の状況
写真 3・27　地附山地すべり（災害発生直後と復旧後の状況）

長さ 700 m，幅 500 m，厚さ 60 m にもおよび，移動土塊は 360 万 m³ に達する大規模なもので，この地すべりにより山腹の有料道路は遮断され，地すべりの末端は山麓の人家に達し，死者 26 名を出している。
［建設省河川局砂防部傾斜地保全課監修：日本の地すべり，砂防広報センター］

① 災害発生直後の状況 　　　　　　　　　② 復旧後の状況
写真 3・28　玉ノ木地すべり

集落が斜面に近接していたことから，死者 10 名，重軽傷者 4 名，全壊住宅 5 棟，半壊住宅 2 棟および非住宅（神社・倉庫など）5 棟を数える大災害となった。
［新潟県土木部砂防課：新潟県の砂防（砂防法制定 100 周年記念誌），1996 年］

　　その他の事例としては，地すべり土量が少ないにもかかわらず 10 人の死者を出した玉の木地すべり（1985 年 2 月）がある（**写真 3・28 ①**）。
　(b)　破砕帯地すべり（変成岩帯地すべり）
　　破砕帯を伴う変成岩が広く分布する四国地方は，中央構造線に沿った南側の地域に地すべりが多発しており，全国でも有数の破砕帯地すべり地域となっている。その地すべり危険箇所の面積は全国の 1/5 を占め，その大部分が三波川帯および御荷鉾帯に集中している。
　　四国地方の代表的な破砕帯地すべりは，善徳地区・今久保地区で知られる善

写真 3・29 善徳地すべり（徳島県）

平均斜面勾配は 27°と地すべりとしてはかなりの急勾配を成し，最大斜面長約 900 m，最大幅約 2000 m，地すべり防止区域面積 220.9 ha で我が国最大級のものである。
[建設省河川局砂防部傾斜地保全課監修：日本の地すべり，砂防広報センター，p.7]

写真 3・30 怒田八畝地すべり（高知県）

写真の白色部分が地すべり発生区域である。
[千木良雅引：災害地質学入門シリーズ 2，近未来社，1998 年，p.148]
[建設省河川局砂防部傾斜地保全課監修：日本の地すべり，砂防広報センター，p.7]

徳地すべり（徳島県三好郡西祖谷山村）が有名である（**写真 3・29**）。この善徳地すべりは，三波川変成帯に属す岩層の屈曲部にあたっており，深部まで破砕作用の影響を強く受けているとともに風化が進行し，降雨などに伴う地下水位の上昇を誘因として現在も活動している。

この地区の地すべりは，安政の大地震（1854 年）に端を発し，1940 年代後半から 1950 年代前半には，小学校の倒壊，県道・村道の流失などの被害が繰り返し発生していた。集水井・集水ボーリングなどの対策工の実施にもかかわらず，1984 年の梅雨前線豪雨による県道 60 m の被災をはじめ 1987 年および 1992 年 8 月の台風に伴う降雨により被災している。

その他の事例としては，高知県長岡郡大豊町の怒田八畝地すべりがある（**写真 3・30**）。

(c) 温泉地すべり（火山性地すべり）

温泉地すべりの事例としては，最も新しいもので 1997 年 5 月 11 日に発生した八幡平澄川地すべりがよく知られている（**写真 3・31**）。この地域の地質状況は，第三紀・第四紀の火砕岩の上に第四紀の安山岩熔岩がのっており，温泉（熱水）変質作用により粘土化・軟質化・強度低下が生じた第四紀の新しい熔岩がすべったものである。誘因としては，融雪水および降雨水（最大 150 mm）による地下水位の上昇があげられる。この地すべりで，斜面下の温泉の噴気孔が塞がれたため，引き続いて澄川温泉付近では噴煙高度 100 m 以上の小規模な水蒸気爆発が発生した。このように，地すべりに伴って水蒸気爆発が発生した事例としては，1971 年 8 月 3〜5 日の霧島手洗温泉において報告されているが，地すべりと水蒸気爆発の同時発生現象が直接目撃されたのは八幡平澄川地すべりが初めてである。この水蒸気爆発により，地すべり末端の土塊が土石流となって 3 km 以上流下し，下流の温泉旅館などが破壊されたが，宿

地すべりの規模は最大長 800 m，幅 400 m，主滑落崖の最大落差 60 m 移動土塊 250 万 m3 もので，その変動はすべりの履歴を持つ地すべりの再活動であり，焼山火山の大規模地すべり地形内に生じた二次地すべりである。下段の図に示すように，地すべりとともに水蒸気爆発が同時に発生している。
[撮影：国際航業，1997 年]

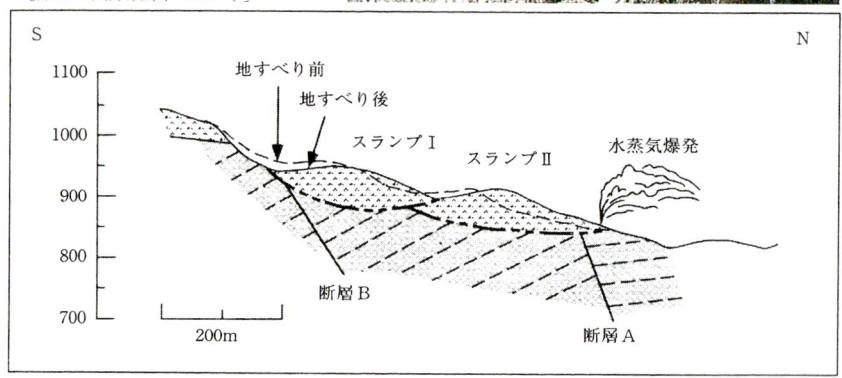

[千木良雅引：災害地質学入門シリーズ 2，近未来社，1998 年，p.148]
写真 3・31　澄川地すべり（秋田県）

写真 3・32　箱根早雲山地すべり
梅雨期の地下水位上昇が誘因となった地すべりで，9 名の犠牲者を出している。　[松林政義編著：火山と砂防，鹿島出版会，1991 年，p.209]

泊客と従業員は防災関係者の判断により事前に避難していたため全員無事であった。
　その他の事例としては，梅雨期の地下水位上昇が誘因となった箱根早雲山地すべり（1953 年 7 月）が知られている（**写真 3・32**）。

(2) 地すべりの予知・調査および対策

(a) 地すべりの予知・調査

地すべりの予知の基本問題は，地すべりが「いつ」「どこで」「どのようなタイプで」「どのくらいの規模で」発生するかにあり，それぞれの目的に応じた予知段階がある。これを目的別に分類すると次のとおりである。

① 地すべり分布の調査

一定地域の防災計画を立てたり，ある種の開発行為を行う際に計画段階で必要となる調査であり，主に，文献調査・空中写真判読・地形図による広域の概査と現地踏査が含まれる。

② 地すべりの活動性や規模の予知

計画に従ってそれぞれの地すべり地の安定化を考えるとともに，ある種の開発行為を行う際に検討すべき項目である。規模の予知においては，物理探査とボーリングの併用で行われることが望ましく，また，活動性の予知には地盤傾斜計等による連続的な観測が必要となる。

③ 開発行為に伴う地すべり発生の予知

開発行為の施工段階で地すべりの発生を事前に予知し，災害を最小限に食い止めるための予知が必要である。主にボーリングによってすべり面を調査し，地下水位測定を実施し，場合によっては地下水検層・伸縮計・傾斜計等による観測を並行して行う。

④ 活発化した地すべり斜面の滑落の予知

地すべりが発生した場合は，避難誘導や交通規制のためにも，地すべり運動の今後の展開を迅速に予測しなければならない。そのため，伸縮計を用いて地すべり運動の予測を行うとともに，周辺に地盤傾斜計等を設置して地すべり地の拡大の有無を検討する。

⑤ 地すべり地の管理上の予知

地すべり地付近に道路や人家がある場合には，日常的にその発生について予知する処置を講じておく必要がある。豪雨・長雨や融雪時には付近を巡回して，傾斜計や伸縮計等の計測機器で異常の有無を察知する。また，構造物の傾動や亀裂の有無を観測する。

以上，従来からの予知技術に加え，最近では，近年の先端技術の進歩と社会状況の変化も大きな要因となって，自動観測システムの導入が飛躍的に進んでいる。その例としては表3・9に示すように，既存の調査・計測・解析技術に加え，従来の定性的な把握にとどまらず，リアルタイムな変動状況の把握，遠隔地点からの広域的な状況把握ができるようになり，目的に応じて定量的で的確な地すべり予知が可能となった。また解析技術においても，演算装置の発達で高度な解析が行われ，確率・統計理論を導入した数値解析によって，斜面安定度評価，計測と組み合わせた逆解析なども可能になりつつある。

(b) 地すべりの対策

地すべり対策は，調査によって明らかにされた地すべりの運動ブロック，すべり面の形態とその位置，地すべりの動態状況，地下水の分布等の資料を基に，地すべりの活動を停止あるいは緩和させて，被害を防ぐために行われるものである。

表3・9 地すべりの予知技術

	調査技術	計測技術	解析技術
既存技術	既存資料収集・検討 地表踏査 地形図判読 空中写真判読 ボーリング調査 物理探査 地下水調査 土質・岩石試験	地盤伸縮計 地盤傾斜計 パイプひずみ計 孔内傾斜計 垂直伸縮計 多層移動量計 すべり面検知ケーブル 地下水位計 間隙水圧計 移動杭 光波観測 荷重計,鉄筋計,変位計等 （構造物）	極限平衡法 二次元解析法 基準水面法
新規技術	リモートセンシング 数値地形解析 （DTM） 空中探査法 熱赤外線映像法 ジオトモグラフィ ボアホールテレビ	地すべり自動観測システム 落石・土砂崩壊検知システム 光ファイバーケーブル GPS測量 AE計測 感圧ケーブル	極限解析法(数値解析法) 三次元解析法 ファジー理論 確率論解析 崩壊予測

［大河原彰：基礎工, VoL24, No.6, 1996年, p.27］

なお，地すべり対策工は，その発生機構を十分に考慮して選定する必要があり，大きく分けて抑制工と抑止工の2種類がある。抑制工としては，地表水排除工，地下水排除工，排土工，押さえ盛土工，河川構造物（砂防ダム）などがあり，抑止工としては，杭工，深礎工，アンカー工，擁壁工などがあげられる。

地すべり対策工の事例として，滑落崖の整形・緑化，地下水排除工，抑止工による安定化を図っている地附山地すべりと玉の木地すべりの復旧後の状況を示す（**写真3・27**②，**写真3・28**②参照）。

3.6 洪水（河川の氾濫）

われわれは古来より河川と深いかかわりをもってきた。河川は，生活用水，工業用水，水力発電などの資源として，また水と緑の豊かな空間として，現在でも多様な活用が図られている。しかし，日本の国土は，台風の常襲地帯であるうえに，地形は急峻で河川の流路も短く，洪水による自然災害を非常に受けやすい環境にある。毎年のように発生している洪水氾濫で，多くの犠牲者を出し，貴重な財産も失われている（**写真3・33〜写真3・35**）。

日本の防災事業の原点は，記録によると4世紀に，堀江（淀川）を開削して堤防を修築し，河川の洪水氾濫を防止した事業にまでさかのぼる。平安時代以降には，人口集中地域である近畿・関東・中部の主要河川において堤防の築造や修築，復旧や河川改修工事が積極的に行われるようになった。また，度重なる洪水災害を契機として，1896(明治29)年には河川法が制定され，現在に至るまで種々の法整備とともに治水対策が実施されてきた。

そして今日では，頻発する水害に対する安全性確保のため，河川整備基本方針や計画に基づき，築堤，河道掘削，ダム，遊水池等の整備とともに，堤防の質的強化が図られている。大都市部では，計画を上回る規模の洪水に対しても被害を最小限にとどめ危機的状況を回避できるように，高規格堤防（スーパー

① 那珂川水系　那珂川（茨城県水戸市）

② 那珂川水系　寄笹川（栃木県那須町）
写真3・33　平成10年8月末豪雨による被害
福島県，栃木県等の多くの中小河川が越水，決壊の被害を受けた。
[日本河川協会：水害レポート'98，1998年]

堤防）の整備も推進されている。さらに，生活の安全性確保や河川の適正な活用と良好な河川環境の形成には，利水と治水に関する正確な河川情報が不可欠であるとの認識が高まっている。

洪水の直接原因である大雨が，人間の生活や生産の場に降ると災害を引き起こす。現在の日本は，農業も工業も生活の場も水害の危険性の高い低平地（河川の氾濫区域）にあるといえる。

建設省では，全国各地で発生している洪水氾濫を防ぐために治水施設の整備を進めているが，施設の完成までには長い期間を要する。当面は，洪水被害をできるだけ少なくするための方策として，河川改修，放水路，調整池，ダムなどのハード面の整備とともに，河川流域環境に関する各種情報を整備し活用していくことが今後の重要な課題となっている。

（1）洪水の歴史と特徴

毎年，日本各地で洪水による被害が繰り返されている。過去100年間におけ

① 国分川水系　国分川（高知市）

② 国分川水系　国分川（高知市）

写真 3・34　平成10年9月高知県秋雨前線豪雨による被害
高知市では日雨量 943 mm に達し，昭和51年の台風17号に次ぐ被害となった。堤防決壊はなかったが越水は認められた。浸水家屋 24,000 棟以上。
［日本河川協会：水害レポート'98，1998年］

る主要な水害を表 3・10 に示す。

　1940年代後半から1950年代後半までは，枕崎台風，カスリーン台風，伊勢湾台風などの大型台風や集中豪雨により，ほぼ毎年1000人を超える多くの犠牲者を伴う被害が頻発している。その後，1960年代前半からは，それまでと同程度の降雨があったものの，人的被害は100～300人前後と減少傾向にある。これは，大型台風の上陸が少なくなったこともあるが，治水事業の推進や防災体制の充実，気象観測施設・設備の充実，さらには災害情報伝達手段の進歩によるところが大きい。しかし，ここ数年の局地的な集中豪雨における都市型水害の増加には注意を払う必要がある。特に地上とは異なる災害特性を示す地下空間への浸水被害対策は急務といえる。

　わが国は，その気象・地形条件や社会的特性から，まさに水害多発国といえる。そして近年，全国的に多発した非常に激しい水災害を見ると，洪水災害対策を再検討する時期に来ているといえる。

　1998年は，日本各地で観測史上新記録となる集中豪雨により，多くの被害がもたらされた。また世界的にも，エルニーニョ，ラニーニャ等による異常気象，台風やハリケーンの来襲により，世界各地で洪水被害が多発した。これら

① 五ヶ瀬川水系　北川（宮崎県延岡市東海）

② 耳川（宮崎県日向市幸脇）
写真3・35　平成9年9月台風19号による被害
鹿児島県に上陸した台風19号は九州全域を暴風圏に巻き込み各地に大きな被害をあたえた。特に宮崎県では人々の生活に深刻な影響が出た。
［日本河川協会：水害レポート'97，1997年］

　世界の被害事例と比べてみると，日本の洪水災害の特徴は，いわゆる短期流動型（1泊2日型）でマルチ災害になりやすい傾向がわかる。例えば，中国（長江），アメリカ（ミシシッピー川），ヨーロッパ（ドイツとポーランド国境を流れるオーデル川）などでは，洪水災害が長期滞在型となる傾向が強く，災害の内容にも違いがみられる。

　洪水の発生する直接的な原因は，大雨（台風，梅雨前線，雷雨，温帯低気圧），融雪，高潮などである。大雨の場合，災害を引き起こす雨量の目安は，降雨時間，集水域の条件によるが，一般に年降水量の約1/10が短期間に降った場合である。台風は大量の雨を降らせるが，最近では気象衛星画像などで前もっての予測が可能となった。これに対し，梅雨前線等によって発生する集中豪雨は局地的であり予測が難しく，被害の発生することが多い。

　この大雨を受ける場である集水域の環境によって，被害の特徴と程度は異なってくる。まず最初に指摘されるのが地形的特徴である。一般に日本の河川は，河川延長距離が短く，勾配は急で流出時間が短い。このため，洪水発生時の継続時間は短く，ピーク流量も大きい等の特徴がみられる。もちろん，河川の流れの方向や水位，平面形状，地質，植生等によっても大きく影響される。

表 3·10 日本で発生した主要な水害（台風・豪雨等）：建設省資料

災害名	被災年月日	被害地域	死者・行方不明者数
明治29年9月洪水	明治29年 9.6～7	[東北，関東以西]	(364以上)
明治43年8月洪水	明治43年 8.6～15	[東北，関東，中部]	(1379)
室戸台風	昭和9年 9.20～22	[本州，四国，九州]	(3006)
昭和13年洪水	昭和13年 6.28～7.5	[中部，近畿（特に兵庫）]	(933)
台風20号豪雨	昭和18年 9.2	[西日本（特に島根）]	(990)
枕崎台風	昭和20年 9.17～18	[関東，中部以西（特に広島）]	(3756)
カスリン台風	昭和22年 9.13～15	[東京，埼玉]	(1930)
アイオン台風	昭和23年 9.15～17	[東北]	(838)
デラ台風	昭和24年 6.15～23	[九州，四国，本州]	(468)
キティ台風	昭和24年 7.31～9.1	[中部，関東，東北，北海道]	(160)
ジェーン台風	昭和25年 9.3～4	[関東，九州を除く全国]	(509)
ルース台風	昭和26年 10.13～15	[九州，四国，本州]	(943)
昭和28年6月豪雨	昭和28年 6.23～30	[北九州]	(1013)
昭和28年7月豪雨	昭和28年 7.16～25	[東北以西]	(1015)
洞爺丸台風	昭和29年 9.25～27	[北海道，四国]	(1761)
諫早水害	昭和32年 7.25～28	[九州（特に諫早川）]	(992)
狩野川台風	昭和33年 9.26～27	[近畿以東（特に静岡）]	(1175)
伊勢湾台風	昭和34年 9.26～27	[九州を除く全国]	(5041)
昭和36年6月豪雨	昭和36年 6.24～7.4	[九州から東北]	(357)
第2室戸台風	昭和36年 9.15～17	[全国]	(202)
台風24，26号	昭和41年 9.17～25	[静岡，宮城，福島]	(314)
昭和42年7月豪雨	昭和42年 7.7～10	[中部以西]	(374)
羽越水害	昭和42年 8.26～29	[新潟，山形]	(142)
昭和47年7月豪雨	昭和47年 7.3～13	[北九州，島根，広島]	(458)
台風8号	昭和49年 5.29～8.1	[全国]	(143)
台風17号	昭和51年 9.7～14	[全国]	(169)
由比豪雨	昭和54年 7.7～8	[東海]	(143)
昭和57年7月豪雨（長崎豪雨）	昭和57年 7.5～8.3	[関西以西]	(345)
昭和58年7月豪雨（山陰豪雨）	昭和58年 5.24～7.28	[東北，中部，中国]	(117)
平成5年8月豪雨・台風13号（鹿児島豪雨）	平成5年 7.31～9.5	[全国]	(141)
平成7年7月豪雨	平成7年 7.11～12	[上信越]	(5)
平成9年7月豪雨	平成9年 7.6～17	[九州]	(21)
平成9年9月台風19号	平成9年 9.14～17	[中国，近畿，北陸]	(3)
平成10年8月豪雨	平成10年 8.26～27	[東日本・北日本]	(16)
平成10年9月豪雨	平成10年 9.24～25	[高知県]	(6)
平成11年6月豪雨	平成11年 6.28～30	[九州から東日本(特に広島，福岡)]	(39)
平成11年8月豪雨	平成11年 8.13～16	[関東（特に埼玉，神奈川）]	(18)
台風16号	平成11年 9.14～16	[九州から中部（特に岐阜）]	(8)
台風18号	平成11年 9.19～25	[九州，中国（特に熊本，山口）]	(30)

　洪水災害の現れ方，および対策の方法は，山間部，平野部，都市部（人口・資産集中地域）などによって当然異なってくる。

　山間部では，急激な洪水によって数 m の水位上昇を伴うこともあり，堆積傾向にある河川では，たちまち河川氾濫に至る危険性が高いといえる。

　平野部では，扇状地，三角州，海岸平野において，それぞれの災害には特徴がみられる。自然堤防，後背湿地など微地形により危険性にも差が出る。特に海岸平野と三角州では，河川の洪水とは別に高潮や津波に対する対応が重要となる。また，堤防は外水（上流から流下する洪水）を防ぐ対策であり，内水（堤内地に降った雨水）に対しては別の対策を立てる必要がある。

　人口と資産の集中する都市部では，洪水流出が激しいこと，日頃から人工的な対策に頼っていること，海抜 0 m 地帯や地下空間の存在などから，いったん破堤ともなれば致命的な大災害が起きる危険性を内在している。

（2）洪水防止対策

　洪水を防ぐには様々な方法があるので，適切な方法を組み合わせ，よりよい

対策を立てることが重要となる。

　台風や梅雨前線による大雨の予測と，それに伴う洪水や土石流などの発生の予知に関しては，天気図と気象衛星の観測等によって以前よりかなり進歩した。また，過去の大災害の教訓を活かした迅速な情報伝達と適切な避難方法の指示，さらには事前の洪水危険地域指定なども有効な対策といえる。

　洪水防止対策の具体的方法は，構造物（堤防，ダム，放水路，遊水池等）による対策（ハード面）と，構造物に頼らない予報・警報，水防，避難などによる対策（ソフト面）がある。

(a)　構造物による対策（ハード面）

　現在の日本の主な河川では，ほとんどが連続堤で洪水を防ぐようになっている。しかし，連続的に築堤するには多大な時間と労力を伴う。住居や田畑など一定地区の周辺だけを洪水から守る対策として，不連続に築堤することが過去にはよく行われていた。この代表的なものとして輪中がある。また，扇状地など勾配のある場所では，堤防を雁行させて築堤する霞堤がある。

　屈曲の大きな河川では，一部を短絡するショートカット（捷水路）が施工されている。また，河口部においては直接海へ放水する水路もよく見られる。放水路は，河口部に大都市がある場合，洪水を都市から離すという利点がある。東京の荒川や新潟の信濃川などがその例である。

　さらに，洪水を一時的に貯留する貯水池，遊水池，調整池などがある。現在の日本においては数少ない自然の湖にも，なんらかの人工的な構造物が付加されて貯水池として利用されている。また都市域では，公園や校庭の地下などに調整池を造ったり，幹線道路下を遊水池や放水路等の構造にするなど様々な工夫もされている。

(b)　構造物によらない対策（ソフト面）

　日本において堤防はかなり普及してきた。しかし欧米諸国に比べると，大河川での治水施設の整備はまだ不十分で，中小河川では全国的にみて約30％の整備達成率である。しかも，絶対に越流や破堤のない堤防を造ることはできない。このような点からも，堤防などの構造物による対策に頼るだけではなく，的確な予報・警報，水防，避難などによる自己防衛策の準備を怠ってはならないといえる。

　現在，気象予測は気象庁が行い，洪水予報等は水防法により気象庁と建設省が共同して実施している。最近では，これらの気象と洪水に関する情報は，観測機器や解析処理技術の向上とともに正確性も増してきた。さらにその情報伝達方法も，テレビやラジオ等だけでなく，インターネット等の多様な手段を活用できる状況にある。

　地方公共団体では，国や県が観測した雨量や河川水位の状況を，財団法人河川情報センターを通しリアルタイムで入手できるシステムが確立されており，洪水予報・警報と合わせて，迅速かつ確実な情報収集が可能となっている。さらに，1998年度から建設省（現国土交通省）のホームページに水文・水質データベースが追加され，一般市民でも雨量や水位などの情報がリアルタイムで利用できるようになった。

（3） 河川氾濫にかかわる事前情報の活用

洪水によって河川氾濫が生じた場合，その被害を最小限にとどめるためには，事前に河川・流域情報を地域住民に開示し，情報の共有化を目的とした対策を有効に活用すべきである。

これまでに公表や作成が進んでいる河川氾濫にかかわる情報には，浸水実績図，洪水氾濫危険区域図，浸水予想区域図，洪水ハザードマップ（災害予測図）などがある。さらに，水防法の一部改正に伴う「浸水想定区域」の指定・公表も2001年7月から開始された。

浸水実績図は，建設省直轄河川および都道府県管理河川の一部について，過去に浸水した区域を表示したもので，1985年から公表されている。

洪水氾濫危険区域図と浸水予想区域図については，全国の直轄河川において約100～200年周期で降った大雨を考慮して，洪水氾濫シミュレーションによる浸水危険区域の表示をしている。これらも一部は公表されている。

洪水ハザードマップには，大洪水時の破堤や氾濫などによる被害を最小限に食い止めることを目的に，洪水氾濫危険区域図に浸水情報や避難情報などがわかりやすく表示されている。現在では，かなりの市町村で洪水ハザードマップの作成が進み，1995年度より地域住民に対して事前に配布または閲覧公開されるようになった（2000年8月時点で78市町村が実施している）。

また，1976年の長良川の破堤を契機として，全国の主要な河川周辺の低地と台地について，地盤情報（旧河道，後背湿地，自然堤防，谷底平野など）をまとめた治水地形分類図の作成も進んでいる。これは，よりわかりやすく利用しやすいように，種々の情報（浸水実績，地下水位，災害危険区域，土地利用，堤防の変遷など）を盛り込んで表現するなどの工夫と改良がなされ，流域地盤環境情報図として整備されている。

3.7 地下水による災害

（1） 地下水により引き起こされる災害

地下水による災害は，その多くが都市圏で発生している。これは都市の地形的な位置に関係がある。日本の主要な都市は，その大部分が沖積低地に位置している。そこは平坦地で住みやすく，地形も農耕に適しており，地下水も豊富であった。海や川による物流や人の移動にも便利であり，農業によって豊かになった場所が，商業地となり，文化が育まれ，政治経済の中心地へと変容する。このように，河口や盆地の沖積層上に都市は形成され発達してきた。

近代になると都市の近郊に工業が発達し，都市部への人口集中とともに工業化が促進された。そして，過剰な地下水の汲み上げにより，地下水位は低下し，現代の地下水位にかかわる様々な災害（公害）が引き起こされたのである。

その後，災害防止を目的に地下水の揚水が規制された結果，地下水位は回復したが，その地下水位上昇が地下構造物に新たな災害（事故）を招いている。また，集中豪雨による急激な地下水位の上昇も，同様に地下構造物に災害（事故）をもたらしている。

水利用の面では，地表水は河川や湖沼から取水する必要があるのに対し，地下水については，水を利用する地点に取水施設（井戸）を比較的自由に設置し

て取水できるという利点がある．しかし，地下水は地表水とは違って，土粒子の間隙あるいは岩盤の亀裂の中を，ゆっくりと水が流動する．したがって，流動速度，かん養量を上回って地下水を取水すると，地下水位が低下し，以下に述べるような様々な災害を引き起こすことになる．

① 井戸枯れ

地下水位が井戸下底よりも下がらない場合でも，地下水位低下は取水量の減少に直結する．水源が地下水のみの場合，これは生活基盤そのものを揺さぶる問題になり得る．生活用水を地下水に頼っている地域では，定期的に地下水位観測を実施するなど，地下水の保全に対する意識は高くなっている．

② 地盤沈下

地盤沈下は，地下水の揚水等により地下水位（被圧帯水層の場合は地下水圧）が低下し，地層が圧密収縮することによって，地表面が沈下する現象である（**図3·13**）．環境基本法においては，典型7公害（大気汚染，水質汚濁，土壌汚染，騒音，振動，悪臭，地盤沈下）の1つに指定されている．広義には，石炭等の採掘跡が崩壊・陥没する鉱害や，埋立地の圧密収縮も地盤沈下に含まれる場合もあるが，一般には，地盤沈下は前者を意味することが多い．土地価格の高騰と都市部の人口集中に対応するため，1990年代初頭に大深度地下の開発が計画された．大深度地下開発は環境に与える影響は小さくなる利点はあるが，地下水位（水圧）の低下，地盤沈下については特別な配慮が必要である．過去の経緯を踏まえて十分な検討がなされるべきであろう．

ほとんどの地盤沈下地域は，沖積粘土層が発達する沖積低地である（**図3·14**）．ただし，千葉県九十九里平野のように第三紀層の圧密収縮する地域もある．

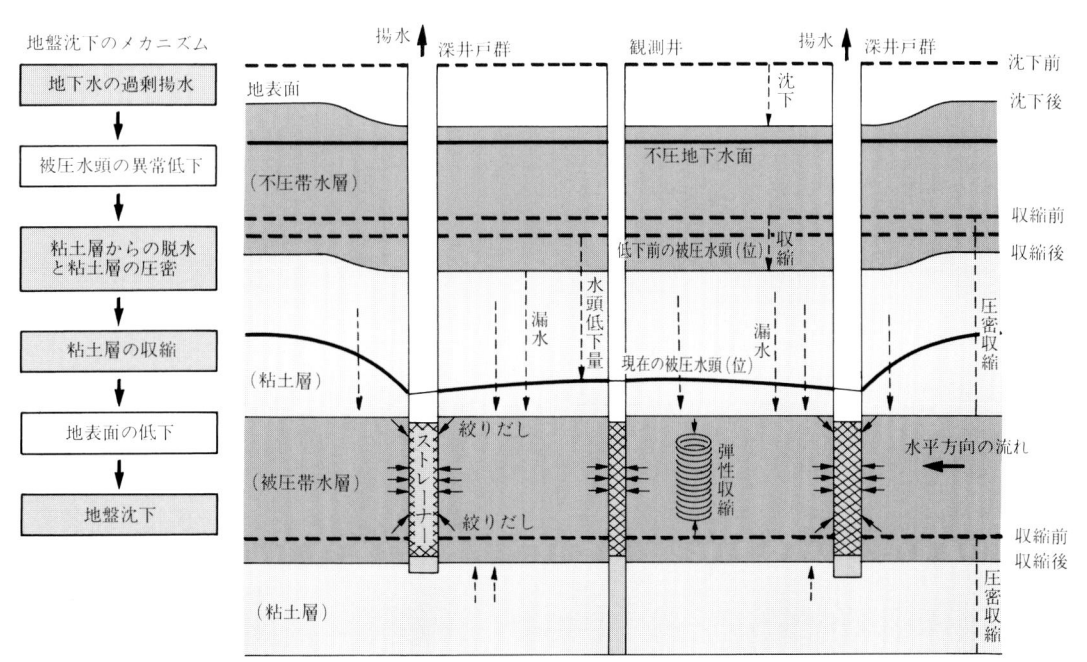

図3·13 地盤沈下のメカニズム ［市原実他編：日本の自然6 日本の平野，平凡社，1987年］

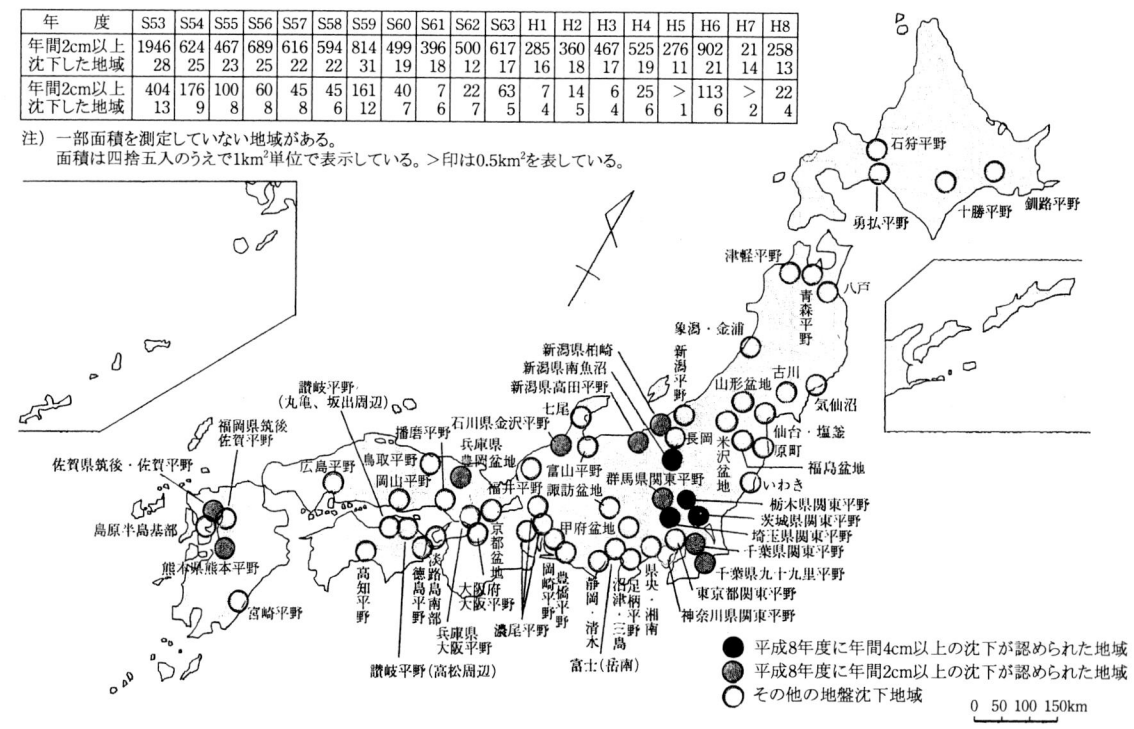

年度	S53	S54	S55	S56	S57	S58	S59	S60	S61	S62	S63	H1	H2	H3	H4	H5	H6	H7	H8
年間2cm以上沈下した地域	1946 28	624 25	467 23	689 25	616 22	594 22	814 31	499 19	396 18	500 12	617 17	285 16	360 18	467 17	525 19	276 11	902 21	21 14	258 13
年間2cm以上沈下した地域	404 13	176 9	100 8	60 8	45 8	45 6	161 12	40 7	7 6	22 7	63 5	7 4	14 5	6 4	25 6	>1	113 6	>2	22 4

注) 一部面積を測定していない地域がある。
　　面積は四捨五入のうえで1km²単位で表示している。>印は0.5km²を表している。

図3・14 全国の地盤沈下地域の状況（平成8年度）　　［環境庁編：平成10年版環境白書，1998年］

　1985（昭和60）年頃に，関東や関西の主要都市で道路の陥没事故が頻発した。わが国の主要な都市は「軟弱地盤」と称される沖積低平地，または未固結の砂礫層等からなる洪積台地上に展開している。それらの地域での地下水の動きは速く，大きな地下水位変動を伴い，加えて都市部の土木工事は強制的に地下水位を低下させてきた。このような地下水の動きは，地層中の細粒分を流出させて空洞を生じさせることがあり，この空洞が地表方向に漸次拡大して地表面陥没に至る場合もある。

　さらに，わが国では第二次大戦中に資源の確保を目的として無計画な乱掘が行われていた。戦後40年が過ぎた時期の土地開発において，乱掘によって残されていた空洞が，開発の障害となった事例がある。また開発後に地表面陥没が発生し，開発業者および行政の責任が問われた事例もある。

③　酸欠空気

　1971年に東京都千代田区の最高裁判所の新築工事現場で，作業員が酸欠空気で死亡する事故が発生した。東京都の調査[42]によれば，測定総数4916地点のうち131地点において，酸素濃度が18％以下に低下した空気が噴出していることが判明している。

　地層中には，鉄および有機物等の酸素と反応しやすい物質が含まれる場合がある。地下水位の低下に伴い，これらの物質が空気中の酸素を吸収し，さらに気圧の変化によって酸欠空気が移動し，地下室や工事現場に噴出する。これが酸欠空気が発生する仕組みである。

④　塩水化

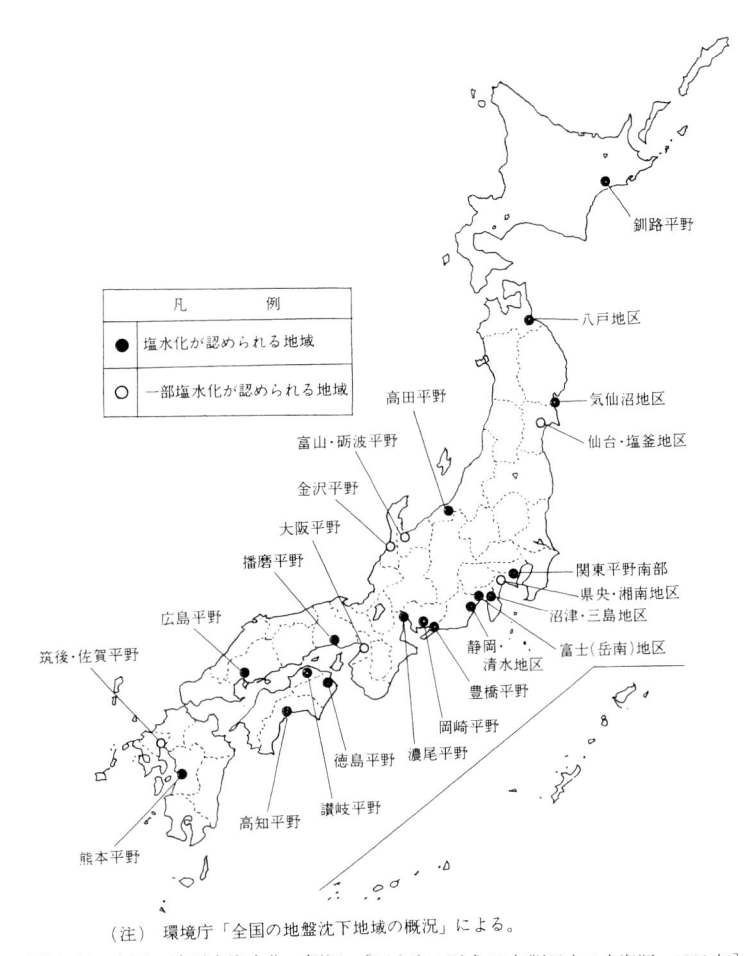

図 3・15 全国の地下水塩水化の概況 ［国土庁：平成 10 年版日本の水資源, 1998 年］

臨海部で地下水位を低下させると，帯水層中に海水が浸入し，地下水の水質が悪化し，最悪の場合は利用停止に追い込まれることもある。地域全体としての地下水揚水や上流域のかん養量の減少が原因である場合，塩水化の規模は大きくなる。一度，塩水化すると，土粒子の間隙中に塩水が残留するため，地下水位が回復しても容易には塩水が除去されない。

わが国では，地下水利用の多い臨海部で塩水化の発生が認められている（**図 3・15**）。

⑤ 地下水位上昇

地下水位の低下に伴う災害だけでなく，地下水位の上昇が災害を引き起こすこともある。

東京都では 1961 年以降，法令に基づき地下水の利用を制限しており，その結果，地下水位は上昇してきている。しかし，既設の各種地下構造物は建設時における地盤条件のもとで設計・施工されていることが多く，従来，地下水位よりも上にあった地下構造物に，地下水位上昇による揚圧力が作用し，変状を来す事態が予想されたのである。また，1995 年に JR 新幹線上野駅の地下ホームにおける地下水位の上昇が問題とされた。最近では，JR 総武線の東京駅付近での地下水位上昇による地下構造物への影響が新聞に掲載されている。

集中豪雨による地下水位の急激な上昇が，地下構造物に大きな災害をもたらした事例もある。

地盤の液状化には，地下水の存在が深くかかわっており，単純に考えれば地下水位が高いほど危険性も高くなる。災害防止と水資源の活用という観点から，地下水位を一定のレベルに保つことによって，液状化と地下水障害の両方の災害リスクの低減を図っていくことも，今後の課題といえよう。

(2) 災害事例

井戸枯れや酸欠空気などは，比較的狭い範囲での災害であり，ここでは，典型7公害の1つでもある地盤沈下の事例と，地下水上昇により生じた新たな地下構造物の災害事例について説明する。

(a) 広域地盤沈下（公害）

① 地盤沈下の現状

1996年度における全国の地盤沈下地域の状況（**図3・14**）を見ると，年間2 cm以上沈下した地域は13地域（258 km^2）で，このうち年間4 cm以上沈下した地域は4地域（22 km^2）であった。

地盤沈下が進行している代表的な地域としては，関東平野があげられる。東京都の臨海部では最大約450 cmの地盤沈下が進行した。そして，地盤標高が平均満潮位以下の0 m地帯が，面積約124 km^{2}の範囲にも及ぶ結果となった。

戦前から進行した東京湾臨海部の地盤沈下は，各種対策が功を奏して沈静化傾向を示したが，1950年代後半より埼玉県南部で，さらにその後は関東平野北部一帯で地盤沈下が拡大・進行するようになった。例えば，埼玉県越谷市では1962年時点で，34年間の累積沈下量が約1.7 mに達している。関東平野北部の沈下は，埼玉県鷲宮町にみられるように，観測開始以降から現在に至るまで進行している（**図3・16**）。

筑後・佐賀平野でも顕著な地盤沈下の進行が認められる。佐賀県白石町では，観測開始以降，1 m以上の沈下が発生しており，1996年度の年間沈下量は2.4 cmに達した。また，0 m地帯の面積は約250 km^{2}に達している。

日本海側の豪雪地帯では，雪を溶かす消雪用水として，冬季の地下水利用が多い。効率的に除雪ができて比較的安価であるが，積雪時に集中的に揚水されるため，地盤沈下が急激に進む結果となった。新潟県魚沼市では1980年から1996年の間に67 cmの沈下を観測している。

1994年の東京の降水量は1130.5 mmであり，平年値（1405.3 mm：1961年から1990年）を大幅に下回った。この年は全国的に小雨傾向にあり，各所で水道水等の用水利用が制限された。渇水時には用水を確保するため，休止井戸を再稼働する場合が多い。地表からのかん養量減少と地下水揚水の相乗効果により，多くの地点で観測史上最大級の地盤沈下を記録し，年間4 cm以上沈下した地域の総面積は113 km^{2}に達した。1993年および1995年においては，年間4 cm以上沈下した地域はない。このことは，沖積低地は，依然として地盤沈下を生じやすい土質・水文地質条件にあり，今後の渇水等で水需要が急増すれば，地盤沈下は進行し得ることを示しているといえよう。

② 地盤沈下の発生機構

1923年の関東大震災の後，水準測量結果により，東京都江東地区で地盤沈

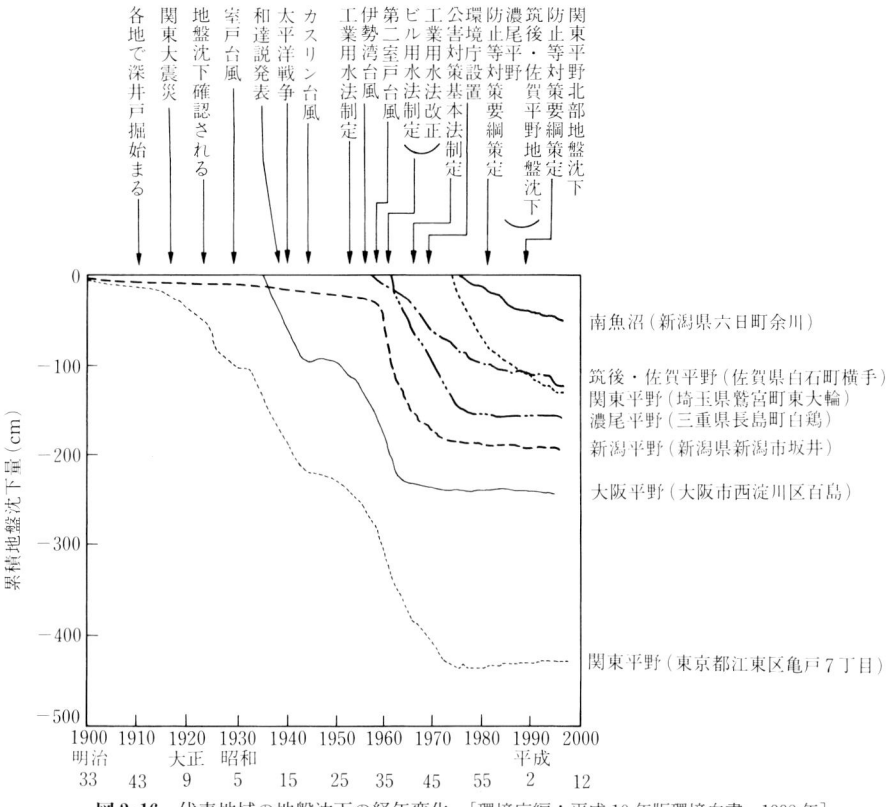

図3·16 代表地域の地盤沈下の経年変化　[環境庁編：平成10年版環境白書，1998年]

下の発生が認められたのが，わが国における地盤沈下の歴史の始まりとされている[43),44)]。大阪市においても，1928年の水準測量によって地盤沈下の発生が認められている[44)]。

当初，地盤沈下の発生機構については，地殻変動説，表層収縮説などの学説が提唱された。その中で，和達・広野は，大阪天保山で行った地盤沈下の観測により，地盤沈下は地下水位低下による軟弱粘土層の収縮で生じるものであり，地下水揚水が最大の原因であることを見いだした[45)]。この説は，第二次世界大戦中から復興期において，地下水揚水量の減少および増大が地盤沈下の動向と一致したことにより，一般に認められるようになった。

③　防止対策

地盤沈下を含む地下水障害の対策の要諦は，地下水利用量の削減と代替え水源の確保である。地下水の採取規制を目的とした国の法律として，10都府県17地域の工業用水を対象とする「工業用水法」と，4都府県の一部地域の建築物用地下水を対象とする「建築物用地下水の採取の規制に関する法律」とがある。また，各地方公共団体でも条例等による地下水採取規制や採取量の把握がなされている。

地盤沈下地域のうち，特に著しい濃尾平野，筑後・佐賀平野，および関東平野北部の3地域については，地盤沈下防止等対策要綱が決定され，地域の実状に応じて目標採取量が定められ，水源転換，観測・調査がなされている。

(b) 地下水位回復による災害（事故）[46]

地下水位の回復（上昇）により，地下構造物に影響が生じた事例を紹介する。

① 地下水位回復の経緯

東京の地下水利用量は，戦後の復興期である1960年代から急激に増加し，著しい地下水位低下を引き起こした。これが原因と考えられる地盤沈下は，沖積低平地の江東地区で年間10～15 cmにも及んでいる。そこで東京都では1961年に工業揚水法に基づき揚水規制を開始し，1970年に「東京都公害防止条例」の改正により規制基準の強化を行い，23区全体の揚水量は大幅に減少した。その結果，地下水位は規制直後から1983年頃までに急速に上昇（回復）し，その後は緩やかに上昇を続けている（**図3・17**）。

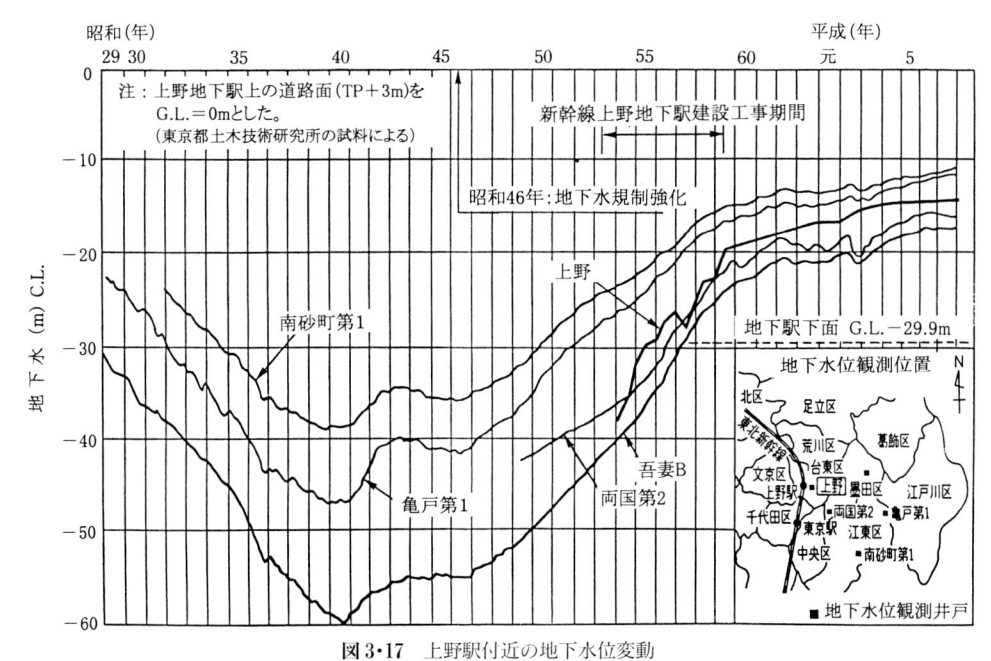

図3・17 上野駅付近の地下水位変動

［復元する被圧地下水から地下駅を守る，トンネルと地下，Vol.27, No.10, 1996年］

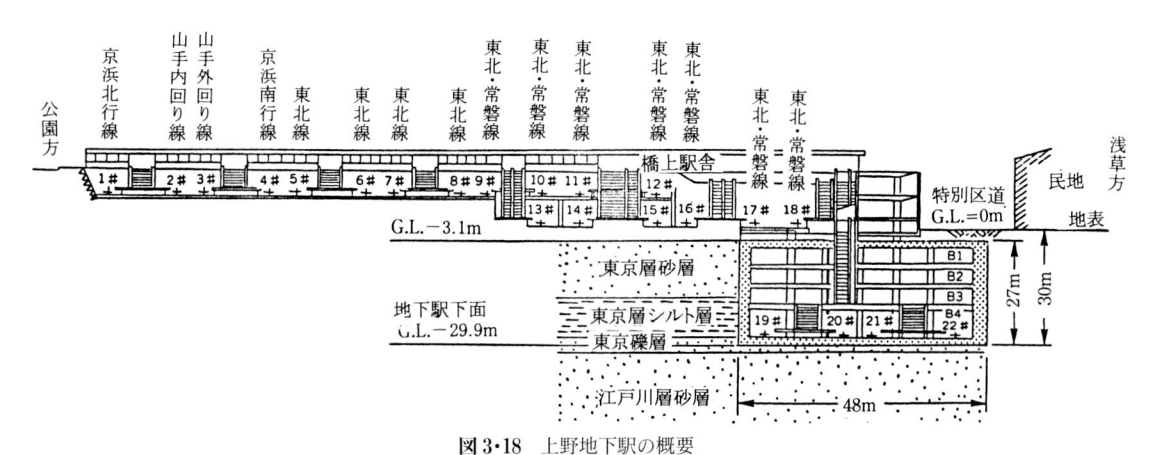

図3・18 上野地下駅の概要

［復元する被圧地下水から地下駅を守る，トンネルと地下，Vol.27, No.10, 1996年］

② 災害の発生機構

JR東日本の東北・上越新幹線の上野駅は，地下約30 mまで掘削して構築された開削トンネルであり，下床版・側壁には地下水による圧力が作用している。新幹線上野地下駅は1978年に着工され，1985年に完成した。周辺の地質は，地表より約16 mまでは東京層の砂層で，不圧地下水を有している。その下位には厚さ約10 mの東京層のシルト層が分布しており，下位層の地下水に対する被圧層を形成している。シルト層の下位には東京礫層および江戸川層（砂層）が堆積しており，両層とも豊富な地下水を有している（**図3・18**）。

上野地下駅の下面は，東京礫層中に位置しており，着工時の地下水位は駅構造物下面より約8 m下位で，地下38 m付近にあったが，完成時には駅構造物下面より約10 m上位で，地下20 m付近まで上昇している。地下水位はその後も緩やかに上昇を続け，1994年には地下15 m付近に位置している。

その結果，東京礫層にある被圧地下水が駅構造物の下床版に揚圧力（上向き）を及ぼしていると想定され，測定の結果，約16 tf/m^{2}の揚圧力が作用していることが判明した。その後，様々な検討がなされた結果，駅構造物の変状については，下床版の変形が先行することが確認された。地下水位は前述のように現在も緩やかに上昇を続けており，このまま放置すれば，下床版の変形によって駅構造物の鉄筋コンクリートのひび割れ，漏水などによる耐久性の低下が想定される。

したがって，地下水位が今後も緩やかではあるが上昇する傾向にあることから，事前に補強対策を行うこととなった。

③ 補強対策

補強対策として各種の案が検討され，「カウンターウェイト載荷方法」が採用された。カウンターウェイトは，施工性と効果を考慮して鉄塊スラブ（約2 t/枚）が使用されている（**図3・19**）。

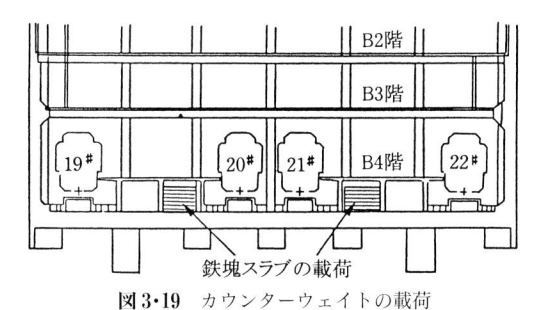

図3・19 カウンターウェイトの載荷

[復元する被圧地下水から地下駅を守る，トンネルと地下，Vol.27, No.10, 1996年]

一般に，深層の被圧地下水は，浅層の不圧地下水と異なり，降雨などに直結した地下水位の急激な変動を示すものではなく，地下水かん養源での長期にわたるかん養の影響を受けることが多い。上野駅周辺の観測データでも，都心部の降雨と連動した水位の変動は観測されていない。しかし，かん養源での降雨によっては，ある程度の急激な水位上昇も考慮しておく必要があり，地下水位観測および下床版変位の計測を行い，急激に地下水位が上昇した場合に備えて，緊急排水用井戸を駅構造物に近接して設置した。

以上の事例は，地下水の汲み上げ規制による地下水位の回復（上昇）が，地下構造物の大規模補強工事を余儀なくしたケースである。

(c) 急激な地下水位上昇による災害（事故）[47]

集中豪雨により地下水位が急激に上昇したために，地中構造物に災害が生じた事例がある。

① 災害の発生状況

JR武蔵野線新小平駅では，1991年10月の異常な長雨・豪雨により地下水位が著しく上昇し，駅部のU型擁壁が地下水の揚力（浮力）により，延長100mにわたり最大1.3m隆起した。さらに，隆起により擁壁目地部の上部でも最大70cmの開口が生じ，そこから大量の土砂と地下水が駅構内に流入し，線路が冠水した（**写真3·36**）。当地域の地下水位変動幅は平年でも5m

写真3·36 災害状況

［武蔵野線新小平駅災害復旧工事，トンネルと地下，Vol.23, No.8, 1992年］

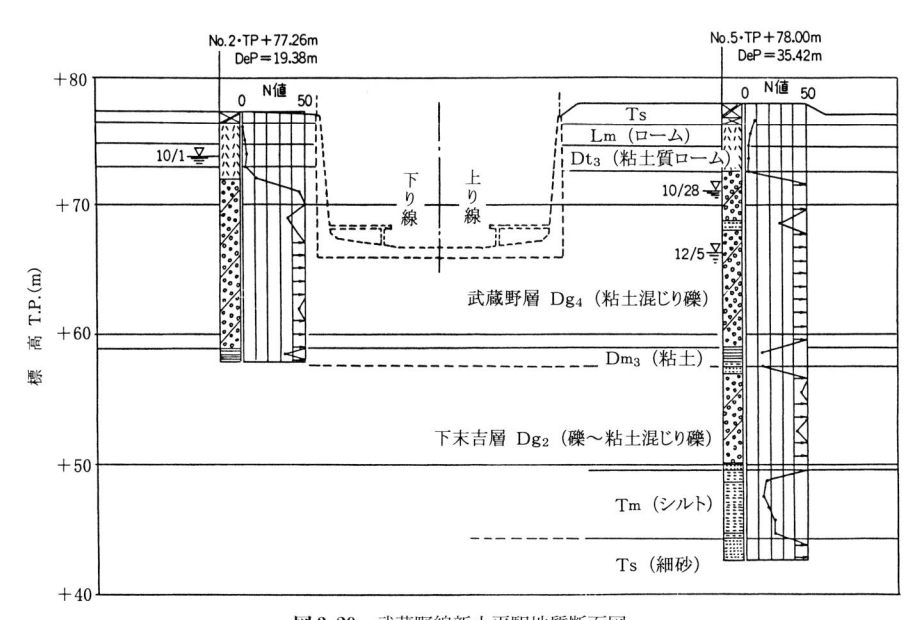

図3·20 武蔵野線新小平駅地質断面図

［武蔵野線新小平駅災害復旧工事，トンネルと地下，Vol.23, No.8, 1992年］

程度であるが，災害の年はわずか2カ月程度の間に10m近く上昇した。

新小平駅は1973年に開業し，両側をトンネルに挟まれた掘割り区間である。当地は武蔵野台地と呼ばれる洪積台地に位置しており，地質は上部を厚さ5mほどの関東ローム層が覆い，その下位に厚さ20mに達する武蔵野礫層があり，さらに下位には貝殻交じりの粘土と砂礫層が互層で分布している。地下水は武蔵野礫層とその下位の砂層にそれぞれ異なった状態で存在しているが，特に武蔵野礫層は空隙率および透水性も大きく，多量の地下水を有している。しかし，通常の地下水位は駅構造物の基底付近にあったと推定され，駅の施工にあたっては，釜場排水による開削工事で十分可能であった（**図3・20**）。

② 復旧対策

復旧対策工については，構造物を早く元の位置まで低下させるために，ディープウェルによる地下水位低下工法が採用され，構造物が再び浮き上がらないようにアースアンカーで固定して，災害発生後2カ月で開通した。

地下構造物に関する地下水問題は，多くの場合，問題が発生してから調査が行われることが多く，効果的なものとならないこともある。これらの地下水問題については，地形・地質の特性を十分に理解したうえで，水収支的な観点に立った広範囲で長期にわたる観測・調査が望まれる。特に，降水量と地下水位の連続的な計測結果は，地下水位の変動によって生じる現象を事前に推察するうえで，重要な役割を果たすものである。

第3章 参考文献

1) 国立天文台編：理科年表，丸善，1999年
2) 総理府地震調査研究推進本部地震調査委員会編：日本の地震活動―被害地震から見た地域別の特徴―，地震予知総合研究振興会地震調査研究センター，1997年
3) 都市地震防災地盤図検討委員会：都市地震防災地盤図に関するシンポジウム（都市の地震防災と深部地盤構造を考える），全国地質調査業協会連合会，1999年
4) 若松加寿江：自然災害を知る・防ぐ 第二版，第2章 地震災害を知る・防ぐ，古今書院，1996年
5) 望月利男・中林一樹：大都市と直下の地震―阪神・淡路大震災の教訓と東京の直下の地震―，東京都立大学都市研究所，1998年
6) 河田惠昭：都市災害―阪神・淡路大震災に学ぶ―，近未来社，1995年
7) 東京都都市計画局開発計画部管理課：あなたのまちの地域危険度―地震に関する地域危険度測定調査報告書(第4回)，東京都政策報道室都民の声部情報公開課，1998年
8) 総理府地震調査研究推進本部政策委員会：地震調査研究の推進について―地震に関する観測，測量，調査及び研究の推進についての総合的かつ基本的な施策―，1999年
9) イミダス編集部：日本列島・地震アトラス活断層，集英社，1995年
10) 建設省河川局砂防部：地震と土砂災害，砂防広報センター，1995年
11) 砂防便覧，1997年
12) 日本列島の地質編集委員会編：代表的な火山災害の概要，理科年表読本・日本列島の地質，1997年
13) 全国治水砂防協会：日本の活火山砂防，1988年
14) 国土庁防災局震災対策課：わが国の火山災害対策
16) 道路保全技術センター：道路防災総点検要領，1996年
17) 道路保全技術センター：防災カルテ作成・運用要領，1996年
18) 道路保全技術センター：トンネル坑口部等の岩盤崩壊対策の考え方，1996年
19) 砂防フロンティア整備推進機構：斜面カルテの作成要領，1998年
20) 全国治水砂防協会：新・斜面崩壊防止工事の設計と実例，1996年
21) 日本道路協会：道路土工―のり面工・斜面安定工指針，1986年
22) 建設省土木研究所：平成9年度落石に関する実態調査報告書，土木研究所資料第3556号，

1998年
23) 出水市土石流災害調査団：1997年7月10日鹿児島県出水市土石流災害調査報告，地盤工学会，1998年
24) 日本道路公団東京第一管理局：中央自動車道大野地区災害復旧工事報告書，1983年
25) 新版日本国勢地図：地すべり防止区域の分布，1990年
26) 渡ほか：地すべり・斜面崩壊の予知と対策，山海堂，1987年
27) 藤田崇ほか：地すべり—山地災害の地質学，地学ワンポイント3，共立出版，1996年
28) 建設省河川局砂防部傾斜地保全課監修・砂防広報センター編：日本の地すべり
29) 新潟県土木部砂防課：新潟県の砂防 砂防法制定100周年記念誌，1996年
30) 千木良雅引：災害地質学入門 シリーズ2，近未来社，1998年
31) 松林政義編：火山と砂防，鹿島出版会，1991年
32) 大河原彰：基礎工，VoL 24, No. 6，総合土木研究所，1996年
33) 国土交通省河川局ホームページ http://www.mlit.go.jp/river/index.html
34) 日本河川協会ホームページ http://www.japanriver.or.jp/
35) 河川情報センターホームページ http://www.river.or.jp/
36) 大槻英治：河川における防災情報，JACIC情報 第50号，VOL. 13, No. 2，1998年
37) 木下武雄：自然災害を知る・防ぐ 第二版，第6章 洪水を知る・防ぐ，古今書院，1996年
38) 河川情報センター：FRICNEWS 11月号，1998年
39) 日本河川協会：水害レポート'97，1997年
40) 日本河川協会：水害レポート'98，1998年
41) 高知新聞社：報道写真集'98 高知大水害の記録豪雨パニック，1998年
42) 東京都公害局：酸欠空気実態調査報告書，1972年
43) 地盤沈下防止対策研究会：地盤沈下とその対策，白亜書房，1990年
44) 水収支研究グループ編：地下水資源・環境論，共立出版，1993年
45) 和達清夫：西大阪の地盤沈下に就いて(第2報)，災害科学研究所報告，No. 3, 1940年
46) 復元する被圧地下水から地下駅を守る，トンネルと地下，Vol. 27, No. 10, 1996年
47) 武蔵野線新小平駅災害復旧工事，トンネルと地下，Vol. 23, No. 8, 1992年

第4章　日本列島と欧米の地質

4.1 山地の地質

（1）地形および地質の比較

　わが国は，国土の70％以上が山地または丘陵地で，居住適地が国土の25％にすぎない。国土は南北に細長く，中央部には1000〜3000 m級の山地があって，国土を太平洋側と日本海側に分断して交通の障害となっている。海岸沿いの交通路といえども，静岡県の大崩海岸や新潟・富山県境の親不知海岸のように山地が海岸に迫る地区が随所にあり，山岳地帯を通過する場合と同様の難所が多い。

　これに対して欧米では，ドイツやフランス北部に広がる平野や，アメリカやカナダのような広大な平原の発達がみられる。島国のイギリスも北部の一部を除けば平野や小起伏の丘陵である。交通路の障害となる地形は少ないものといえる。

　欧米には，ヨーロッパ・アルプスやロッキー山脈といった大山脈があり，わが国の脊梁山地を上回る高さのために，その規模もはるかに大きなものと思われがちであるが，図4・1に示すように，起伏量や谷幅には思った以上に大きな差異はない。その谷間は，日本の場合はV字谷をなし，谷底には狭小な平坦地が局所的にしか発達しないのに対して，氷河の影響を強く受けた欧米の場合は，幅広い谷底をもったU字谷が形成されている。山岳地帯の交通路として，欧米の地形条件は日本よりも有利な状況にある。

　図4・2は，世界の河川による年間浸食量を示したもので，太平洋西部に位置して降水量の多い日本周辺が，欧米のアルプスやロッキー山脈等に比較して圧倒的に多いことがわかる。わが国において河川の浸食量が多いことは，土砂供給源となるような，崩壊，地すべりなどが多いことを反映するものと考えられる。

　図4・3は，日本列島，ヨーロッパ中北部，アメリカ東部の地質を同縮尺で示したものである。日本列島の地質は，赤色系統の花崗岩をはじめ，火山岩類，および比較的新期の堆積岩類がモザイク模様をなして複雑に分布し，多くの断層や活火山が存在する。これらの断層の多くは直下型地震を発生する活断層であり，火山は活発に活動している。

　これに対して欧米の地質は，古期（先カンブリア紀）の片麻岩類や古生代以降の堆積岩類を主体とする。新しい時代の断層が少なく地質構造が単調であり，各地質が連続して広く分布する点が特徴といえる。これらの地域では，活断層や活火山はほとんど存在せず，安定した大陸地殻を形成している。

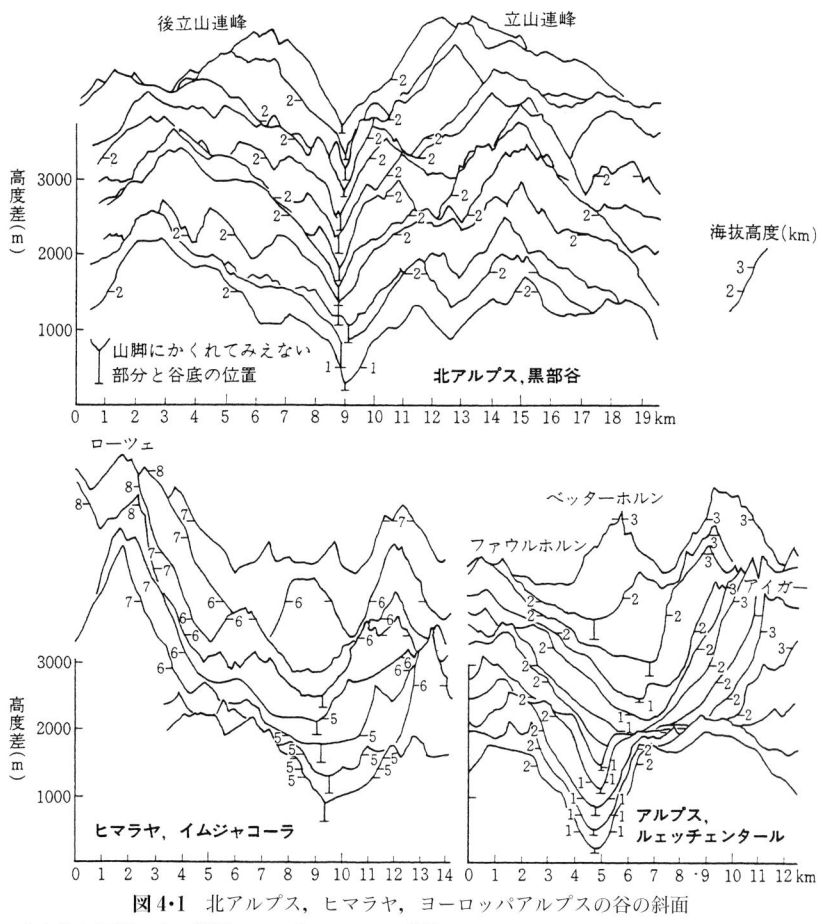

図4・1 北アルプス，ヒマラヤ，ヨーロッパアルプスの谷の斜面

谷を挟む両側の山の間隔は，いずれも10 km前後でほとんど同じだが，山と谷の形は非常に違っている。黒部谷は他に比べて幅が著しくも狭く，両側の山腹(谷壁)斜面が下にいくほど急になっている。アルプスやヒマラヤでは谷は広く，両側の山腹(谷壁)斜面は上に向かうほど急になり山が尖っている。(小疇尚，1982)　　［小疇尚：山を読む，岩波書店，1991年，p.25］

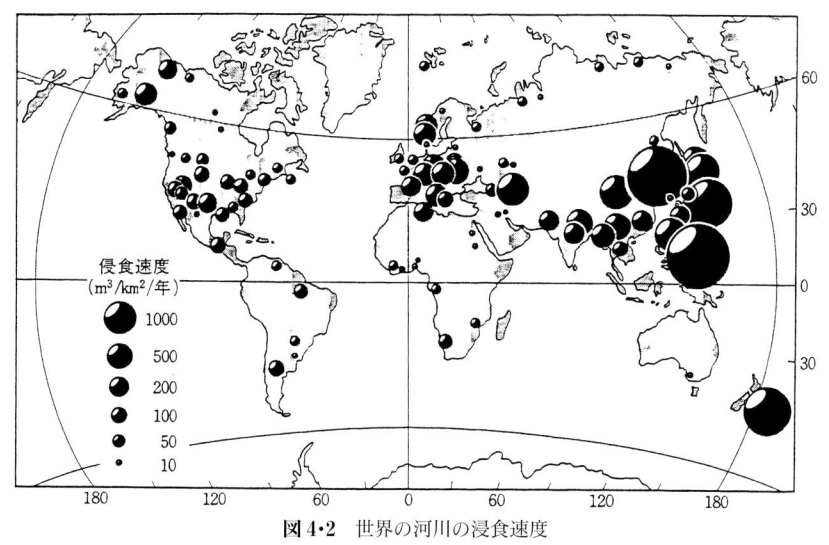

図4・2 世界の河川の浸食速度

川が1 km²の土地から1年間に何m³の土砂を削り取っているのかを表したもので，降水量の多い太平洋西部の島弧の山地で浸食の激しいことがわかる。(大森博雄，1986)
［阪口豊・高橋裕・大森博雄：日本の川，岩波書店，1986年，p.229］

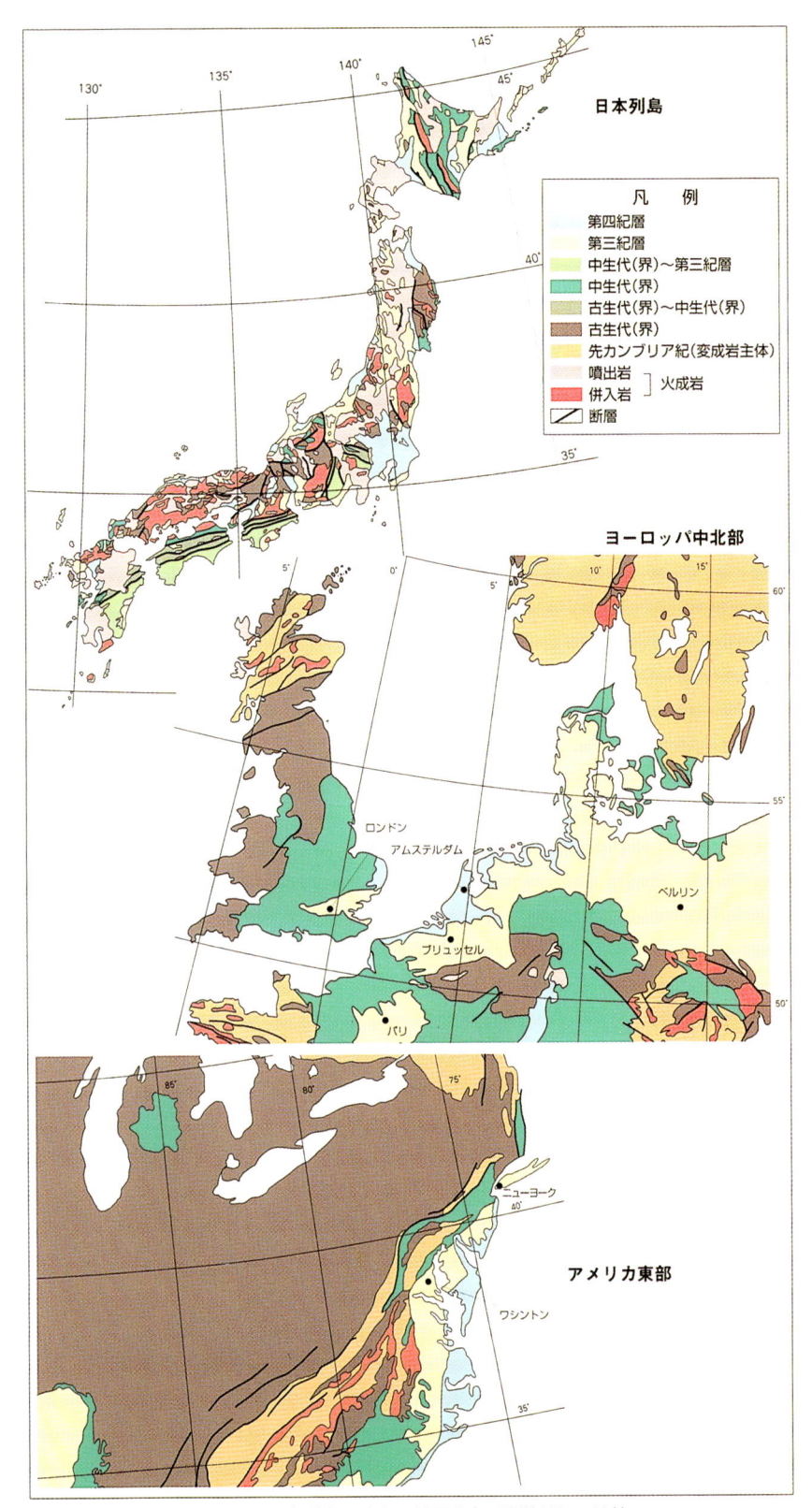

図 4・3 日本列島と欧米の地質分布（同縮尺）の比較
［Geological World Atlas を一部簡略化して作成］
［全国地質調査業協会連合会：豊かで安全な国土のマネジメントのために，1998 年，p.15］

118　第4章　日本列島と欧米の地質

図4・4　北米グランドキャニオンと東北地方の地質断面図（同縮尺）の比較

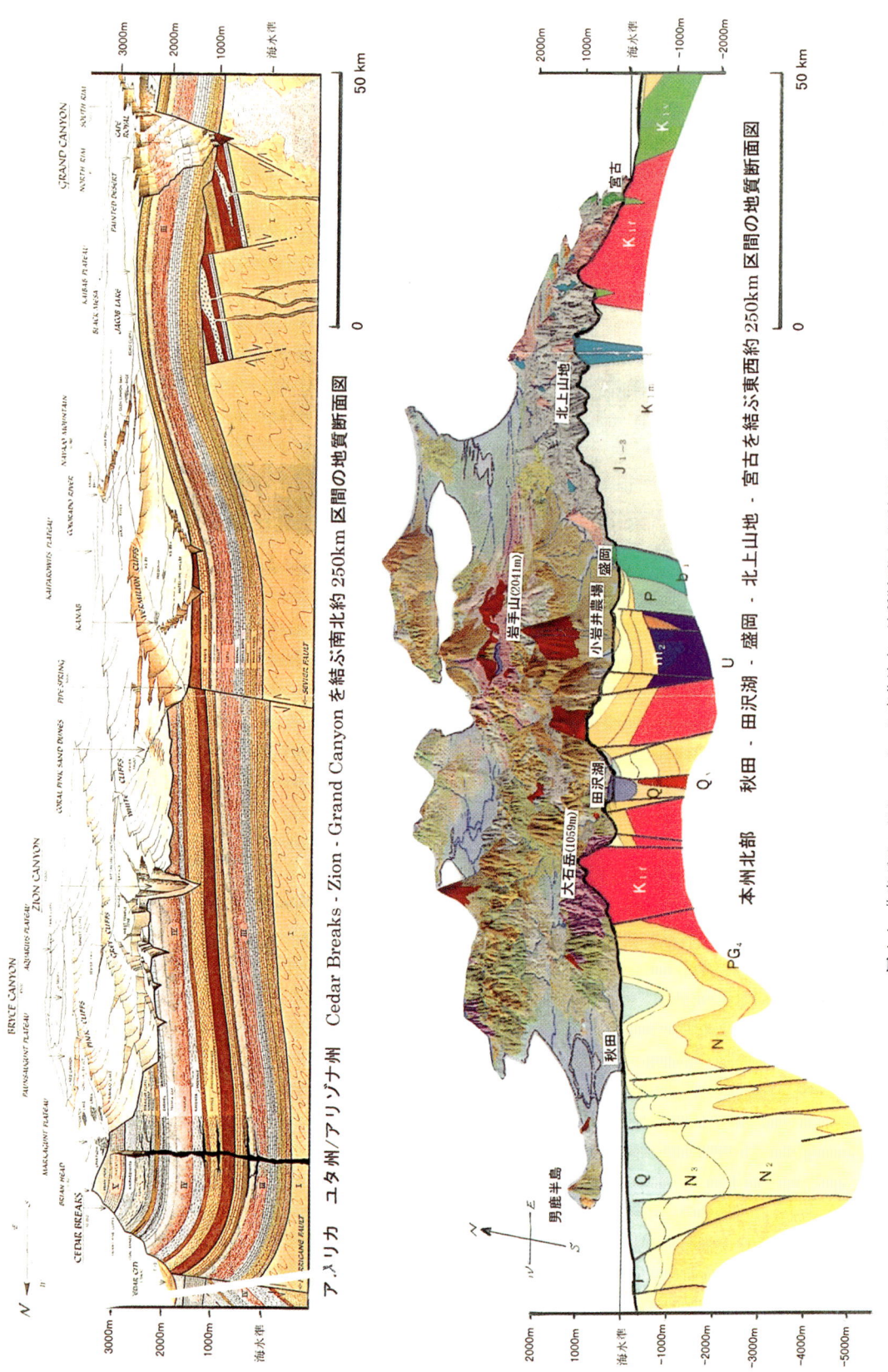

また，**図 4・4** に日本の東北地方とアメリカ西部のグランドキャニオン付近の地質断面図を示す。地層の厚さはいずれも 2000〜3000 m を表現しており，断面図の幅は約 240 km である。地質断面図の差は歴然としており，東北地方の地質は大変複雑な構造を示し，褶曲や断層によって地層は変形したり分断され，さらに火山活動が加わっている。これらの褶曲や断層は南北方向に延びており，太平洋プレートの西への沈み込みによる東西方向の圧縮力によって形成されたものである。太平洋側の北上山地には，白亜紀以前の比較的古い時代の堆積岩類や変成岩類が分布し，日本海側には白亜紀以前の地層の上に第三紀の新しい堆積岩類や火山岩類が分布する。これら新規の堆積岩類は，火山灰質の地層が多く，プレート運動の影響を受けて断層や褶曲で大きく変形しているため，強度的に弱い地層を形成し，多くの大規模地すべりが発生している。

一方，グランドキャニオン付近の地層は，古生代以降の古い地層から水平に近い形で連続的に分布しており，大陸の広い地域で地殻が長期間安定した状態にあったことがわかる。

このような地質条件の複雑さは，地形条件と相まって，わが国における各種構造物の建設を困難にしたり多大な維持管理を要する基本的な原因となっている。

（2） 岩盤状況の比較

欧米の主要な地域は，大陸の安定地殻であり，長期にわたり大きな構造運動を受けていないので，地質構造は比較的単調で，断層や岩盤の割れ目が少ない。このような岩盤状況を反映して，風化変質帯の発達は悪く，比較的良好な岩盤が地下浅所に分布する。また，これらの地域の多くは，地質時代の第四紀末の寒冷期には広く厚い氷河に覆われていた（**図 4・5**）。氷河は移動するときに，その底面に分布する地質を面的に削剝したため，氷河が融けた後は新鮮な岩盤が露出することになった。

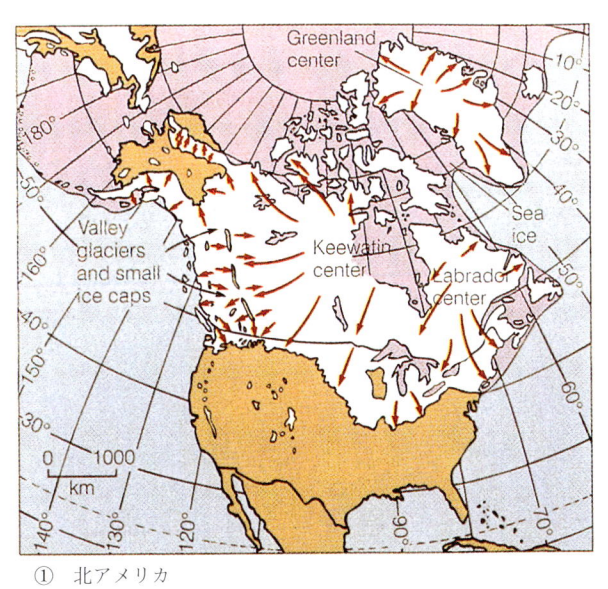

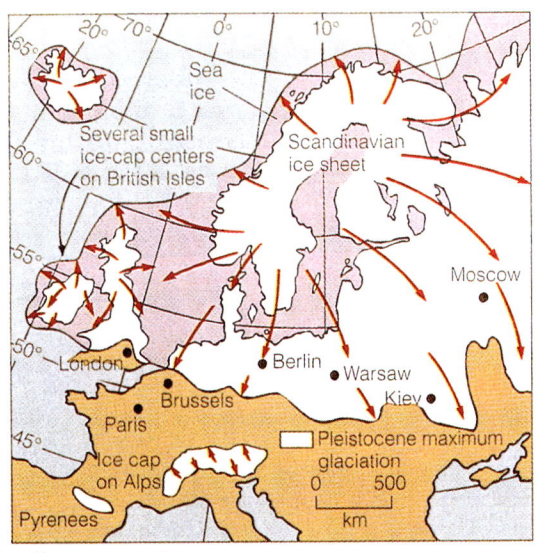

① 北アメリカ　　② ヨーロッパ

図 4・5　氷河期に欧米が氷河で覆われた地域

このため，地表付近から新鮮で割れ目の少ない良好な岩盤が分布しており，北欧の山地では，日光が反射して眩しく輝くほどに磨き上げられた岩盤が露出し，風化帯は全くといっていいほど存在しない（**写真 4・1**）。このような地域では，アメリカ西部カリフォルニア州ヨセミテ公園の花崗岩の大岩壁（**写真 4・2**）やカナダのモレーンレイク（**写真 4・3**）のように大規模な岩盤斜面が観光の対象となっている。風化帯がほとんど存在せず，割れ目や断層が少なく岩盤が新鮮で良好なことが，このような景観を形成する背景になっている。新鮮で良好な岩盤の分布は，山地部に限られたものではなく，ニューヨークをはじめとする北アメリカの諸都市や北欧の各都市の地盤も，同様な岩盤状況で構成

写真 4・1 氷河による浸食を受けて磨き上げられた北欧の山地
［全国地質調査業協会連合会：豊かで安全な国土のマネジメントのために，1998 年，p.18］

写真 4・2 北米ヨセミテ公園の新鮮な花崗岩の斜面

4.1 山地の地質   121

写真 4・3 カナダ，モレーンレイクの新鮮な堆積岩の斜面

写真 4・4 著しく褶曲した堆積岩（砂岩泥岩互層）

写真 4・5 割れ目が発達する火成岩（石英閃緑岩）
［全国地質調査業協会連合会：豊かで安全な国土のマネジメントのために，1998年，p.18］

写真 4・6 不安定化してクリープ変位した火山岩（安山岩溶岩）

写真 4・7 複雑な風化の進行で新鮮岩が残存する花崗岩
［全国地質調査業協会連合会：豊かで安全な国土のマネジメントのために，1998年，p.18］

されている。これらの都市地盤は，軟弱地盤から形成される日本の都市部の地盤とは決定的に異なっている。

一方，日本列島は，第2章で述べたように太平洋プレートやフィリピン海プレートがユーラシアプレートに向かって押し寄せ，潜り込むサブダクションゾーンのフロントに位置する。このため列島は，プレートによってもたらされた地層（付加体）を加えながら断層・褶曲を生じ，地底からの弱線を通して火山や温泉が噴き出している。このように地殻変動の影響を強く受けたため，地質構造が複雑に変形したり分断され，その結果として，岩盤の割れ目が密に発達していることが特徴である（**写真4・4，写真4・5**）。また，地形が急峻なため，岩盤斜面が不安定化して，すべりやクリープが発生している（**写真4・6**）。これらが素因となって，風化作用は地下深部まで達しやすくなっている。割れ目の分布は一様ではないため，風化作用は地下深部に複雑に進行し，極めて不均質な岩盤状況が形成された。国内各地に分布する花崗岩のような岩盤では，風化作用をまぬがれた新鮮な岩塊が風化土砂状部（まさ土）に不規則な分布で残存し，まさ土部分とは著しい強度差を呈している（**写真4・7**）。

欧米の北部を厚い氷河が覆った寒冷期には，日本にも氷河が存在した。しかし，日本アルプスや日高山脈のような高山の山頂部に限られたもので，大部分の地域で岩盤は氷河による面的浸食を受けず，長期にわたる風化作用を受け続けた。このような風化作用による岩盤の不均質性は，豪雨時に土砂災害を多発させたり，切土のり面の不安定化を招くことが多い。ダムや長大橋のような重量構造物の基礎岩盤としては不適であり，良好岩盤が露出するまで風化部を掘削除去して基礎を設置しなければならない。

（3） 活断層の分布

1995年1月17日の未明，明石海峡を震源とする兵庫県南部地震が起こり，6300人を超える犠牲者を出す大災害が発生した。この地震に伴って，淡路島北西部の野島断層が延長約10.5 kmにわたって，右横ずれ最大2 m，落差約1 mの明瞭な断層変位を示した。これを契機にして「活断層」という用語が広く一般に知られるようになり，注目されることとなった。

大きな被害を引き起こした内陸の直下型地震では，活断層に明瞭な変位を伴っており，国内においては以下の代表例がある。

・1891(明治24)年　濃尾地震：M 8.0，根尾谷断層
・1896(明治29)年　陸羽地震：M 7.2，千屋断層
・1927(昭和2)年　北丹後地震：M 7.3，郷村断層
・1930(昭和5)年　北伊豆地震：M 7.3，丹那断層
・1943(昭和18)年　鳥取地震：M 7.2，鹿野・吉岡断層
・1974(昭和49)年　伊豆半島沖地震：M 6.9，石廊崎断層

このような直下型地震と密接な関係にある主な活断層の分布は，**図4・6**に示すとおりで，国内各地に分布しており，特に近畿地方中北部と中部地方では密集している。

一方，欧米の活断層は，アメリカ西部カリフォルニア州のサンアンドレアス断層や，トルコ北部のアナトリア断層をはじめ，アイスランド，スペイン南東部，ドイツのライン地溝帯などに存在が知られるが，その分布は局所的で日本

4.1 山地の地質　123

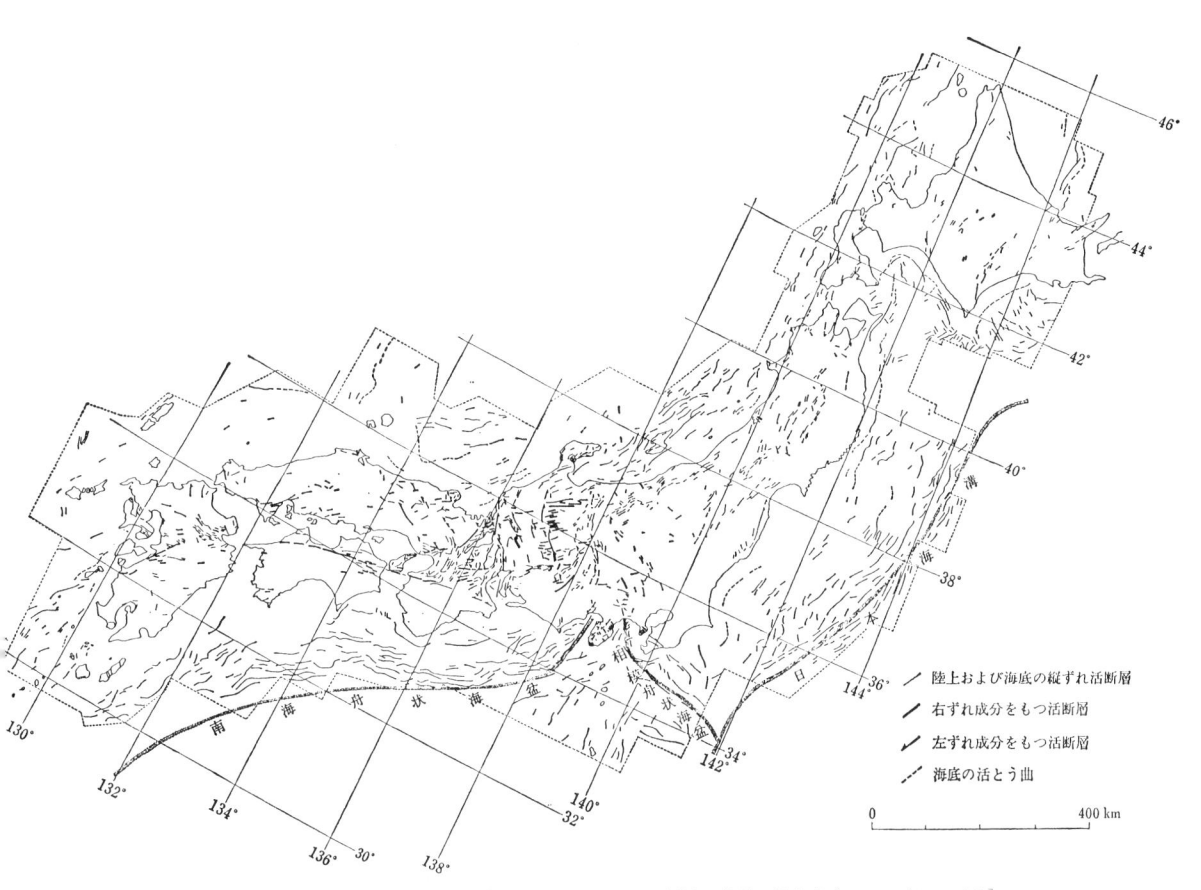

図 4・6　日本の主な活断層分布図　［加藤碵一：地震と活断層の科学，朝倉書店，1989年，p.111］

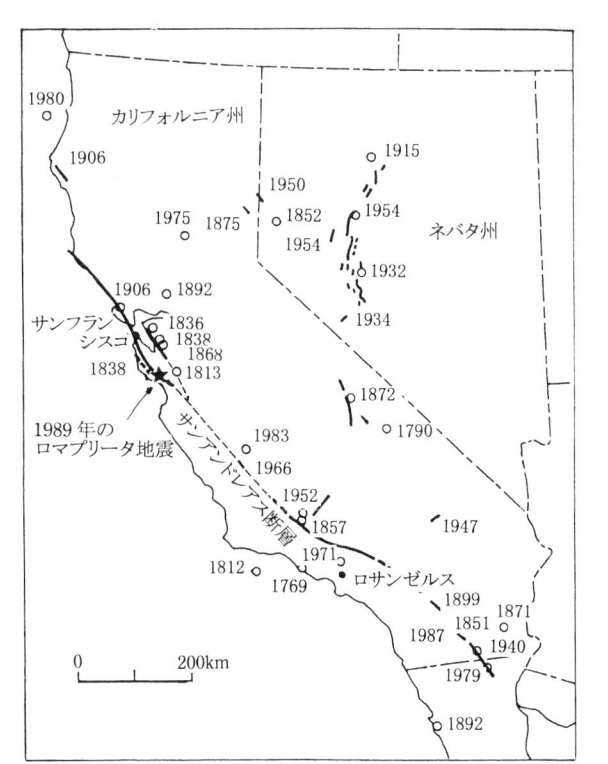

凡例：
／　陸上および海底の縦ずれ活断層
／　右ずれ成分をもつ活断層
／　左ずれ成分をもつ活断層
／　海底の活とう曲

図 4・7　アメリカ西部の活断層と過去の主要な地震
［島崎邦彦・松田時彦編：地震と断層，東京大学出版会，1994年，p.98］

のように多くはない．またその大半は，活動が不活発であり地震の規模は小さい．**図 4・7** は，活動性の高いサンアンドレアス断層と周辺の活断層の分布を**図 4・6** と同縮尺で示したものである．欧米において活断層の活動度が最も高い地域でもこの程度の分布状況であり，日本の活断層分布に比較して著しく少ないものといえる．

サンアンドレアス断層は，周辺にアメリカ西海岸の大都市が位置するため，わが国と同様に，以下に示すような地震被害を引き起こしているが，このような環境下にあることは欧米では特殊な地域といえる．

- 1906 年　サンフランシスコ地震：$M8.0$，死者 600 人
- 1933 年　ロングビーチ地震：$M6.3$，死者 140 人
- 1971 年　サンフェルナンド地震：$M6.4$，死者 58 人
- 1989 年　ロマプリータ地震：$M7.1$，死者 63 人，100 km 離れたサンフランシスコが被害大（埋め立て地に被害が集中）．
- 1994 年　ノースリッジ地震：$M6.4$，死者 57 人，高速道路の高架橋および橋梁の落橋，建築物の倒壊．

わが国において活断層は全国的に分布しており，活断層沿いが地形的に直線状の山麓線や低地帯を形成しやすいため，道路や鉄道のルートとなっている場合が多い．したがって，これらのルートは活断層と長い区間で近接することになる．また多くの活断層を横断しなければならない宿命にある．

写真 4・8 は，六甲山麓の神戸市街地の一部を撮影した空中写真である．山麓

写真 4・8　活断層上に都市化が進む新神戸駅付近の空中写真

部と建築物が密集する市街地の境には活断層（諏訪山断層）が存在するが，断層上に建物や新幹線の新神戸駅が位置する。このような状況は，わが国の社会的特徴であり，全国的に直下型地震の被害を受けやすい環境にあるといえる。

（4） 火山活動

わが国は，世界で活動している火山の約1割にあたる86火山が集中する火山国であり，その風光明媚な景観や温泉の湧出は貴重な観光資源ともなっている。近畿・中国・四国地方を除き，多くの都市から火山を望むことができ，昔から火山の周辺で多くの人間活動が営まれていた。これらの火山活動が活発化することにより，噴火に伴う火砕流，岩屑流，山体崩壊等が生じて，過去に多くの災害が発生している。特に1783年の浅間山の噴火に伴う鎌原火砕流や，1888年の磐梯山の水蒸気爆発に伴う山体崩壊によって集落全体が埋没するような災害では，ともに500人近い犠牲者を出している。近年，火山体周辺の開発によって都市化や観光地化が進み，居住人口や観光客の増加，各種施設や道路等の資産の増加が顕著に見られるため，火山災害が発生した場合には，これまでよりも格段に大きな影響を与えるおそれがある。

欧米における火山活動は，イタリア南部のシチリア島周辺とナポリ付近，ギリシャのエーゲ海南部の島嶼部，北アメリカ西岸のカスケード山地などで活動的である。これらの地域は，わが国と同様にプレートの沈み込み帯にあたっており，シチリア島のエトナ山，ナポリのベスビオ山では，過去の火山活動で大被害を発生している。1980年には北アメリカのセントヘレンズ山の火山活動

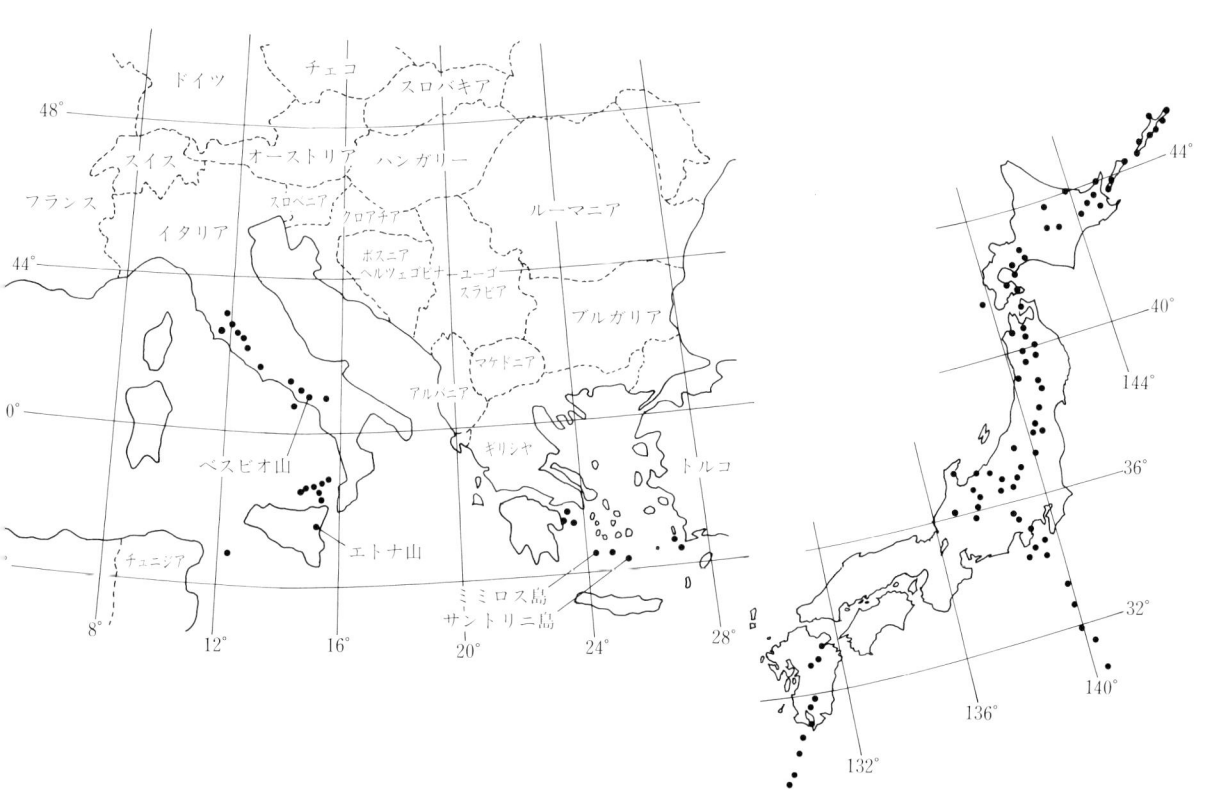

図4・8 日本列島とヨーロッパの活動的な火山の分布（同縮尺）

で，磐梯山と同様な大規模山体崩壊が発生している．わが国以上に大きな被害を受けたり，大規模な活動が認められる．ただし，これらの活動的な火山活動は，図4·8に示すように限られた地域であり，欧米の大半の地域は火山活動とは縁のないものといえよう．火山活動についても活断層と同様に，欧米と日本ではその環境に大きな違いがあるものといえる．

4.2 平野の地質

第四紀における活発な地殻変動と海水準変動は，日本の平野を世界でも特異なものとして形成させている．この地形・地質的な特異性こそが，平野部で繰り返し発生する災害，すなわち地震による災害，洪水による災害，地下水による災害などの大きな素因となっている．平野部でも軟弱な沖積層が分布するような地域では，これらの災害による脅威とは別に，工事に伴う様々な地盤工学的問題（支持力，沈下・変形，掘削，地下水処理など）も抱えている．これまでに述べたように，大きな地殻変動を受けなかった欧米の主要な地域は，日本の平野部とは異なり，古い時代の堅固な地層が主体をなしているので，安全・環境・経済性なども含めた地盤工学上の問題点に対するハンディキャップは，どうしても日本の方が大きく負わざるを得ない．ここでは，このハンディキャップの違いを十分に理解し，認識することを目的として，日本と欧米の主要地域における平野部の地質を比較してみることにする．

（1） 地形の比較

図4·9は，日本，イギリス，ドイツ，フランスにおける，標高500 m以上の高地，丘陵・段丘地，沖積平野を区分して比較したものである．諸外国の主要都市が丘陵・段丘部に位置しているのに対し，日本の主要都市は，すべて沖積平野に位置しているのが特徴的である．

沖積平野において，洪水時の水位よりも低い区域を氾濫区域と呼んでいるが，現在，日本の国土の10％にあたる氾濫区域に，総人口の50％，総資産の75％が集中していることは注目すべき事実である．

日本の平野部の形状や分布の基本形は，第2章で詳細に述べたように，主に第四紀における地殻運動と，全地球規模で生じた大陸氷河の拡大（氷期）と縮小（間氷期）に伴う氷河性海水準変動によって規制された．隆起する日本列島にあって，沈降を続ける石狩低地・新潟地域・関東平野・濃尾平野・大阪平野などの平野部では，局部的に1000年の間で100 cm以上の沈降が認められる地域もある．これに対して海水準変動は，縄文海進などの間氷期における海水の内陸部への進入が，堆積年代の新しい軟弱な沖積層の異常な発達をもたらした．このような環境のもとで形成された現世の沖積平野主要部は，地形的に蛇行原および三角州に属し，おおむね低平な地形面を形成しており，河川水位と地形面との比高差が少ないので，河川の洪水から生活を守るために，古くから河川沿いに堤防・護岸を築造しなければならない宿命にあった．

写真4·9は，大井川河口の氾濫原の航空写真であるが，蛇行して流れる川の両側に延々と続く堤防，そしてこの堤防に守られた左右両岸の堤内地側氾濫原が，耕作地，集落，あるいは工場などにより，地方都市にもかかわらず比較的高度に利用されている様子が示されている．堤防・護岸を有した氾濫原の河川は，それ自体の堆積作用によって河床が浅くなるため，あるいは地下水の汲み

日本
国土の面積：377,837 km²
高地の面積：104,997 km²
高地の割合：　28 %

■ は標高 500 m 以上の高地
▨ は沖積平野

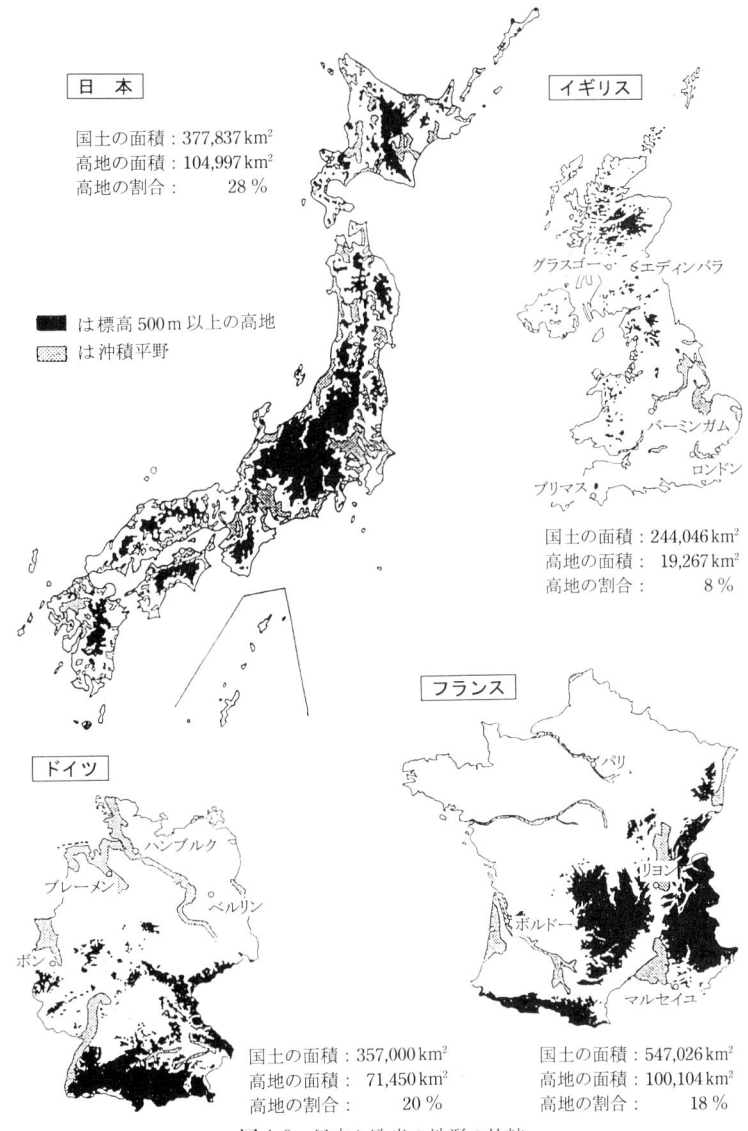

イギリス
グラスゴー・Sエディンバラ
バーミンガム
プリマス・ロンドン
国土の面積：244,046 km²
高地の面積： 19,267 km²
高地の割合：　8 %

ドイツ
ハンブルク
ブレーメン
ベルリン
ボン
国土の面積：357,000 km²
高地の面積： 71,450 km²
高地の割合：　20 %

フランス
パリ
リヨン
ボルドー
マルセイユ
国土の面積：547,026 km²
高地の面積：100,104 km²
高地の割合：　18 %

図 4・9　日本と欧米の地形の比較
［大石久和・川島一彦：脆弱国土を誰が守る，中央公論，1998 年，pp.155～158］

上げによって生じる地盤沈下などによって，主要都市部においては堤内地側の地盤高よりも，河川水位の方が高くなっているところが多い（**写真 4・10**）。

　これに対し，欧米の主要な地域の地質環境は大陸の安定地殻で，これが長期間にわたって大きな構造運動を受けていないことから，比較的単調な地質構造に加えて断層や岩盤の割れ目などが少ない。主要都市が位置する地域は，日本のような低平な地形ではなく，長期にわたって浸食形成された緩やかな丘陵性地形となっているところが多い。そして，河川はおおむね主要な都市部の最も低いところを流れているが，低平な氾濫原や三角州上に位置する日本の主要都市とは異なり，いわゆる堤防はほとんど見られない（**写真 4・11，図 4・10**）。

　図 4・11 は，東京，大阪，ロンドン，パリの地形断面と，河川断面の位置関係を比較して示したものである。これらの図からも，東京や大阪がロンドンや

写真 4・9 大井川河口部の氾濫源に展開する集落
[市原実＋水収支研究グループ＋応用地質研究会編著：カラーシリーズ・日本の自然，第 6 巻 日本の平野，平凡社，1987 年，p.109]

写真 4・10 東京下町の隅田川の護岸
市街地の地盤は堤防の高さよりも低い

写真 4・11 パリ市内のセーヌ川の高水護岸
市街地の地盤は護岸より高い

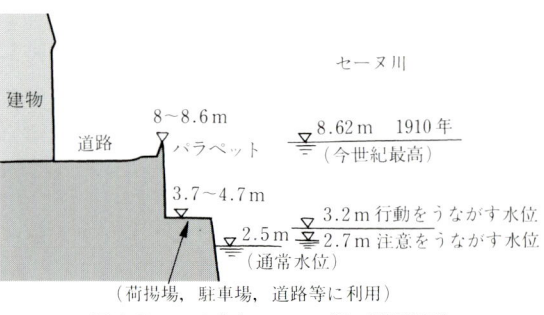

図 4・10 パリ市内のセーヌ川の護岸断面
[土木学会編：新体系土木工学 74 堤防の設計と施工，技報堂出版，1991 年，p.95]

[地盤の大半が洪水時水位より日本の大都市]

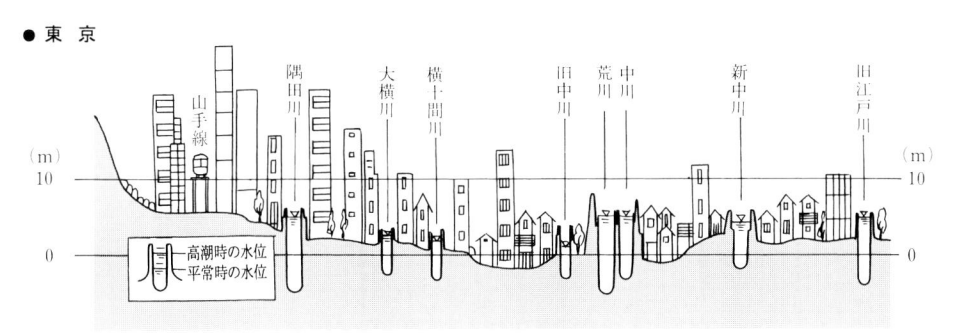

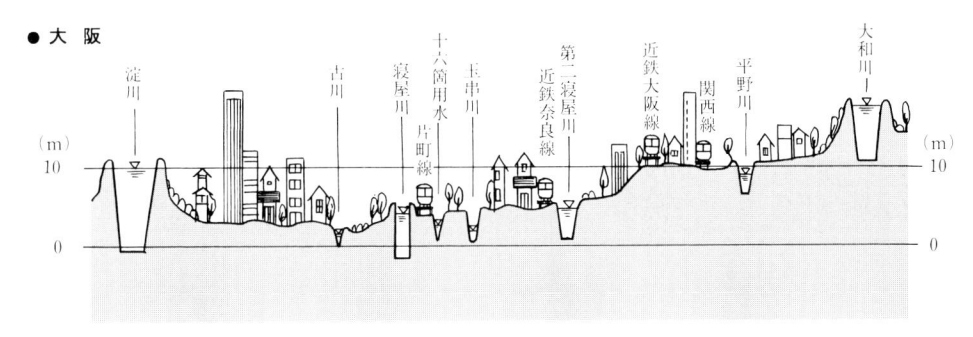

● 東 京

● 大 阪

[ヨーロッパの大都市では河川は低い所を流下]

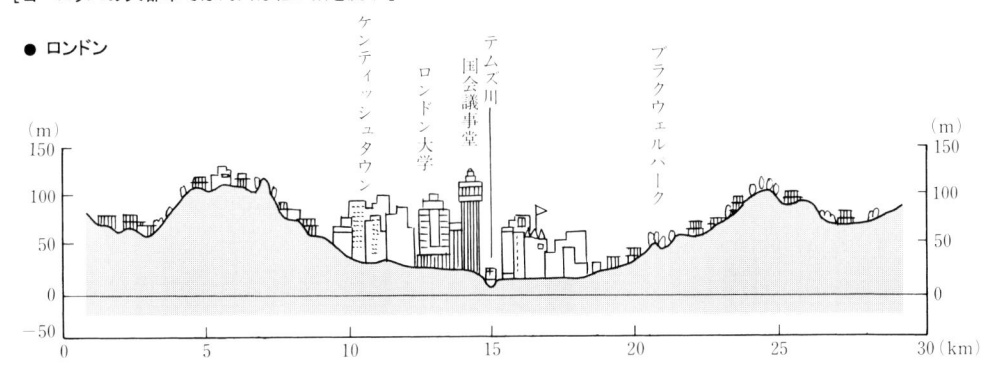

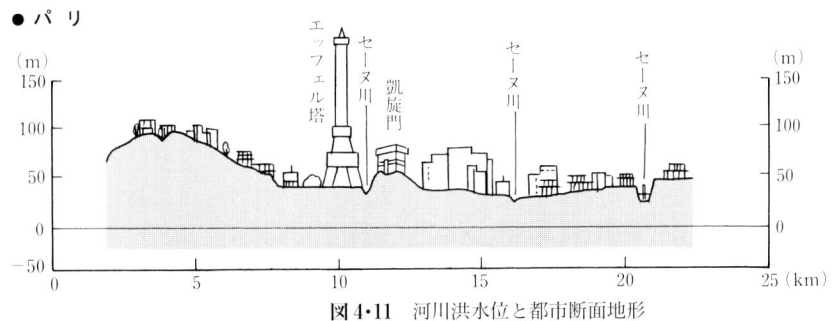

● ロンドン

● パ リ

図 4・11 河川洪水位と都市断面地形

[大石久和・川島一彦：脆弱国土を誰が守る，中央公論，1998 年，pp.155〜158]

パリに比べて低平な地形環境下にあることが，さらには東京の0m地帯の存在や，東京や大阪が，いわゆる「天井川化した河川」の洪水に常に脅かされていることなどが明瞭に読み取れよう。

（2） 地質の比較

図4・12は，濃尾平野を東西に切る地下断面図であり，これまでに説明した地殻変動と海水準変動の様子が見事に表現されている。濃尾平野では，養老山脈側の前面で沈降が，東端の猿投山塊側で隆起する傾動運動が続いており，第四紀以降に3000m以上の沈降量が確認されている。この沈降盆は，海水準変動で規定される海進・海退に支配されながら細粒な土や粗粒な土砂で埋積されていった。地盤工学的な問題の多い沖積層は南陽層であり，地震の際に液状化を生じる可能性のある上部の砂層や，支持力・沈下などで問題となる軟らかい粘性土層を有する。この図では南陽層の下位の東海層群までの地層が洪積層で，その層厚は傾動運動の影響を受けて平野内で大きく異なる。

以上のような堆積環境は，日本の主な平野部で共通しており，東京湾や大阪湾における第四紀以降の沈降堆積量は1000mを超えるといわれている。このような堆積環境のもとで形成される第四紀層は，堆積盆の中の位置や海進・海退の状況などによって，かなり異なった特性の地層を形成するが，一般的には下位の層ほど固く締まっている。沖積層は第四紀層のなかでも最も堆積年代が新しく，現世の平野の地表部を形成する軟弱な地層であり，人間の生活圏に最も近いところに分布していることもあって，工学的に多くの問題をはらんでいる。

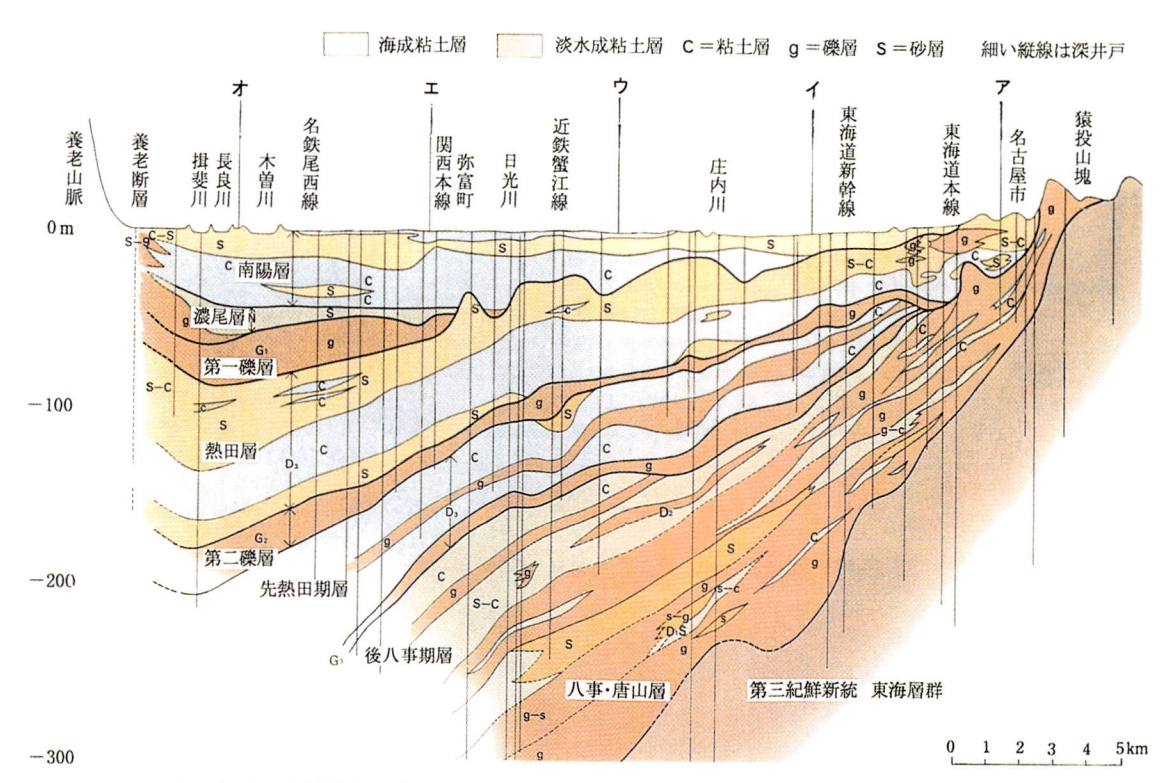

図4・12 濃尾平野東西地質断面図　［桑原徹：濃尾傾動運動と濃尾平野，アーバンクボタ No.11, 1975年, pp.18～25］

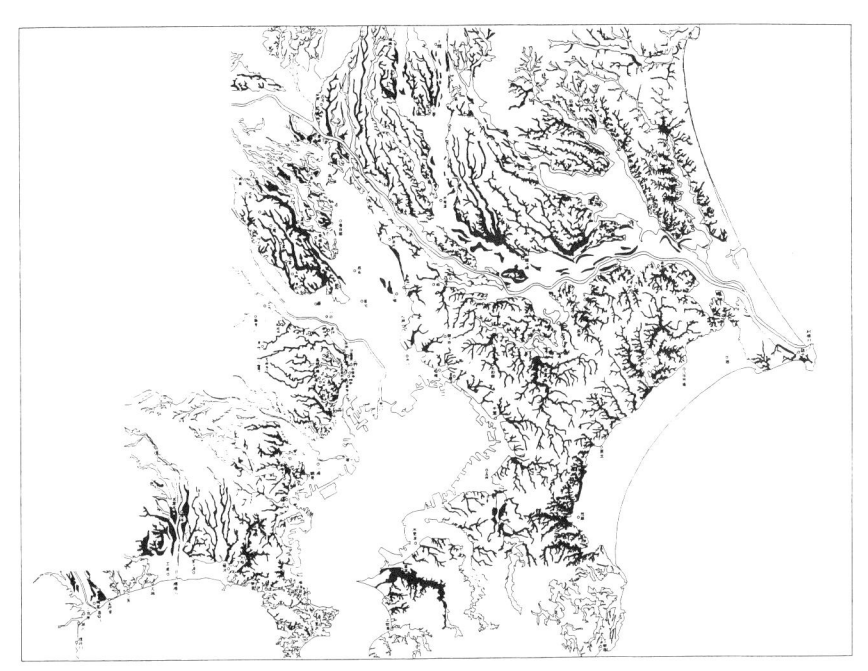

図4・13 関東平野の腐蝕土層分布図

[小黒譲司・菅原紀明・佐藤勝英：関東平野における腐蝕土層の分布と土質工学的特性，応用地質調査事務所年報，1979年，pp.107]

図4・13は，極めて軟弱な地層を代表する腐植土層の関東平野における分布図であるが，平野の広い範囲にわたり台地に刻まれた支谷沿いに，その分布を見ることができる。高度に開発された関東平野においては，時として内陸部の埼玉県内などで，宅地造成盛土や道路盛土に伴う沈下問題が訴訟にまで発展することもある。千葉県松戸市に分布する腐植土層の含水比が300～1000％であることから，腐植土層がいかに軟弱であるかが理解できよう。

洪積層は，沖積層に比べて固く締まった状態にあるので，地盤工学的な問題はほとんどないが，皆無とはいえない。計画構造物の規模と地質状況との兼ね合いによっては，慎重に建設計画に取り組まなければならない。**図4・14**の地質断面図は，関西国際空港が位置する大阪湾の標高−200m付近までを示したもので，湾の中央部に向かって傾斜する単斜構造となっていることがわかる。水深は平均18mであり，表層の軟弱な沖積粘土層（Ac層）の平均的な厚さも18m程度である。これより下は薄い砂礫層と粘土層が互層になった洪積層（Ma：海成粘土，Dtc・Doc：非海成粘土）が数百mの厚さで堆積している。調査・試験の結果から得られた圧密降伏応力の深度分布は**図4・15**のとおりであり，沖積層はほぼ正規圧密，洪積層はセメンテーションの発達による疑似過圧密粘土となっている。このような地層構成と工学的な特性を有する場所に，埋立層厚33mで空港島を築造した場合の圧密沈下‐時間曲線は**図4・16**のようになり，沈下はその速度を減じながら開港後30年以上継続するものと見込まれており，沖積層と洪積層を合わせた全沈下量は約13mと予測されている。

開港後の洪積層の残留沈下量が大きいことから，空港施設のターミナルビル，管制塔，エプロン，連絡橋などには，不同沈下対策として，ジャッキアッ

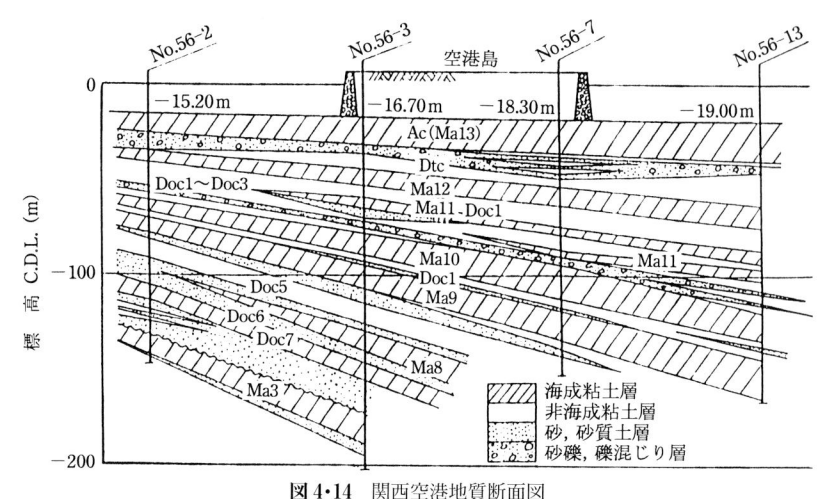

図 4・14　関西空港地質断面図
［関西国際空港株式会社：関西国際空港の埋立造成技術，1993 年，pp.7〜27］

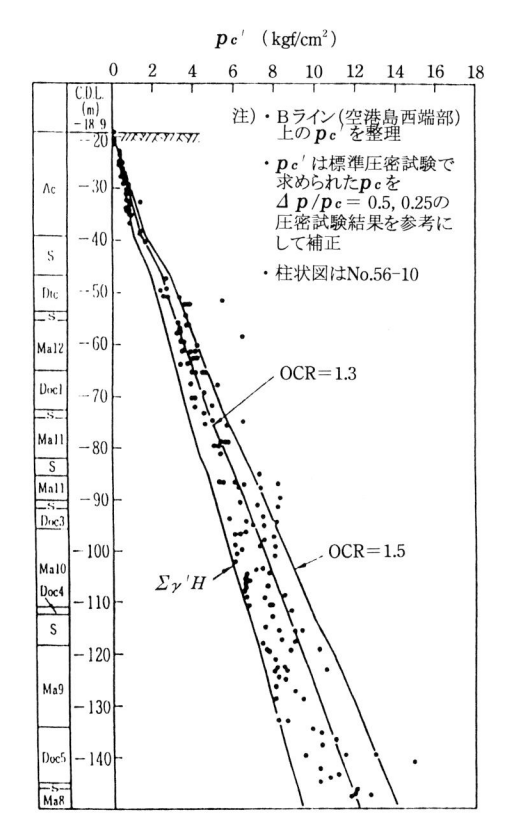

図 4・15　圧密降伏応力の深度方向分布図
［関西国際空港株式会社：関西国際空港の埋立造成技術，1993 年，pp.7〜27］

プ用のジャッキ，配管類の伸縮継手，連絡橋取付部の大型伸縮装置などがあらかじめ組み込まれている。このような厳しい環境下でも，欧米諸国より遅れている社会資本の充実のため，建設計画を推進しなければならないのが日本の実状である。

　図 4・17 および **図 4・18** は，ロンドン地域とニューヨーク地域の地質断面図である。いずれも第四紀より古い時代の安定した地層が主体をなしており，第四紀層の分布は，ごく限られた範囲であり，広くとも数 m 程度の薄い分布層厚

4.2 平野の地質

図4・16 調査工区 K 地点における実測沈下と計算沈下の比較
[関西国際空港株式会社：関西国際空港の埋立造成技術，1993年，pp.7〜27]

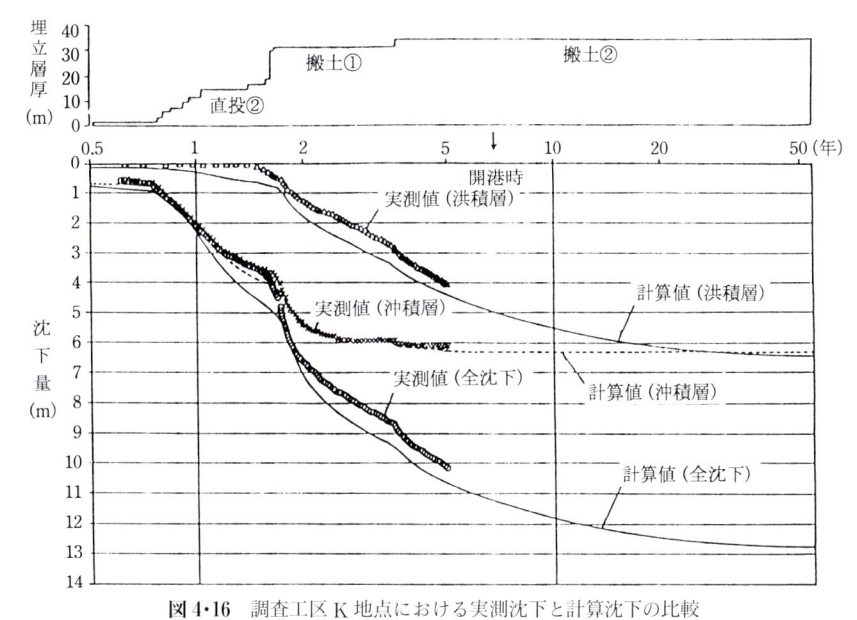

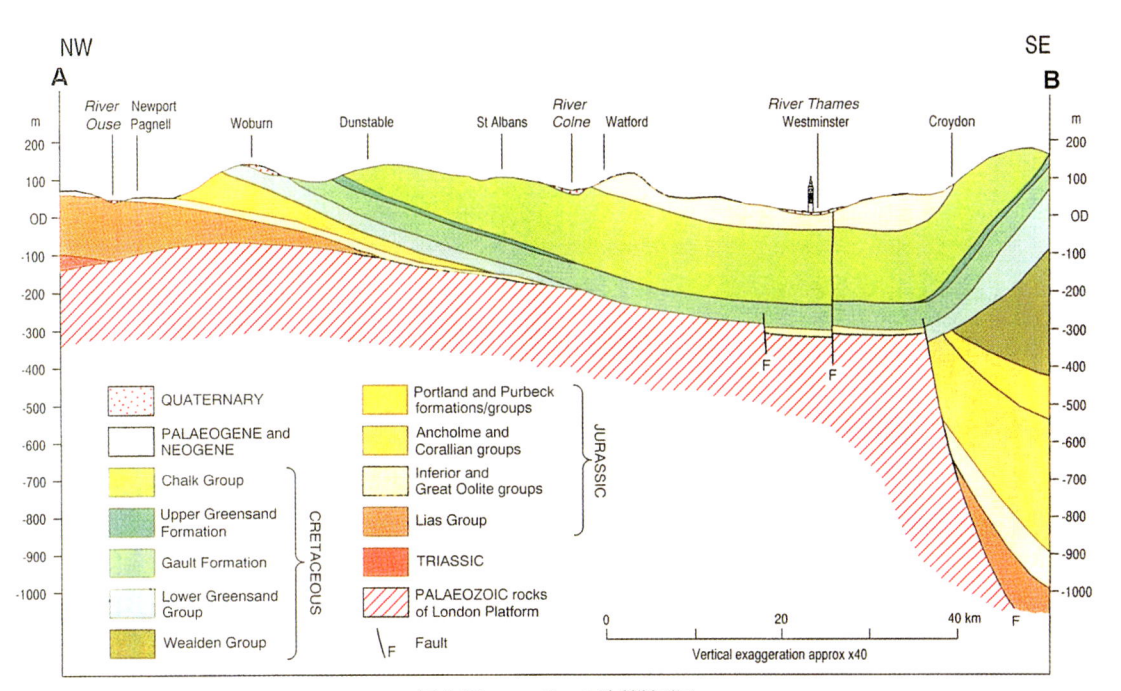

図4・17 ロンドンの地質断面図
[BRITISH GEOLOGICAL SURVEY：London and the Thames Valley (Forth Edition)，年，p.5]

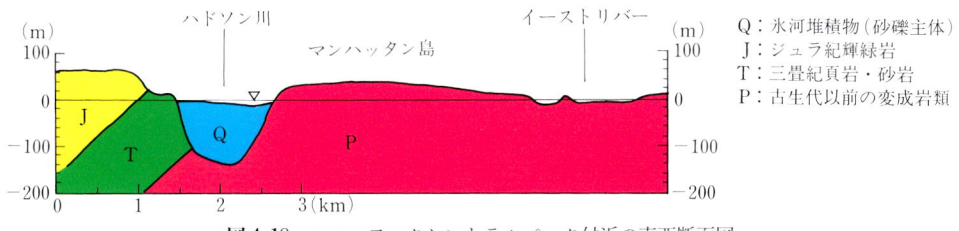

Q：氷河堆積物（砂礫主体）
J：ジュラ紀輝緑岩
T：三畳紀頁岩・砂岩
P：古生代以前の変成岩類

図4・18 ニューヨークセントラルパーク付近の東西断面図

写真 4・12 ローヌ河畔に立地する原子力発電所
[全国地質調査業協会連合会：豊かで安全な国土のマネジメントのために，1998年，p.18]

である。これらは河川堆積物の砂や砂礫，あるいは氷河によってもたらされた砂礫が主体の層で，ロンドン地域には前者が薄く，ニューヨーク地域では後者がハドソン川の中という限られた範囲に分布しているだけである。ロンドン市内で土木構造物の対象となる地層は，ロンドンクレイと呼ばれる粘土であるが，この地層は古第三紀に堆積した地層である。道路沿いの住宅地の地盤もチョークであったり，ロンドンクレイであったりする。日本では山地や起伏の激しい丘陵地を造成して住宅地を造ることが多いが，ロンドン郊外やパリ郊外では自然の地形が緩やかなため，大規模な造成をすることなく住宅地に利用できる。都市そのものについても同じことで，ロンドンがテームズ川に面しているからといって，テームズ川によって形成された沖積地に街が発達してきたのではない。街のほぼ中心部にセーヌ川が流れるパリについても同じことである。

写真 4・12 は，ローヌ川河畔に建設された原子力発電所であるが，川沿いに新しい地盤が堆積している日本では見ることのできない光景である。また，**写真 4・13** は，スウェーデンの都市部における道路のカット面，**写真 4・14** は，フィンランド都市部における建築基礎の良好な地盤の露出状況であるが，岩盤の状態が良いので無処理であり，このような岩盤上に直接基礎型式で建物が建設されている。なお，ニューヨークに林立する超高層ビル群の基礎の多くは，すべて古生代以前の堅固な岩盤に直接基礎型式で置かれている。

写真 4・13 スウェーデンの都市部の良好な地盤

写真 4・14 フィンランドの都市部の良好な地盤

（3） 平面図による比較

図 4・19 は，東京とパリの地形を比較したものである。パリ地域はセーヌ川の蛇行によって浸食された小起伏の地形を形成しており，セーヌ川沿いの標高 30～40 m が最も低く，高いところでも 160 m 程度で，その比高差は 120～130 m となっている。古第三紀層の基盤が広く露出する地域で，セーヌ川沿いにわずかに第四紀の堆積物が薄く分布するものの軟弱地盤は存在しない。一方，東京地域は山の手から武蔵野に広がる洪積台地と低平な下町の沖積低地という異なる地形が存在しており，両者の境界は急な崖線を形成している。地質は全体が新しい時代（第四紀以降）の未固結堆積物で，台地のローム層，低地の軟

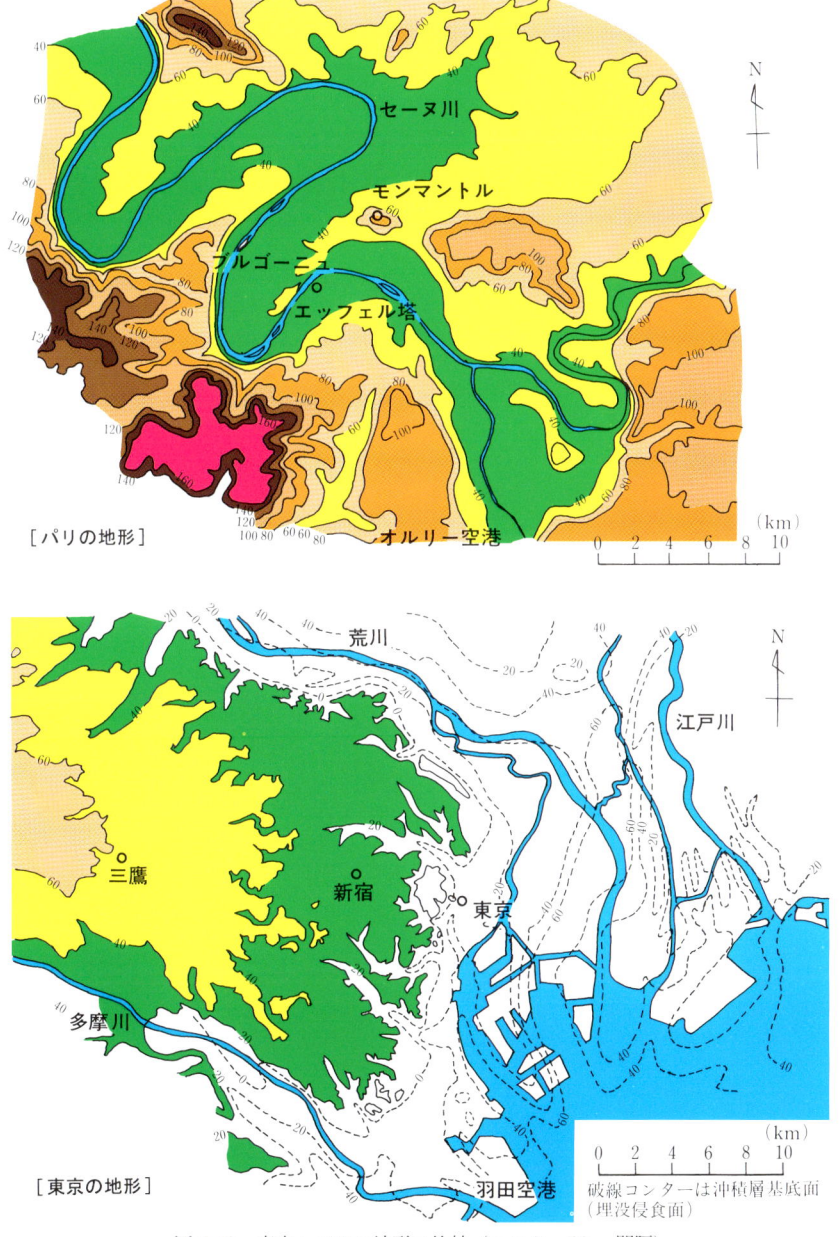

図 4・19　東京とパリの地形の比較（コンター 20 m 間隔）

弱地盤の分布が特徴的である。東京下町の沖積低地の地下には－60 m を超える埋没浸食面の存在が読み取れる。古い時代の安定した岩盤層からなるパリ地域は，第四紀における地殻変動や海水準変動に伴う開析あるいは埋積など，軟らかい地層が形成される原因となる現象を受けにくかったため，軟弱地盤上に位置する東京地域とは異なる地形となっている。

（4）　断面図による比較

図 4・20 に東京臨海部の地質断面図を示す。前掲のロンドンやニューヨークの地質断面図（図 4・17, 図 4・18）とは比較にならないほど新しく，軟らかい地層で構成されている。これまでに述べてきた海水準変動に伴う開析や埋積の状況が明確に表現されており，ロンドンやニューヨークの断面では見ることのできない第四紀末の激しい地質学的な活動の結果を読み取ることができる。この断面図には，大きく分けて上部の軟弱な沖積層と下部の洪積層が示されているが，不整合面である沖積層の底面はかなりの起伏を有している。この面こそが海水準変動の海退に伴って削り取られた洪積層の最終段階における地形面の痕跡である。沖積層の堆積初期においては七号地層という比較的締まった砂質土層と，軟らかい粘性土層の互層が形成された。この七号地層は 16000 年前頃より始まった海進が，平野部の埋没谷内に達するまでの過程で形成された地層である。七号地層の上部は有楽町層と呼ばれる一段と軟弱な地層が現在の地表面までを埋積形成した。有楽町層は上部と下部の 2 層に分けられ，砂が主体の上部有楽町層，海成粘土が主体をなす厚い下部有楽町層とで構成されている。有楽町層は 10500 年前頃から始まった縄文海進に伴って形成された地層であるが，それに先立ち 11000 年前頃の海面は一度－45〜－50 m まで低下した。この時期に堆積したのが七号地層の中の粗粒土層である。

5300 年前に現在よりも数 m 上昇した海面は，その後数 m 程度の低下傾向（海退）に転じたが，この時期に堆積したのが砂を主体とする上部有楽町層である。海面は 1800 年前に再び小規模な上昇を示し，ほぼ現在の海面高度に達した。沖積層の下位に分布する洪積層は，沖積層に比べ一段と古い堆積層なので，力学的な問題は沖積層に比べて少なくなるが，先述のとおりその上面は複雑な起伏を有しているので，別の面での問題があることに注意しなければならない。比較的締まった砂質土層と軟らかい粘性土の互層である七号地層も，杭の打ち止め判断を誤らせる原因ともなるので注意しなければならない地層である。

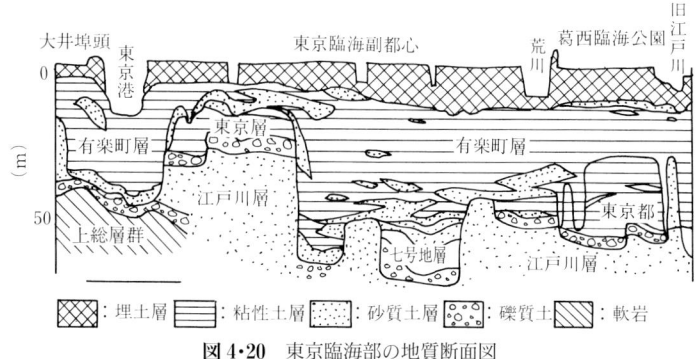

図 4・20　東京臨海部の地質断面図

4.3 構造物の比較事例

（1） 青函トンネルと英仏海峡トンネル

　青函トンネルは，本州～北海道間を結ぶ延長 53.85 km の海底鉄道トンネルで，1920 年代の弾丸列車構想以来，1954 年の洞爺丸事故を契機として 1964 年に着工し 1988 年に開通した。一方，英仏海峡トンネルは，英国～フランス間を結ぶ延長 50.5 km の海底鉄道トンネルで，ほぼ同じ規模でありながら，工期は青函トンネルの半分以下の 11 年で 1995 年に完成した。最大水深が津軽海峡で 140 m，英仏海峡で 60 m と地形的には後者が有利であるが，工期の差を決定づけたのは主として地質条件と考えられる。両トンネルの比較概要を**表 4・1** に示し，地質断面図を**図 4・21** に示す。

表 4・1　青函トンネルと英仏海峡トンネルの比較

	青函トンネル	英仏海峡トンネル
長さ（海底部分）	53.85(23.3) km	50.5(37.9) km
最大水深	140 m	60 m
最大土被り	100 m	40 m
地　質	第三紀火山岩，堆積岩	中生代チョーク
施工性に関する地質条件	割れ目，断層などが多い　湧水多量	おおむね均一，割れ目少ない　湧水少量
掘削方法	主として在来工法（一部 TBM）	TBM シールド
トンネル構造	本トンネル（複線 1 本）＋海底部のみ先進導坑作業坑	本トンネル（単線 2 本）＋全長サービストンネル
工事期間	24 年（1964～1988 年）	11 年（1984～1995 年）

［持田豊：青函トンネルから英仏海峡トンネルへ，中公新書，1994 年］

　青函トンネルの地質は，新生代第三紀の比較的新しい時代に形成された火山岩類や堆積岩（瀬棚岩，黒松内層，八雲層，訓縫層等）である。これらの地層は，プレート運動の影響を強く受けて多くの断層により切られ，破砕されて割れ目が多く硬軟の変化に富むうえに，著しい膨張性を示す地層が存在するなど，複雑で劣悪な地質状況といえる。したがって施工に際しては，多くの異常出水や膨張圧などにより難工事となった。異常出水は数多くあったが，トンネルが水没するとともに湧水に伴う崩壊土砂でトンネルの一部が埋没して復旧工事に何カ月もかかるような大出水事故が 4 回発生している。また，トンネルに作用する応力は，東西方向の水平力が鉛直力の約 2 倍もあることが各種の調査計測で明らかになった。このような区間でトンネルを掘削すると，すぐに鋼製の H 型支保工が曲がったり折れてしまうといった状況で，大変な難工事となった。

　青函トンネルの地質調査は，洞爺丸事故の翌年の 1955 年から本格的に行われることとなったが，過酷な気象条件，潮流が速く，海峡中央部の水深が深いことなど，調査作業には困難が伴い，調査期間として 10 年が費やされた。特に海峡中央部におけるボーリング調査は極めて困難であったため，トンネル全延長にわたり先進ボーリングを，工事の一部にルーチンワークとして取り入れるなど，種々の工夫を凝らして，なんとか難工事を切り抜けることができた。

　これに対し，英仏海峡トンネルの地質は，青函の地質よりもはるかに古い時代の中生代白亜紀のチョーク層を主体としているが，地殻変動も火成作用も日

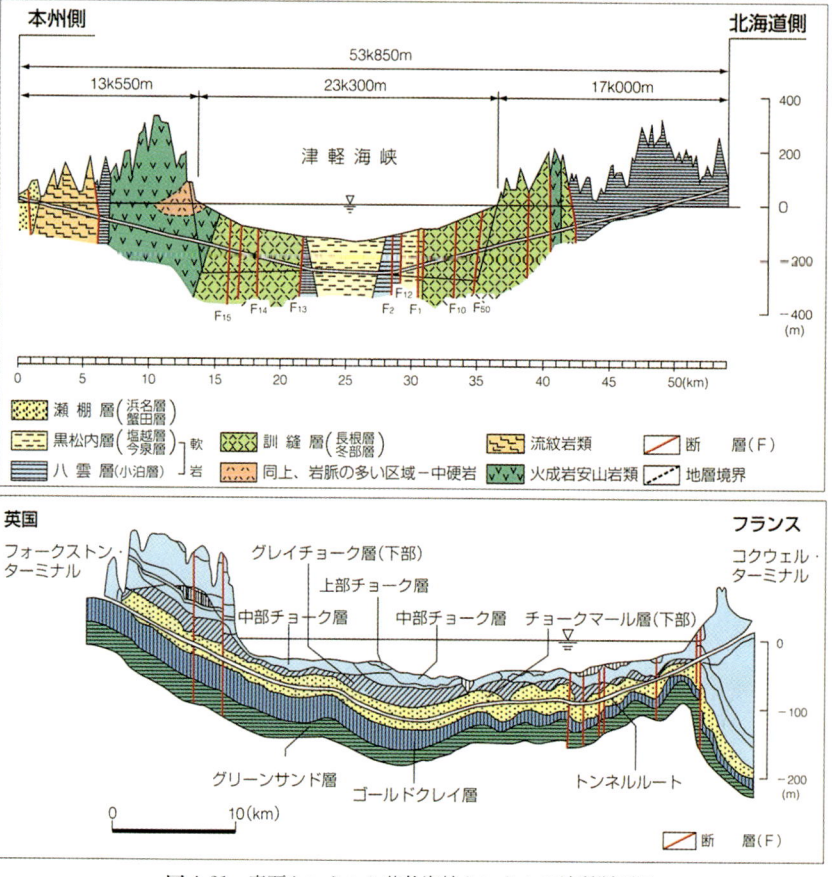

図 4·21 青函トンネルと英仏海峡トンネルの地質断面図
（持田豊『青函トンネルから英仏海峡トンネルへ』中公新書，1994 年より作成）
［全国地質調査業協会連合会：豊かで安全な国土のマネジメントのために，1998 年，p.17］

本のように激しく受けていない安定地塊であるため，安定した連続性の良い地質条件にあった。トンネルは，層厚 20 m 程度の連続性の良いチョークマール層に沿ってルートが計画・建設された。このチョークマール層は，均質な軟岩で海底での漏水もほとんどなく，TBM で掘削するには最適の地層である。その上下に分布する地層は，割れ目が多く，膨張性があり，TBM 掘削に適さない等の条件を有しており，トンネルルートには適さないものであった。特筆すべきことは，海峡の水深が浅いという条件にも恵まれたが，この層厚 20 m 程度のチョークマール層を把握するため実に 140 本以上の海底ボーリングを実施し，地質の相互関係を正確に確かめたことである。青函トンネルよりもはるかに良い地質条件にありながら，極めて多くの地質調査が実施されて，トンネル計画位置の詳細な地質把握がなされていることに注目すべきである。

（2） 幹線道路沿いの斜面

わが国の幹線道路の多くは，地形的な特徴から，海岸線や山間部の河谷沿いにルートが位置している。このため，山地が海岸まで迫った海食崖の発達する地区や峡谷部を通過することになり，トンネル区間以外では切土のり面や急斜

面近接区間が多い．沿線の地質は，層状の堆積軟岩の分布，弱層の挟在，断層の存在，および割れ目が発達するうえに，風化変質作用を受けて脆弱化している．これらに加えて，豪雨や豪雪に見舞われる厳しい気象条件下にあることから，落石，崩壊，土石流，地すべり等の土砂災害を受けやすい環境にある．

このような環境であるために，幹線道路の切土のり面は，コンクリート擁壁，のり枠，ロックネット等の構造物により保護されている（**写真 4・15，写真 4・16**）．また，アンカー，杭による崩壊・地すべり防止工も施工されており，構造物等によって被覆された斜面が極めて多く見られる．また，急斜面下を通過する部分では，洞門工や各種の斜面安定工が施工されており，構造物で徹底的に固めた道路となっている（**写真 4・17，写真 4・18**）．このような区間においても，1989 年に福井県の越前海岸で発生した岩盤崩落，1996 年に北海道の豊浜トンネルで発生した岩盤崩落などによる被害が発生しており，抜本対策としてトンネルルートが採用されている．

写真 4・15 高速道路の切り土法面の保護状況

写真 4・16 コンクリート吹付とロックネットによる標準的な斜面対策

写真 4・17 コンクリートバットレスによる急崖斜面の対策工

写真 4・18 ロックシェッドによる急崖斜面の対策工

第4章 日本列島と欧米の地質

写真 4・19 英国南部ドーバーのチョーク層の海食崖。崖沿いに交通路はない。

写真 4・20 ドーバーの海食崖の背後には平坦地形が広がり，交通路は内陸側に位置する。

写真 4・21 米国テキサス州の無処理の切り土法面。地質は白亜紀の堆積岩

写真 4・22 米国カリフォルニア州の無処理の切り土法面。地質はやや風化した花崗岩

写真 4・23 トルコ西岸の無処理の切り土法面。地質は石灰岩主体の堆積岩

これに対して，欧米の道路は，海食崖や峡谷等の急斜面直下にルートが選定されるケースは少ない。この理由として，地形的に大平野や小起伏の丘陵・台地が広く発達することから，海岸沿いの低地を選ばずに内陸部で直線的なルートを採用しても，地形的障害が少ないことがあげられる（**写真4・19，写真4・20**）。また山岳地域においては，氷蝕地形の発達によりU字谷が形成され，谷底幅が広いために，急斜面直下からルートを離せる場合が多い。稀にではあるが，スイスやカナダの山岳地帯の岩盤斜面において，巨大な崩壊が発生して道路を埋積することがあるが，通常規模の崩壊等では道路が被災を受けにくい環境にあるものといえる。

地質条件についてみると，構造が単調で岩盤状況が良好であり，日本のように豪雨をはじめとする崩壊等の発生誘因が稀で，土砂災害自体が比較的少ない状況にある。このようなことから，欧米の道路では切土のり面の多くが無処理で地層が直接露出しており，土砂災害対応策としての防護柵等もほとんど設置されていない（**写真4・21〜写真4・23**）。

ただし，欧米において被害が全くないわけではなく，落石や小崩壊が路面に達し，車に衝突して死亡事故が発生している場合がある。日本と比較して交通量および事故発生件数が少ないことや，土砂災害事故に対する意識の差（自分の身は自らの知識と状況判断で守る）といった社会的条件の違いも反映されて，このような防災対策工の差に結び付いているものと考えられる。

（3） 新幹線ルートの地形と地質

わが国のJR新幹線として，比較的土工区間の多い東海道新幹線（延長515km）を取り上げ，海外の例として1981年9月に営業運転を開始したフランス国鉄の新幹線，パリ〜リヨン間（延長426km）を対象に，両者の地形と地質について比較する。

両新幹線ルートの地質縦断図を**図4・22**に示すが，地形が大陸的で穏やかであり，地質構造と分布が比較的単調なフランス新幹線に対し，東海道新幹線は平野区間が長い割に各平野間の山地斜面が急であり，複雑な地質の分布であることがわかる。

東海道新幹線は，在来線よりも線形は良くなっているが，東京〜大阪間を直線的に結んでいるのではなく，名古屋までは中部山岳地帯を避けて海岸沿いに走り，名古屋以西では養老，鈴鹿山地を迂回して，関ケ原経由で，琵琶湖東岸を通過し，淀川沿いに大阪に達している。東京から，中央本線塩尻経由で名古屋を通り，関西本線で奈良経由大阪（天王子）に至る在来線内陸ルートの距離よりも約50kmほど短い程度である。新幹線ルートは大都市が発達するいくつかの平野を通過するが，その平野の間には標高100〜600mの山地や丘陵が位置する。これらの山地や丘陵は，高さこそ低いが斜面が急峻であるためトンネルで通過しており，最長の新丹那トンネル（7959m）をはじめ，67トンネルが建設され，トンネル総延長は68.5kmで，東京〜新大阪間515kmの13％に当たる。このように山岳地帯を迂回するルートを採用しても多くのトンネルを建設せざるを得ない状況にある。トンネル区間の山地や丘陵部は，透水性の良い火山岩類や割れ目の発達する古期岩類および堆積軟岩等の脆弱な地層の分布に加えて，断層や変質帯が複雑に分布し，在来線ほどではないが新丹那ト

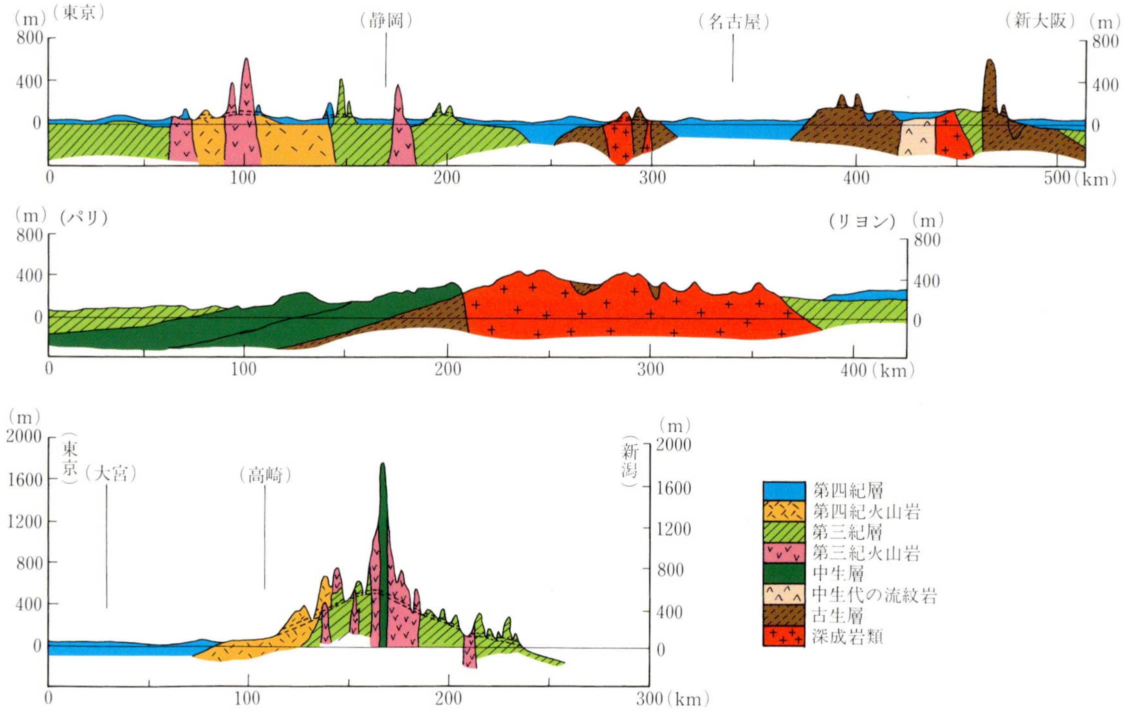
(m)
(東京)
(静岡)
(名古屋)
(新大阪)
(m)
(パリ)
(リヨン)
(大宮)
(高崎)
(新潟)
第四紀層
第四紀火山岩
第三紀層
第三紀火山岩
中生層
中生代の流紋岩
古生層
深成岩類

図 4・22　フランス新幹線と我が国の東海道，上越新幹線の地質断面図の比較

ンネル工事では湧水と地圧で苦労している。

また，平野部は構造物等の支持地盤として不適な未固結の沖積層地盤よりなり，その区間延長は 320 km に及んでいる。沖積層地盤のうち，N値 5 以下の軟弱地盤と見なされる区間が 70 km 存在する。このため，盛土区間では愛鷹山麓付近をはじめ，多くの地区で圧密促進工法や押さえ盛土工等の各種の軟弱地盤対策が施工されている。また，橋梁や高架橋の基礎形式として，ケーソン基礎，場所打ち杭，既製杭（コンクリート，鋼管）が採用され，超軟弱地盤地区では水平抵抗力が不足するために，地盤の置き換えや斜杭を打設するなどの対策を実施している。

一方のフランス新幹線は，パリ～リヨン間で標高 500 m 弱の緩やかな起伏の Morvan 山地を横断する。線路勾配は東海道の最大 15 ‰よりも大きく 35 ‰を採用することにより，パリ～リヨン間をほぼ直線的に結んでこの山地を通過するが，地形が緩やかであるためにトンネルは全くなく，大半が小規模な切盛り土工による路盤構造となっている（**写真 4・24**）。

平野部の地質は，日本のような未固結層の堆積地盤ではなく，第三紀以前の地層が侵食されて露出しているため，はるかに良好で安定した地盤となっている。山地部の地質はさらに古い時代の中古生層や深成岩類からなり，地質構造は比較的単純で全体に良好な地質条件である。

大半が土工区間であり，橋梁と高架橋の合計延長は約 5 km（延長の 1 % 強）にすぎない。東海道新幹線のトンネル，橋梁，高架橋の合計延長 241.5 km（延長の 46 %）に比較してはるかに短く，地形・地質条件の違いがトンネル，橋梁等の延長や軟弱地盤対策に著しい差を与えている。

この差は，日本列島を横断する上越新幹線（大宮〜新潟間 275 km）と比較するとさらに顕著である。上越新幹線での構造物は，写真 4・25〜写真 4・27 に示すようにトンネル，橋梁，高架橋が主体であり，これらの合計延長は 272 km（延長の 99 ％）であって，フランス新幹線とは全く逆の割合になる。

写真 4・24　最急勾配区間(35/1000)を走行するフランス新幹線と周辺の地形

写真 4・25　高架橋と橋梁の連続する関東平野北部の上越新幹線ルート

写真 4・26　上越新幹線の吾妻川橋梁と難工事であった中山トンネル坑口

写真 4・27　上越新幹線，新潟県内の豪雪区間ではトンネルとスノーシェッドが連続する．

(4) 地下利用

かつて厚い氷河に覆われた北米や北欧の地域では，岩盤が氷河によって面的に浸食されたため，割れ目が少なく堅硬で新鮮な岩盤が地表付近から分布している。

都市部でもニューヨークのマンハッタン島は，古生代カンブリア紀の堅硬な変成岩類が地表から分布する。北欧各都市も同様であり，古生代以前の堅硬で新鮮な深成岩や変成岩が地表浅所から分布している。北欧諸国においては，核シェルターとして多数の施設が岩盤内に建設されたが，通常は駐車場，美術館，コンサートホール，スポーツセンター等に利用されている（**写真4·28，図4·23**）。また，半地下式構造物として，ヘルシンキの教会やオスロのスキー博物館等がある（**写真4·29**）。

これらの地下施設は，厳しい冬の寒気の防止，省エネルギー効果，建設コスト等の面から有利なため発達してきたものである。岩盤の内部は一部がロックボルト等で補強されているが，壁面には岩盤が直接露出する構造物が多い。地

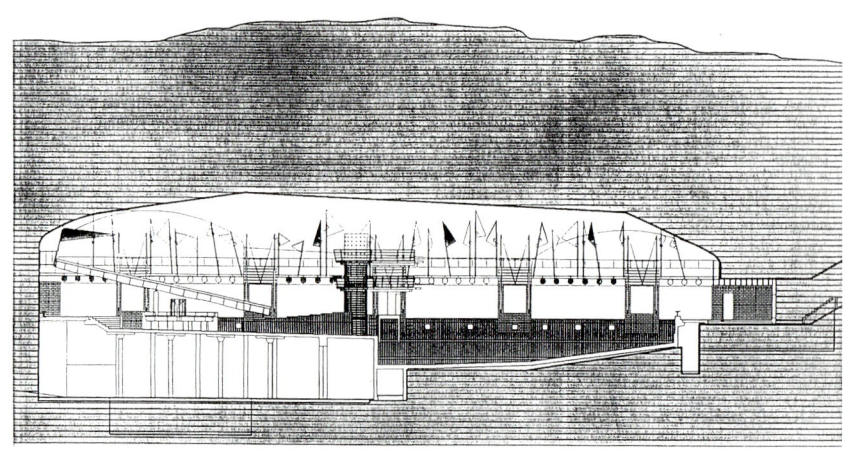

図4·23 フィンランド，ヘルシンキの岩盤内に作られたプール

[Artwork and source material courtesy of the City of Helsinki Public Works Department：Underground Swimming and Exercise Facility Will Serve the Helsinki Area, Tunnelling and Underground Space Technology, Vol. 9 No 1, 1994年, p.102]

写真4·28 岩盤地下空間　[川本眺万：ロックエンジニアリングと地下空間，鹿島出版会，1990年, p.51, p.55]

写真 4·29 ノルウエー，オスロ市内の半地下構造のスキー博物館
スキー博物館の内部の壁は岩盤の掘削面を利用している。

下鉄も同様であり，岩盤の露出するトンネル区間がある。

このような状況を可能にしているのは，新鮮堅硬で割れ目の少ない岩盤が地下浅所に分布することに加えて，地下水位が深かったり密着した割れ目のために湧水がほとんどないことがあげられ，岩盤状況が日本と異なり極めて良好であるものといえる。

また，ヨーロッパ・アルプス一帯の道路トンネルにおいても，一部は吹付けコンクリートのみでトンネルが建設されており，岩盤状況の良いことがわかる。

わが国での岩盤内地下空間の利用は，廃鉱跡のスーパーカミオカンデ等の実験施設や石油備蓄施設として行われているが，かなりの岩盤補強がなされており，岩盤状況などから空間的に限られた場所に位置している。また，一般のトンネルにしてもコンクリート吹付け工のみでは危険なために，ロックボルトや鋼製支保工で補強され，覆工コンクリートが施工されている。トンネル掘削に際しては地圧と湧水によって難工事になったり，湧水による地表部の渇水被害を生じたりしている。このように岩盤状況の違いは，地下空間の利用状況や建設費に大きな影響を与えている。

(5) 橋梁・高架橋

欧米に旅行すると，橋梁や高架橋の橋脚がスリムであることに気がつく。わが国では地震力に対抗するため，橋脚は重厚に建設されており，**写真 4·30** のような太い形に見慣れていると，地震力を考慮しないスリムな橋脚（**写真 4·31**）には改めて驚かされる。これまでに述べたように，わが国の多くの都市が軟弱地盤上に立地するために，橋梁や高架橋基礎は，一般にその支持地盤が深くなること，地震時に表層地盤が液状化しやすく水平方向の地盤の支持力が不足するなどの問題がある。このような点から，わが国では過去の地震被害を教訓にして，目に見えない地中部分についても欧米に比較して大規模な基礎構造が構築されている。

写真 4・30 国内の一般的な高架橋の重厚な橋脚

写真 4・31 イタリア北部（ジェノバ市）の高架橋のスリムな橋脚

　しかし，欧米をひとまとめにくくれない地域としてアメリカ西岸をあげることができ，わが国ほどではないが活断層の存在や比較的活発な地震活動が認められる。橋梁や高架橋の地震被害をあげると，1971年のサンフェルナンド地震でロサンゼルスの高架橋が落橋し，1989年のロマプリータ地震ではサンフランシスコ湾のベイブリッジの一部落橋，オークランド地区では2階建て高速道路の倒壊が発生した。これらの被害で耐震基準が見直され，既設橋脚の補強が進んでいたが，1994年1月17日未明，アメリカ・ロサンゼルス北方のノー

写真 4・32 ノースリッジ地震での高速道路の落橋
（写真提供：アグバビアン社）［応用地質：ノースリッジ地震被害調査報告者，1994年，p.34-35］

写真 4・33 阪神・淡路大震災後の高架橋の橋脚補強状況

スリッジ付近を震央とする $M6.6$ の都市直下型地震が起きて，**写真 4・32** のような高速道路の落橋や建物の倒壊などの大被害が発生した。このとき日本から訪れた視察団や調査団の専門家の多くは，日本では厳しい耐震設計がなされているので同様な被害のおそれはないとの見解を示した。

この1年後の1995年1月17日未明，記憶に新しい兵庫県南部地震により壊滅的な被害が発生したが，なかでも十分な耐震設計で造られていたはずの建築物や高速道路の高架橋が倒壊した。この被害によって耐震設計の見直しが行われ，既設の橋梁や高架橋では橋脚補強等の対策が実施された。橋脚補強は，**写真 4・33** のように鋼板を巻き付けたもので，わが国の橋脚基礎は鎧を着たようになって，より重厚なものとなり欧米との構造の違いが一層際立ちつつある。

第4章 参考文献

1) 小疇尚：山を読む，岩波書店，1991年
2) 阪口豊・高橋裕・大森博雄：日本の川，岩波書店，1986年
3) Zion National History Association：Geologic Cross Section of The CEDER BREAKS-ZION-GRAND CANYON REGION, 1975
4) 日本列島の地質編集委員会：理科年表読本コンピュータグラフィックス，丸善，1996年
5) 世界的な氷河の平面図
6) 加藤碵一：地震と活断層の科学，朝倉書店，1989年
7) 島崎邦彦・松田時彦編：地震と断層，東京大学出版会，1994年
8) 大石久和・川島一彦：脆弱国土を誰が守る，中央公論，1998年
9) 井関弘太郎：沖積平野，東京大学出版会，1983年
10) 土木学会編：新体系土木工学74 堤防の設計と施工，技報堂出版，1991年
11) 小黒譲司・菅原紀明・佐藤勝英：関東平野における腐蝕土層の分布と土質工学的特性，応用地質調査事務所年報，1979年
12) 桑原徹：濃尾傾動運動と濃尾平野，アーバンクボタ No.11, 1975年
13) 関西国際空港株式会社：関西国際空港の埋立造成技術，1993年
14) 遠藤邦彦：堆積環境と沖積層―最終氷期末期から完新世へ―，土と基礎，Vol.43, No.10, 1995年
15) BRITISH GEOLOGICAL SURVEY：London and the Thames Valley (Forth Edition)

16) The Geological Society of America：GEOLOGY UNDER CITIES (REVIEWS IN ENGINEERING GEOLOGY VOLUME 5)，1982
17) 市原実・水収支研究グループ・応用地質研究会編著：カラーシリーズ・日本の自然 第6巻 日本の平野，1987年
18) 羽鳥謙三：関東ローム層と関東平野，アーバンクボタ No.11，1975年
19) 持田豊：青函トンネルから英仏海峡トンネルへ，中公新書，1994年
20) 日本国有鉄道：東海道新幹線工事誌・土木編，日本鉄道施設協会，1965年
21) 日本鉄道建設公団：上越新幹線工事誌（大宮・新潟間），1984年
22) 大木茂：ヨーロッパの鉄道撮影ガイドブック 結解学，弘済出版社，1999年
23) 川本眺万：ロックエンジニアリングと地下空間，鹿島出版会，1990年
24) Artwork and source material courtesy of the City of Helsinki Public Works Department：Underground Swimming and Exercise Facility Will Serve the Helsinki Area, Tunnelling and Underground Space Technology，Vol.9, No 1，1994
25) 応用地質（株）：ノースリッジ地震被害調査報告書，1994年

第5章　地質調査の重要性

　特異な地質学的環境下にある日本列島の体質は極めて脆弱であり，毎年のように全国のどこかで大規模な自然災害や地盤災害が発生している。そうした災害を未然に防ぐよう様々な対策が必要とされているが，適切な対策工事を行うためには，対象となる地盤の性質を把握することが重要であり，また新たな構造物を計画するうえでも建設地の地盤情報を得ることが不可欠である。本章ではまず，建設工事や災害復旧で重要な役割を果たしてきた地質調査の歴史を振り返り，地質調査技術がどのように発達してきたのかをたどってみる。

　人命や財産に甚大な被害を及ぼすような災害の発生を防ぐためには，地震，火山，岩盤崩落，地すべりなどの破壊現象を継続的に観測してデータを蓄積・分析し，発生に至るまでのメカニズムを見いだすことが大切である。しかし，地震や火山活動に関しては，エネルギー規模の巨大さや関連する要因の多様さのために，予知そのものよりも起こった場合の被害低減方策に重きをおく方向に視点が移ってきている。一方，地すべりに関しては，動態状況の観測結果を活かして発生予測を行った実例があるので，本章で紹介する。その中には，技術的には発生時間の予測まで可能であったものの，不幸にして人的被害を防止できなかった事例が含まれている。

　次に，地質調査が不十分なまま長大トンネルの施工に取りかかったため，結果的に大変な難工事となった事例や，逆に施工中にも丹念な調査・観測を実施して難工事を克服した事例について紹介し，事前の地質調査や施工中の動態観測がいかに重要であるかを見直してみよう。

　日本よりもはるかに安定した地質環境にある欧米の建設工事で，地質調査がどのように位置づけられているのか，またコンサルタントの責任と権限を明確にするためにどのようなシステムが設けられているのか，英仏海峡トンネルにおける実例を紹介する。英仏海峡トンネルプロジェクトで活躍した日本人コンサルタントエンジニアの目を通して，地質調査にかかわるコンサルタントが果たしている役割について，わが国との違いを考えてみる。さらに，建設投資に占める地質調査コストの割合が諸外国においてはどの程度であるのか，国内状況との相違を具体的なデータを織り込んで比較し，地質調査に対する意識の違いをみてみよう。

　本章では，計画・調査・設計・施工から維持管理に至る一連の建設プロジェクトにおいて，トータルコストを低減するために地質調査を活用することの重要性を考えてみる。

表5・1 地質調査技術の発達小史[1]　ボーリングポケットブック

年代	大規模災害や大型プロジェクト	地質調査技術関連事項
1871(明治4年)		アメリカから2台のローピング機械輸入
1882(明治15年)		地質調査所設立
1890(明治23年)	琵琶湖疎水完成	ローピング機械により新潟県尼瀬海岸で380mの試錐に成功
1891	濃尾地震（M8.4）	根尾谷断層出現
1893(明治26年)		上総掘りが新潟油田で初めて用いられる，110m掘削
1903	亀の瀬地すべり防止工事開始	小坂鉱山でダイヤモンドビット試錐を採用（1904）
1914(大正3年)		土木学会設立
1919	鉄道省による関門海底トンネル建設工事	海上ボーリング調査開始　スウェーデンから輸入したボーリング機械を使用
1921(大正10年)	丸ビル完成　東京低地の地盤沈下始まる	九州大でシュランベルジャー製自然電位測定装置を輸入し電探研究開始
1922	鉄道省による丹那トンネル建設工事は1918（大正7年）に着工，1934（昭和9年）に完成	丹那トンネルボーリング調査開始。工事は破砕帯，湧水，温泉余土により難行
1923(大正12年)	関東大震災（M7.9）	アメリカ製のボーリング機械4台と上総掘りボーリング機械9台により東京・横浜で711本，延長23,545mのボーリング
1929	清水トンネル貫通	復興局「東京・横浜地質調査報告」刊行　秋田県黒川油田で地震探査実施
1930(昭和5年)	小河内ダムサイト地質調査開始	渡辺貫著「土木地質学」
1932		物部長穂著「水理学」
1934(昭和9年)	丹那トンネル開通　室戸台風	
1936		山口昇著「土の力学」
1938(昭和13年)	神戸市六甲の大水害	萩原尊礼　地震探査はぎとり法を考案
1939		広田孝一著「鉄道地質学」
1942	関門トンネル下り線開通	
1945(昭和20年)	第二次世界大戦終了	
1948	福井地震（M7.3）	
1949		日本土質基礎工学委員会（現地盤工学会）発足
1950(昭和25年)	ジェーン台風　戦後復興に伴い地下水汲み上げによる地盤沈下が激しくなる	東京丸の内の第二電話局の地盤調査に標準貫入試験が初めて導入されたといわれる
1952		シンウォールサンプラーが用いられ始める
1953		常時微動と地下構造の関係についての研究発表（金井）　青函トンネルで海上音波探査
1954		土質工学会設立　SMAC型強震計1号機東大に設置
1955(昭和30年)	愛知用水公団設立	ワイヤーライン工法が米国から導入される
1956	青函トンネル本格的調査開始　佐久間ダム完成	日本地質調査業協会誕生（10社）
1957	日本道路公団設立　名神高速道路地質調査着工	北陸トンネルで湧水圧試験（JFT）実施
1958	小河内ダム竣工　東海道新幹線地質調査着工	日本応用地質学会設立　サンプリング指針（土質工学会）作成。スウェーデン式サウンディング，オランダ式コーン貫入試験，ベーン試験等の研究
1959	伊勢湾台風	岩盤ボーリングにワイヤーライン工法定着　横方向K値測定法の開発　建研・東京都「東京地盤図」刊行
1960(昭和35年)	東京低地における天然ガス採取の深井戸増加で地盤沈下加速	
1961	愛知用水完成	標準貫入試験のJIS制定
1962	東名高速道路地質調査着工　水資源開発公団設立	全国地質調査業協会連合会設立
1963		東京都「東京都地質図集I」刊行
1964	新潟地震（M7.5）。地震時の液状化現象が注目される。	土質工学会より「土質試験法」，「土質調査法」刊行

年		
1965 (昭和40年)		大阪市立大で遠心模型実験装置製作
1966		土質工学会他「大阪地盤図」刊行
1967	急傾斜崩壊対策事業の開始 東京湾横断道路調査開始	PS検層についての関心が広まる
1968	超高層霞が関ビル完成 十勝沖地震（M7.9）	電気探査（比抵抗法）の実施増大
1969	八郎潟干拓完成 東名高速道路全線開通	ソ連のエレクトロドリルを青函トンネルで使用
1970 (昭和45年)	上越・東北新幹線地質調査着工 本州四国連絡橋公団設立	PS検層の実施増大
1971	青函トンネル本格的工事開始 環境庁設立	情報化施工の用語使用される
1972	上越新幹線中山トンネル着工 都内における水溶性天然ガスの採取が全面的に禁止される	カリフォルニア大学で地震応答 解析プログラムSHAKE開発。土の動的特性評価の研究気運高まる
1973	第1次オイルショック	
1975 (昭和50年)	NATM工法の普及 有珠山爆発	情報化施工システムが開発される（製鉄会社）
1976	長良川堤防決壊	オランダ式コーン貫入，SW式サウンディング試験のJIS制定
1977	東京低地の地下水位回復が顕著になり，地盤沈下はほぼ終息	土研共振法による動的特性評価
1978	宮城県沖地震（M7.5）	土木学会岩盤せん断試験指針 液状化強度試験盛んになる
1979	中山トンネルで大出水が発生しグラウト工事を大規模に実施	リモートセンシング画像の入手一般化。「日本の活断層」刊行
1980 (昭和55年)	横浜ベイブリッジ着工	
1982	関西新空港土質調査始まる 長崎大水害	関空で港研式ワイヤーラインサンプリング工法適用 ジオトモグラフィーの名称広まる
1983	青函トンネル先進導坑貫通 日本海中部地震（M7.7）	パソコンの利用が急速に進化 凍結サンプリング工法開発
1984	長野県西部地震（M6.8）	
1985 (昭和60年)	東北・上越新幹線上野駅開業 長野市地附山地すべり	室内試験技術の自動化が進む
1987	関西国際空港着工 東京湾横断道路全体土質調査	
1988	青函トンネル（延長54 km）開通 本四連絡橋瀬戸大橋開通	国土地理院GPS導入
1989 (平成1年)	横浜ベイブリッジ開通	
1990	九州中北部豪雨災害	全地連技術フォーラム開始
1991	雲仙普賢岳の火砕流による火山災害	
1992 (平成4年)	新東京国際空港第2ターミナルビル開業	火山ハザードマップ作成指針 計量法改正で1999年までにSI系
1993	北海道南西沖地震（M7.8） 鹿児島豪雨災害	全地連標準貫入試験自動化開発
1994 (平成6年)	関西国際空港開港 北海道東方沖地震（M8.1）	国際シンポジウム「リオからの道」開催され環境問題広まる
1995	兵庫県南部地震（M7.2）	活断層調査が全国展開される 各種耐震基準の見直し
1996 (平成8年)	豊浜トンネル岩盤崩落 長野県蒲原沢土石流災害	全国一斉道路防災総点検実施 北海道地盤情報データベース刊行
1997	秋田県八幡平土石流災害 東京湾アクアライン開通	GIS対応数値地図（CD-ROM）刊行
1998 (平成10年)	明石海峡大橋開通 室生寺五重塔台風で壊れる	全地連技術資料「日本列島の地形と地質環境」発行

［全国地質業協会連合会編「新版ボーリングポケットブック」オーム社，1991年］を参考にして作成

5.1 地質調査技術の発達

わが国における地質調査技術は，大規模災害後の復旧事業や大型建設プロジェクトを契機として発達してきた。古くは1923(大正12)年の関東大震災のあと，復興局が中心となって東京・横浜地区で計711本，延べ23545 mのボーリングが実施され，1929(昭和4)年に「東京・横浜地質調査報告」が刊行された歴史がある。この報告書は，現在の地盤図の原型をなすものであり，災害と地質調査の密接な関連性を示すものとなった。大規模災害や大型建設プロジェクトと地質調査技術の発達の関係を，年表にして表5・1にまとめて示す。

年表に見られるように，わが国における地質調査の歴史は，明治時代初期のボーリング機械の輸入に始まり，20世紀末の現在に至るまで，約130年間に及んでいる。とりわけ，第二次世界大戦後の復興過程の頃から多様な調査技術が生まれており，音波探査や電気探査などの物理探査手法，ボーリング孔の中で行う原位置試験，そして室内で行う試験技術などが，最近の50年間で急速に発展し普及してきたといえる。

いくつかの調査技術の概要について本書で紹介するが，個々の調査・試験方法の詳細な説明については，社団法人全国地質調査業協会連合会(全地連)発行の『新版ボーリングポケットブック』，あるいは社団法人地盤工学会の『地盤調査法』や『土質試験の方法と解説』に詳しく記載されているので参考にされたい。

(1) ボーリング技術

地質調査で最も基本的なボーリング掘削技術についての歴史は，1871(明治4)年にアメリカから輸入されたローピング機械や，1876(明治9)年にイギリスから輸入されたダイヤモンドビット回転試錐機に始まる。明治の初期には，近代的な経済活動に必要な統一的貨幣制度確立を目的とした金銀銅の鉱山開発や，エネルギー資源としての炭鉱開発を目的として，ボーリング機械が外国から導入された。日本にも，古来から「上総掘り」と呼ばれる井戸掘り技術があり，固結していない砂や粘土であれば100 mを超える深さまで掘り下げられる優れた技法であったが，金属石炭鉱床などを探るためには，硬い岩盤を深く掘るボーリング技術を海外から導入することが必要であった。このように，わが国のボーリング掘削技術は日本古来の上総掘りの技術を基盤として，輸入機械を用いて石炭，石油，金属鉱床などを探査開発することから始まった。その後，鉄道やダム建設などの土木事業に関連して，ボーリング調査が行われるようになったのである。

鉄道建設は，近代国家をめざした明治政府が，日本で最初に行ったインフラ整備事業の1つであるが，1919(大正8)年に関門海底トンネル建設のためのボーリング調査が始まった。海上に巨大なやぐらが組み立てられ，スウェーデンから輸入されたボーリング機械を使用し，ノルウェー人の技師を雇い入れてボーリング調査が行われた。また，1922(大正11)年には丹那トンネルのボーリング調査が始まり，ここでもスウェーデンから輸入したボーリング機械によって，スウェーデン人技師の指導のもとで調査が行われた。このように当初は，輸入した機械で外国人技師の指導を受けてボーリング地質調査が行われたが，次第に掘削技術や地質判定技術を会得する技術者が育つようになった。図5・1は，丹那トンネルにおけるボーリング成果をまとめた「丹那盆地地質断面図」

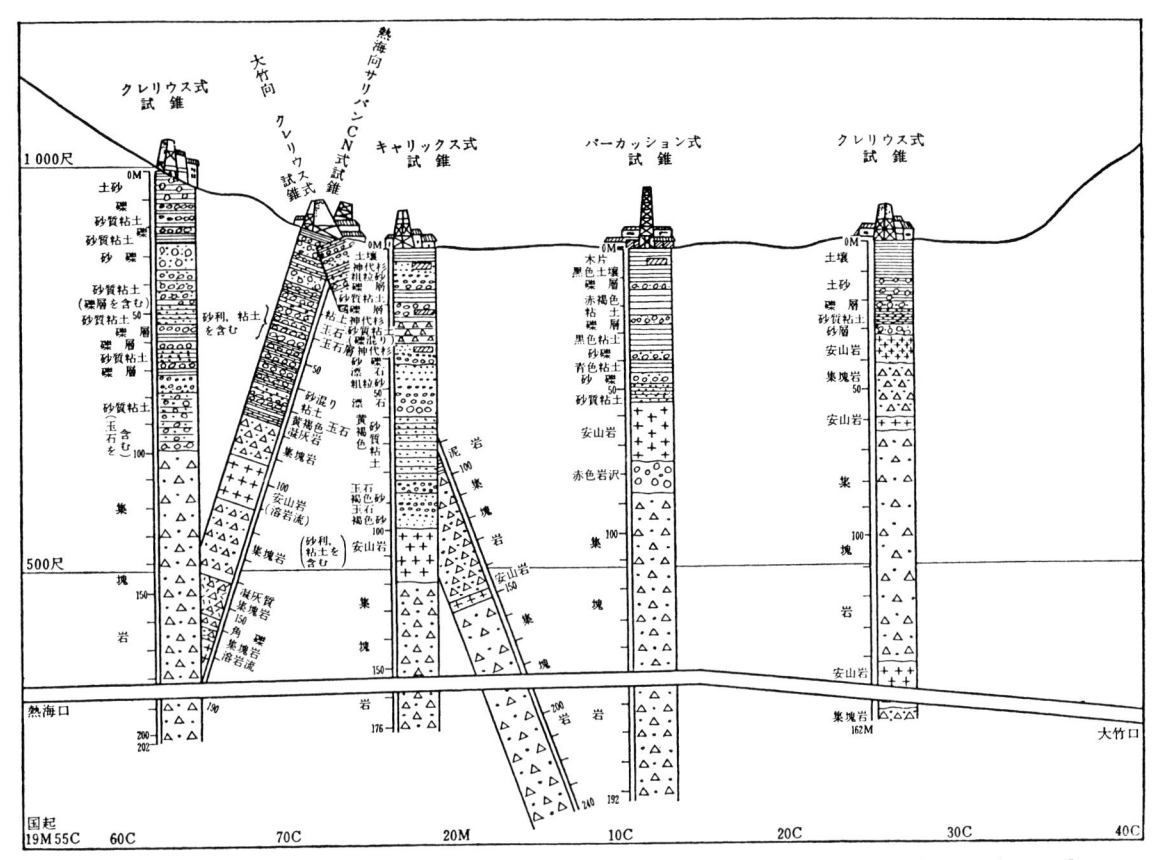

図 5・1　丹那盆地地質断面図　［全国地質業協会連合会編：新版ボーリングポケットブック，オーム社，1991 年，p.11］

で，日本人技術者によって初めて作成されたトンネル地質断面図である。わが国における本格的な土木地質調査の始まりは，ここに求められよう。

第二次世界大戦後になると，アメリカ製の高速回転ダイヤモンドビットボーリング機械や，機械据付けによるダイヤモンドビットが紹介され，ハイスピードボーリング機械の時代に入った。国産の優秀な機械も製作されるようになり，国内メーカーの試作研究も相次いで行われるようになった。また，岩盤ボーリングだけではなく，軟弱地盤を対象としたボーリング調査が急速に普及するようになったのも戦後の特徴である。軟弱地盤を対象としたボーリング調査では，掘削能力が 100 m 程度あれば十分に目的が達せられることから，機械の小型化が進んだ。1957（昭和 32）年から始まった名神高速道路の地質調査や，翌年から始まった東海道新幹線の地質調査では，こうした機械を用いて路線上で 500 m ごとにボーリング調査が行われた。ボーリング機械の小型化・軽量化は，現在も研究が続けられている重要なテーマである（**写真 5・1**）。

また，最近では阪神・淡路大震災を契機として，平野深部の地下構造が地震災害に影響している可能性が指摘されており，防災対策の一環として深部基盤構造を把握することの重要性が説かれている。これに対応するための大深度ボーリング技術はすでに確立されており，今日では掘削方向を制御するコントロールボーリング手法が実用化されつつあり，ボーリング技術はさらに進化してきている。

写真5・1　ボーリング全景（写真：川崎地質）

（2）　物理探査

　物理探査は，人工地震波や音波あるいは電気や電磁波などを利用して，地下の状況を可視化しようという手法である．医学の分野で超音波やX線を利用して人間の身体を診断するCTスキャンという手法があるが，物理探査法は基本的には，これと同じような原理である．ただし，人間の身体は個体差が小さいために結果の評価が比較的容易であるが，地球を相手にする物理探査では，結果の評価には熟練した技術者の経験が必要となる．

　わが国における地震探査の最初の試みは，1929(昭和4)年に東京大学地震学教室の人たちにより，秋田県の黒川油田で行われた．通常の地震観測に使われていた大森式簡易微動計という煤書き式の地震計を光学記録式に改造した器械で，刻時にはメトロノームが使われたという．その後，1935(昭和10)年には地震研究所が光学式の高感度地震計を製作し，当時計画中であった関門海峡トンネル予定地の海底地質調査を実施した[2]．図5・2は，地震探査によってダム基礎地盤を評価した最近の事例である[3]．

　1953(昭和28)年には，計画中の青函トンネルで海上音波探査が初めて実施された．爆破点と受振点距離が最大13.5 kmに達する状況下で，明瞭な記録波形が得られており，海域部における土木地質調査手法として，その後の飛躍的な発展の契機となった．現在では，海域の活断層調査や海峡横断道路の基本資料を得るための調査などに広く用いられている．図5・3はマルチチャンネル音波探査で検出された海底下の断層を示したものである．

　電気探査法は，1920年代前半にアメリカから計測器を導入して研究が始まり，戦前は主に油田などの資源探査に使われていた．戦後においては1950年以降に，土木地質調査や地下水調査で使用されるようになった．最近では，数

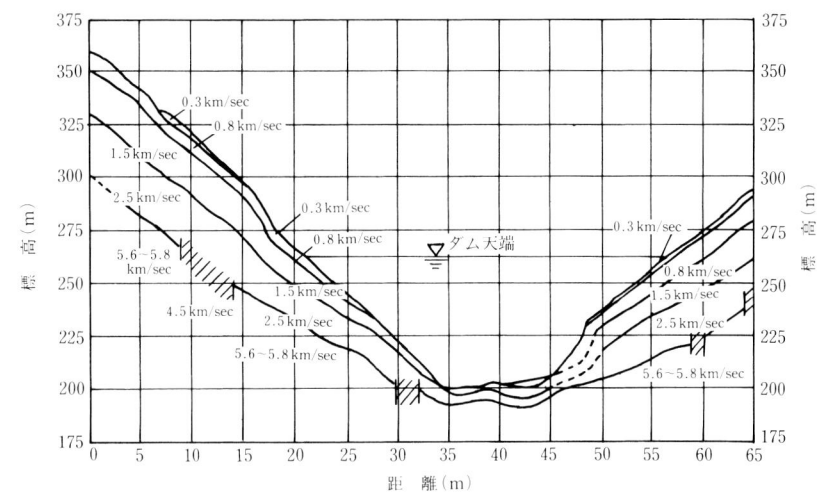

図 5·2 ダム基礎岩盤の地震探査解析断面図

屈折法によるダム基礎岩盤の速度値解析断面例である。速度値の小さいところは被覆層や風化層に相当するほか，斜面の部分は断層破砕帯や低速度帯の分布状況を表している。調査の期ではこうした屈折法の解析結果と，地質踏査結果をあわせてダムサイトの比較・検討がなされ，以後のボーリング調査計画や掘削土量の算定，設計の基礎資料とされる。

(『ダムの地質調査』土木学会（1985年）より)［物理探査学会：図解物理探査，1989年，p.140］

値解析によって二次元の比抵抗構造を再構成する比抵抗二次元探査法が主流になっており，**図 5·4** に示した断面図のように，ボーリング調査が行われていない区間の地質を把握する有効な手段となっている。

地下レーダー探査は，1980年代から盛んに行われるようになり，当初は比較的浅い深度の埋設物調査や空洞調査に利用されてきたが，最近では数十 m の深さまで適用範囲が広がってきている。**写真 5·2** は，エジプトの遺跡調査で威力を発揮した地下レーダー探査の様子である。

近年では，コンピュータの急速な発達によってデータ処理能力が格段に向上したことから，医学分野における CT スキャンに類似したジオトモグラフィ技術が発達してきている。ジオトモグラフィは，従来から行われてきた地震探査，電気探査，レーダー探査などの物理探査手法と，その解析・表示手法が一段と進化したものであり，地下の様子を目で見るように表すことのできる可視画像化技術として，今後さらに発展していくことが期待されている。

写真 5·2 地下レーダー探査（写真：川崎地質）

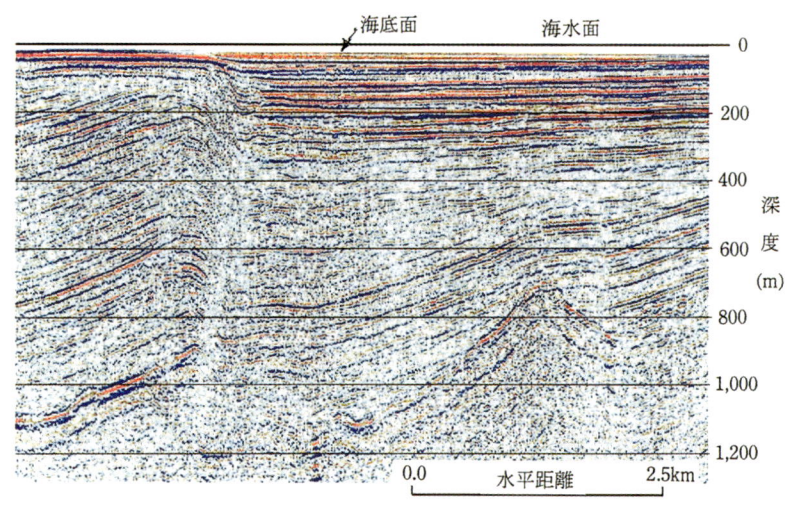

図5・3 マルチチャンネル音波探査で検出された断層（原図：川崎地質）

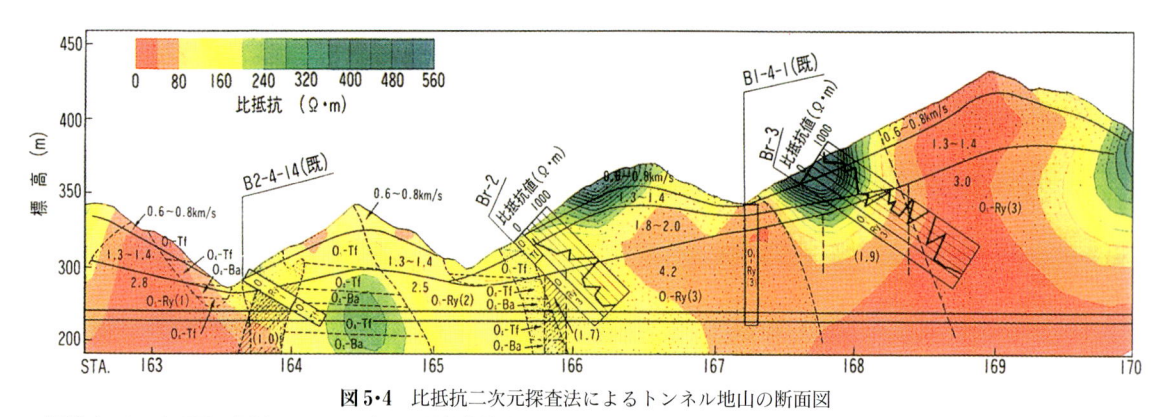

図5・4 比抵抗二次元探査法によるトンネル地山の断面図

観測データからFEM解析によって二次元の比抵抗構造を再構成する。赤色で表示された低比抵抗部は地下水で満たされた採掘空洞，あるいは劣化変質部に対応している。これは，その後に実施されたボーリング調査等によっても確認されている。

[市川慧・稲崎富士：土木地質調査としての地表物理探査手法，土と基礎，Vol.42, No.5, 1994年，口絵写真]

（3） 原位置試験

　ボーリング孔内で行われる原位置試験としては，標準貫入試験が最もポピュラーであり，未固結地盤を対象とした調査では，必ずといってよいほど実施されている。日本で最初にこの試験が行われたのは1950（昭和25）年頃のことで，当初は建築基礎設計のために実施されたが，簡便でタフな調査手法であることから，その後は土木分野においても広く使われるようになり，1961（昭和36）年には日本工業規格（JIS）として制定された。標準貫入試験と同じような時期に，ボーリング孔内から乱さない状態で粘土試料を採取するサンプリング技術が導入され，それを用いて行う室内土質試験と合わせて，軟弱地盤を対象とした調査技術が発展した。現在の地盤工学会の前身である土質工学会が『土質調査法』と『土質試験法』を刊行して，現地調査方法や室内試験方法の統一を図ったのは，1964（昭和39）年のことである。この年には，新潟地震（M 7.5）が発生して地震時の液状化現象がクローズアップされ，その原因究明のために，砂の乱さない試料採取技術や動的な土質試験が飛躍的に発展する契機となった。

ボーリング孔を利用して行う試験の中で，実施頻度の高い試験として孔内水平載荷試験がある。この試験は，杭の水平耐力を検討するために行われるようになったもので，軟弱地盤における高速道路橋などの杭基礎設計のために使用され始めた。初期にはフランスから輸入した試験装置が使用されていたが，1950年代末頃から1960年代の前半にかけて国内での開発が進められ，国産の試験装置が製作されるようになった。その後は，軟弱地盤だけではなく，岩盤の物性値を評価するための試験装置としても改良が加えられ，現在では原位置で地盤の強度や変形特性を調べるための有効な試験装置として広く使用されている。

地下水の状態を知ることは，建設工事において大変重要な項目である。ボーリング孔を利用した地下水調査としては，1957(昭和32)年に北陸トンネルで行われた湧水圧試験（JFT）が最初であるといわれている。この試験は，岩盤中の地下水がもっている圧力と岩盤の透水性を把握し，トンネル掘削断面でどの程度の出水が生じるかを予測しようとしたものである。また，大規模な地下掘削工事などで地下水を排除するための設備を検討する際には，揚水試験や現場透水試験によって地下水の状態を確認することが欠かせない。

超高層ビルなどの耐震設計や地震時における砂地盤の液状化検討にあたっては，地盤の動的な性質を把握することが必要である。ボーリング孔を利用して地震波の伝播速度を測定するPS検層や，地盤の振動特性を評価するための常時微動測定により，耐震設計に必要な地盤定数が求められる。これらの動的な調査は特に1970年代から盛んに実施されるようになり，地震応答解析の基礎データとして利用されている。

ボーリングを行わずに軟弱地盤の地下を探る原位置試験として，コーン貫入試験，スウェーデン式サウンディング試験，ベーン試験などがある。これらはサウンディング調査と総称されているが，この中で特にコーン貫入試験は，1980年代に先端の貫入抵抗，周面の摩擦力，さらに貫入時に発生する間隙水

写真 5・3 3成分コーン貫入試験　　　　**写真 5・4** 先端コーン

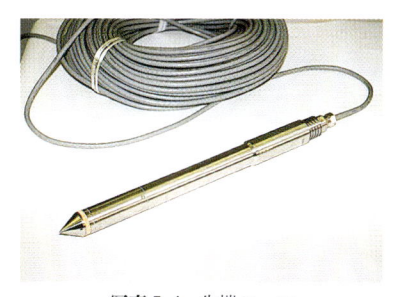

圧を同時に測定する3成分コーン貫入試験装置が開発され，地震時の液状化の可能性を判定する手法の1つとして注目されている（**写真5・3，写真5・4，図5・5**）。

（4） 室内試験

室内試験は，現場で採取した岩石や土の試料を用いて，強度や変形特性などを調べる目的で行われるものである。1950(昭和25)年に土質試験に関する日本工業規格（JIS）が制定され，土粒子の密度，含水比，粒度，液性限界，塑性限界といった土の基本的な物性を測定する試験方法について基準化が行われた。続いて強度を求める試験として，土の一軸圧縮試験方法が1958(昭和33)年にJIS化された。これらの試験方法は，その後何回かの改訂が行われたが，基本的な内容は大きく変わることなく現在でも適用されている。

土の強度をより正確に把握するためには，三軸圧縮試験が行われる。この試験は，現地と同じような応力状態を室内で再現して，土のせん断強度を求めるものであり，砂のように自立できない試料についても適用できることから，広く用いられている。

新潟地震（1964年）で注目された砂地盤の液状化現象を解明するために，1970年代に入ると，室内動的試験が盛んに行われるようになった。地震波のような繰返し荷重を砂質試料に加えて液状化強度を推定する繰返し三軸試験や，土に繰返し荷重を加えて，そのとき発生する歪みの関係を調べる動的変形試験が主なものである。これらの試験は，液状化対策の必要性を検討する場合や，構造物の耐震設計を行ううえで必要となり，その結果は，地震時に地盤がどのような挙動を示すかを予測する地震応答解析の基礎データとして使われている。

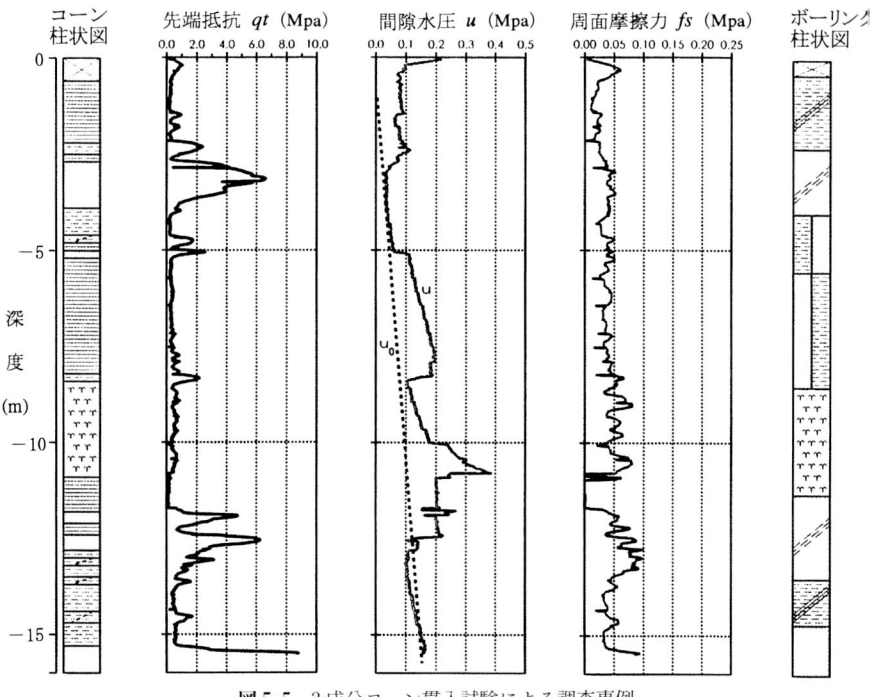

図5・5 3成分コーン貫入試験による調査事例

室内試験は，様々な地質調査技術の中で最も自動化が進んでいる分野であり，一部の試験を除けばコンピュータを駆使した自動計測が一般化している。

(5) 現地踏査

地質調査の最も基本的な調査技術は，現地で実施する地表地質踏査である。19世紀中頃までに英国において層序学を根幹として確立された地質学は，産業革命を契機に，鉱物資源獲得という応用面を足がかりとして大きな発展を遂げ，その後，ダムやトンネルなどの土木事業分野で応用地質学として発達した。

日本では，大正年代から昭和の初期にかけて，16年間にわたって行われた丹那トンネル工事において，応用地質学の重要性が初めて認識された。この工事の際に発生した地質学的現象は，断層からの大出水，それに伴う地表の渇水とワサビ田の壊滅，北伊豆地震（1930年，M 7.3）による丹那断層の活動，これによって生じた坑道の横ずれ等々，非常に多岐にわたり，ルートの変更や多数の人的被害が生じた。事前に十分な地表地質踏査が行われて，断層の存在などが予見されていれば，これらの問題のいくつかは避けることができたものである。それから40年後，1972(昭和47)年の着工から10年余の年月を費やしたJR上越新幹線中山トンネルの事例も，やはり事前の地質調査が不十分であったことが難工事となった大きな原因であり，現地踏査をはじめとした綿密な地質調査の重要性を再認識させられたものである。

ダムやトンネルなどの建設工事においては，地質の状態を知ることが工事の成否を決めるといっても過言ではない。机上で計画されたダムサイトやトンネルの位置を現地で確認し，周辺の地表に現れている地質情報から地質図を作成して，安全に経済的に施工するための地形・地質条件を把握しておくことが非常に重要である。

(6) 新しい地質調査技術

これまでに紹介してきた基本的な地質調査技術のほかに，近年におけるコンピュータの急速な発達に伴って，新しい地質調査技術が生まれてきている。物理探査手法の説明でも触れているが，可視化技術としての物理探査は特に注目されているところである。三次元地震探査，二次元比抵抗探査，各種のジオトモグラフィ技術などは，1980年代以降のコンピュータの進化とともに成長してきた応用技術である。阪神・淡路大震災の後，都市圏における活断層調査が全国展開されてきたが，**図5・6**に示すマルチチャンネル音波探査は，海域部における断層調査手法として，東京湾，伊勢湾，大阪湾などで成果をあげている。

GPS (Global Positioning System) は，人工衛星を利用した新しい測量手法であり，地球上のいかなる場所，いかなる時刻においても，高精度の測位を可能とする技術である。地質調査関連では，海上音波探査の航跡決定や海上ボーリングの位置決定などに用いられているほか，地すべり地の動態観測や地殻の変動測定などにも利用されている。

GIS (Geographical Information System) とは，地理情報に関するデータを取得して保存・編集・表示するための情報処理システムであり，地理空間のデータを管理・保管するためのデータベース・システムとして発達してきてい

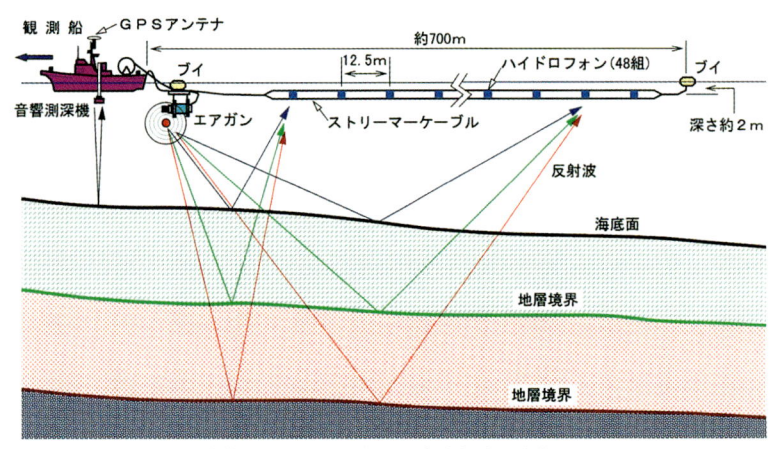

図5・6 最新のマルチチャンネル音波探査の実施イメージ図

る。都市圏における膨大な量の既存ボーリングデータを整備することや，地震防災，急傾斜地，地すべり地，火山，津波，洪水などのハザードマップ作成分野でGISの利用が有望視されている。また，ダム建設調査にGIS手法を取り入れ，スクリーニングや重ね合わせ評価によってダムサイト適地選定に利用するということも行われている。

1996（平成8）年に発生した北海道豊浜トンネルの岩盤崩落事故を契機として，全国的に道路のり面危険箇所の抽出が行われ，併せて崩落予知システムの開発が進められている。レーザー測量やAE（アコースティック・エミッション）などを利用して，崩落監視システムを構築しようとするものであり，早期の実用化が期待されている。

最もベーシックな地質調査手法である標準貫入試験について，社団法人全国地質調査業協会連合会（全地連）では自動化・省力化をめざした研究を行い，1993（平成5）年に自動落下・自記記録型の標準貫入試験装置を開発している。作業の省力化を図るとともに，最近では国際的な品質保証システム（ISO 9000シリーズ）の導入に伴い，人為的誤差を排除して試験結果の品質を確保するという要求からも，自動化装置の採用が増えている。

造成中の地盤や建設中の構造物の挙動を観測しながら工事を行う情報化施工は，1970年代後半から急速に広まってきた。事前の調査データに基づいて変形量などを予測して管理基準値を設定しておき，実際の施工中に生じる変形を計測して，安全を確認しながら施工を行うという手法である。計測された変形量から逆解析によって地盤データの見直しを行い，事前調査データの精度を確認することも可能である。

様々な調査手法が新たに生まれてきているが，建設のトータルコストを低減させるためには，これらの手法が有効に活用されることが前提となる。

5.2 防災のための地質調査

これまでに繰り返し述べてきたとおり，日本列島は地質構造上4枚のプレートが互いにせめぎ合い，複雑な地形と地質から成り立っている。そのうえモンスーン地帯という降水量の多い気候区に属していることもあって，自然災害には事欠かない国土となっている。プレートの境界ということで，直接的なプレ

ートの運動によって地震や火山活動が生じ，プレート運動の結果，形づくられた地形・地質により，地すべりなどの斜面災害や地盤沈下などが生じている。

気候条件からは，多発する台風や集中豪雨などによって洪水も起こる。また，国民の50％が洪水氾濫区である低地に居住していることから，洪水による災害が発生する。

総面積が38万km²の複雑で脆弱な国土に，1億2000万人もの人が住んでいることが，わが国を災害のデパートとしていることも否定できない事実である。

人が生活を営む場で，人命や財産などに被害が生じれば，それは災害となる。被害を受ける対象がなければ，それはただの自然現象にすぎない。1973年に噴火した西ノ島新島（小笠原諸島）は，噴火により誕生した新しい島であり，戦後において日本の領土の自然増をもたらした唯一の現象である（**写真5・5**）。もちろん無人島のため，被害もないので，誰もこれを災害とは呼ばない。その隣の島といってもよい鳥島では，1902年の噴火で全島民125人が犠牲となり，この噴火が契機となって火山観測が行われるようになったといわれている。これは大災害である。

災害を防止したり被害を軽減するためには，どのような場所で，いつ災害となる現象が起こるのか，そのメカニズムを知る必要がある。さらに，災害が発生した場合の対策なども検討しなければならない。

多くの場合，調査は災害が起こってから行われる。同じ災害は2つとないが，将来起こり得る似たような災害を防ぐには，起こった災害のメカニズムを徹底的に究明しなければならない。そのことが結果的には災害を防ぐことに通じるからである。

しかしながら，地下のことを知るということは膨大な経費と年月が必要となる。兵庫県南部地震の後，全国で多くの地震観測井が掘られているが，全国をカバーできる観測井網はまだ完成していない。それでも，通産省地質調査所で設置した地下水に関係する観測井は，南関東・東海地方では1995年1月現在

写真5・5 西ノ島新島の噴火
［貝塚爽平：岩波グラフィックス14，空から見る日本の地形，岩波書店，1983年］

で14井を数えるほどになった。現在ここでは，地下水位・ラドン濃度・水質を観測している。

　火山では，噴火の可能性がある活火山は86を数えるが，観測が整っている火山は，1999年3月現在，気象庁関連でわずか20火山にすぎない（原則として年3回火山情報を発表する）。まして噴火のメカニズムを事前にしかも的確に把握するような地質調査を行うことは難しく，仮に噴火を予測できたとしても噴火そのものを止めることはできない。これは地震も同様である。地震や噴火では，そのメカニズムを知り，さらには事前予知することを最終的な目的として，地質調査や観測が行われる。しかし，実際の予知は困難な場合が多い。それは，1つの噴火や地震の経験が，他の噴火や地震の予知には直接結びつかないことが多いからである。地震や火山に関しては，まだ科学的な研究が始まってから100年程度しかたっていない。地質調査や観測の重要性は，今後ますます強まることとなろう。

　地質構造が素因となって発生する，もう1つの災害である斜面災害に対しても，積極的に地質調査や観測が進められている。通信やコンピュータの発達によってリアルタイムで，土塊の移動量，歪み，地下水位などが観測できる自動観測システムが実用化されている。

　地すべりでは，適切な観測で事前に崩壊を予測した例もいくつかある。また，十分に観測し地すべりを予測し得たにもかかわらず，多くの人命と財産が失われたものもある。**ケーススタディ**として，2つの地すべりの例をあげ，調査・観測の重要性を再確認すると同時に，データを活かすのはあくまでも人間であるということをみてみたい。

[ケーススタディ]

事例-1　高場山地すべり

　JR飯山線高場山トンネルは，1970(昭和45)年1月22日の深夜地すべりによって崩壊した（**図5・7**）。高場山トンネルは，北側に信濃川を望む高場山（標高384 m）の裾を貫いた長さわずか187 mのトンネルで，地質は新第三紀鮮新世の頁岩である。1929(昭和4)年に完成したが，工事中や完成後も部分的な崩壊や変形が相次いで起きていたという。

　1月22日1時24分に崩壊が始まり，1時26分には終了した。この地すべりでは，崩壊時刻が正確に予知されている。地すべり地に設置された**図5・8**に示すような伸縮計による計測結果を解析することによって予知が行われたもので，その方法は斎藤理論と呼ばれ，歪み速度の変化を解析するものであった。時間と歪みの関係は，**図5・9**に示したクリープ曲線で表されている。崩壊予測については，このうちの二次クリープまたは三次クリープを用いるもので，三次クリープの方が予測時間は正確に求められる。

　高場山トンネルでは，この両方を用いて崩壊を予測したもので，1月21日に「今夜半に崩壊する」という情報がテレビで放映された。実際の予測では，三次クリープのデータが蓄積されると，より正確となる。1月22日0時の試算には三次クリープのデータを含めた解析から，22日1時30分を崩壊時間と予測し，数分の誤差で実際の崩壊が生じた。

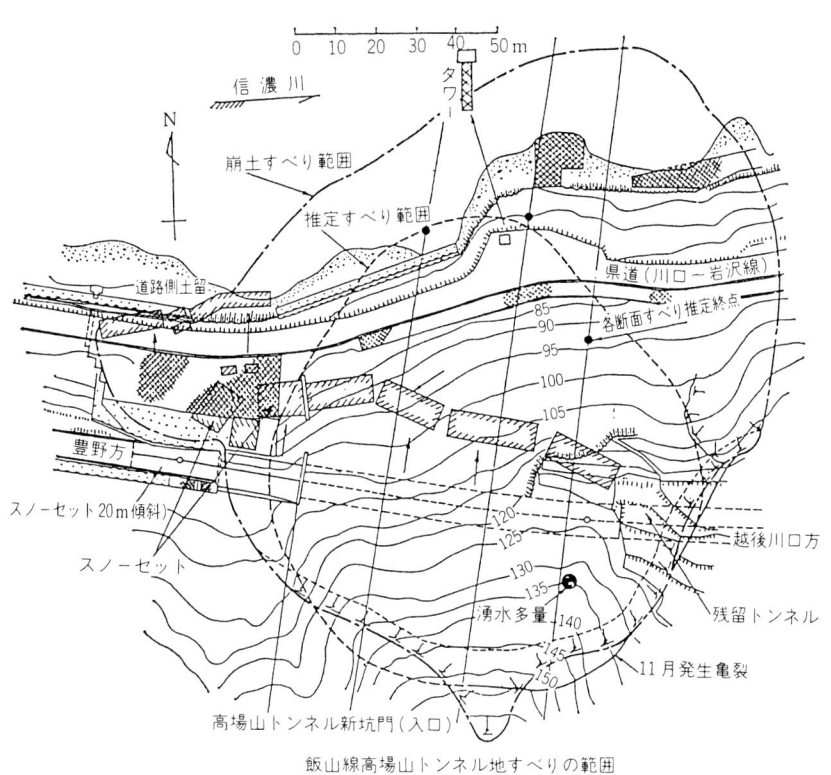

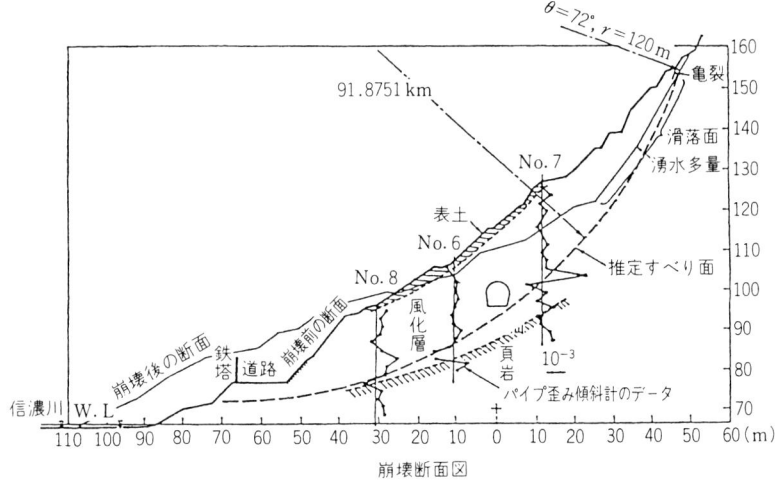

図 5・7 高場山トンネルの崩壊　［斉藤迪孝：実証土質工学，技報堂出版，p. 163　1992 年］

　国鉄職員や報道関係者など多くの人が見守る中で，トンネルの西側半分を含む 13 万 m³ の土砂が崩壊し，信濃川に流れ込んだ．地すべり地には，縦断方向に 7 カ所の伸縮計が設置されていたが，予測に使えたのは地すべり頭部の亀裂を挟んで設置した伸縮計 S - 27 だけであった（**図 5・10**）．
　予知・予測は，適切な調査観測があり，しかもそのデータを解析し理解できる経験のある技術者がいて初めて可能となるものであり，常に予測ができるわけではない．また，予測できてもそれに対応できる組織や場が必要であること

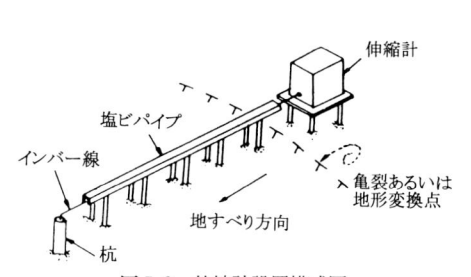

図5・8 伸縮計設置模式図
[地すべり対策技術協会：地すべり対策技術設計実施要領，地すべり対策技術協会，1996年]

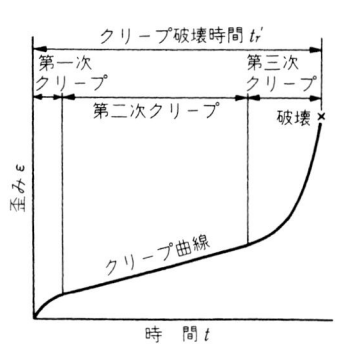

図5・9 クリープ曲線と破壊の関係
[斎藤迪孝：斜面崩壊時期の予知に関する研究，鉄道技術研究報告，No.626，1968年]

高場山地すべりの伸縮計の配置図

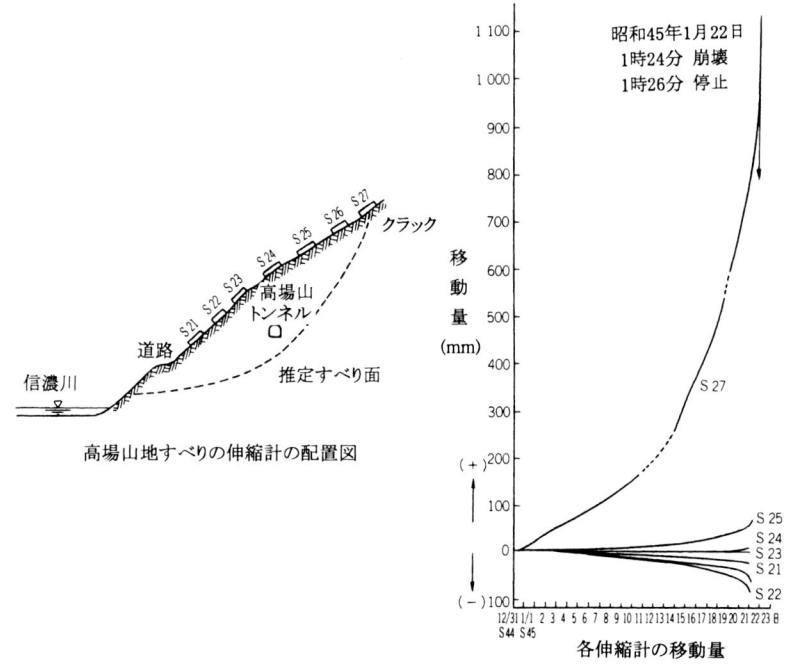

図5・10 各伸縮計の配置と移動量
[小橋澄治・佐々恭二：地すべり・斜面災害を防ぐために，1990年]

は言うまでもない。高場山では，正確な予測がなされ，しかもその発表が速やかに行われたことが大きな事故となることを防いだのである。

事例-2　地附山地すべり

地附山は，1985(昭和60)年7月26日の16時58分に，最大幅500m，長さ700mにわたって崩れ落ち，26人の生命が奪われた（**図5・11**）。地附山の地質は第三紀の凝灰岩で，平年の2倍に達する梅雨期の雨が誘因と考えられた地すべりである。この地すべりでは，崩壊5日前の7月21日に，一時避難勧告が出されて対策本部が設置されるなど，地すべりの予兆を捉えていた。地すべりの末端に位置する湯谷団地には，26日の16時30分に避難指示が出されてい

図 5・11 滑落直後の状況

[地附山地すべり機構解析検討委員会：地附山地すべり機構解析報告書，長野県土木部，1989年]

る。しかし，大惨事の舞台となった特別養護老人ホーム松寿荘は避難指示が忘れられて，尊い人命が失われた。

地すべりに最初の変状が認められたのは，1964(昭和39)年に完成した戸隠有料道路（バードライン）の擁壁や側溝で1973(昭和48)年のことである。以後，変状が認められるたびに補修工事を行っている。1981(昭和56)年には融雪期に大きな変状が認められ，長野県企業局により地すべり調査が行われてい

る．以後，1983年度と1984年度にも調査が行われており，それまででボーリング3本，伸縮計7カ所のほか，道路面の沈下などが観測され始めている．1985年度にも調査は継続して行われ，調査途中で地すべりが起こった．地すべり直前の7月下旬には，実際に動き出した地盤の移動量もテープなどで観測し始めている（**図5・12**）．

地すべりは，いくつかのブロックに分けられるが，ほぼ全域が同時に動き出したとみられる．湯谷団地を襲ったのは，地すべり末端部のあたかも溢れ出したような土塊で，**図5・13**に示す東部の中央流動塊である．松寿荘を襲ったのは西部流動塊であるが，この部分のすべり面はもっと高い位置にあった．西部流動塊は斜面を削りながら流下している．それと同時に，下部従属滑動塊も松寿荘に達している．

伸縮計や移動量の解析を待つまでもなく，直感的に危険が迫っていることは，刻々急になっていく歪みや移動量を見れば判断ができたのである（**図5・12参照**）．その判断に基づき避難指示が出されたのであるが，なぜか松寿荘を含む西側の地域に避難指示が出されたのは，地すべりが起こった1時間後の

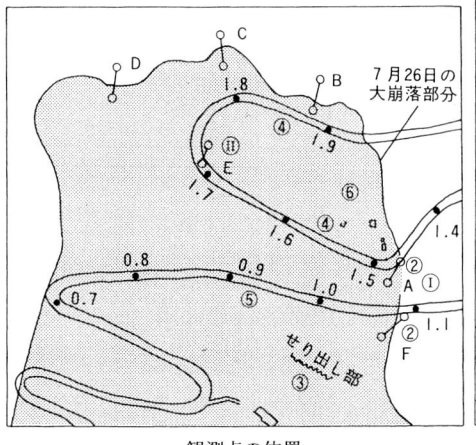

観　測　点		観測開始	観測終了
①伸縮計　A　　（Ⅰ）		昭和59.5. 2	昭和60.7.26
（Ⅱ）		59.7. 4	60.3.末
B		60.7.20	60.7.26
C		60.7.10	60.7.26
D		60.7.13	60.7.26
E		60.7. 3	60.7.26
F		60.7.21	60.7.26
（注）Eは，（Ⅱ）と同じ箇所であるが，継続性はない．			
②H鋼のテープ観測		60.7.25	60.7.26
②展望台のテープ観測		60.7.25	60.7.26
③配水池上部のせり出し		60.7.10	60.7.26
③配水池上部（長野市水道局）		60.7.18	60.7.26
④沈下量　　（全域）		60.5.27	60.7.12 1回のみ
道路上部		60.7.18	60.7.26
道路下部		60.7.18	60.7.26
⑤道路水平，垂直移動量		60.7.15	60.7.26

観測点の位置　　　　　　　　それぞれの観測期間

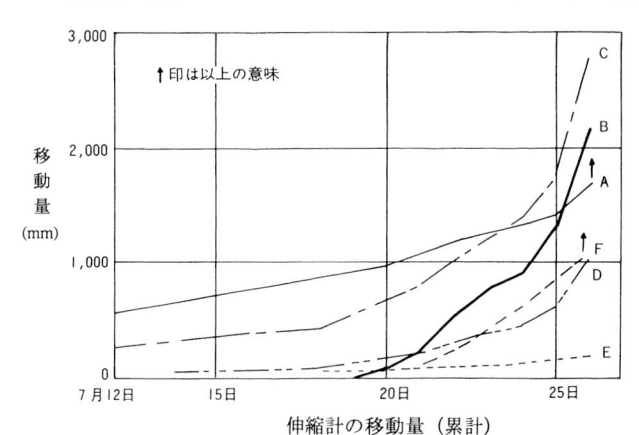

図5・12　伸縮計などの観測結果

［長野市地附山地すべり災害誌編纂委員会：真夏の大崩落，長野市地附山地すべり災害の記録，長野市，1993年］

滑落直前　　　　　　　　　　　　　滑落中　　　　　　　　　　　　　滑落直後

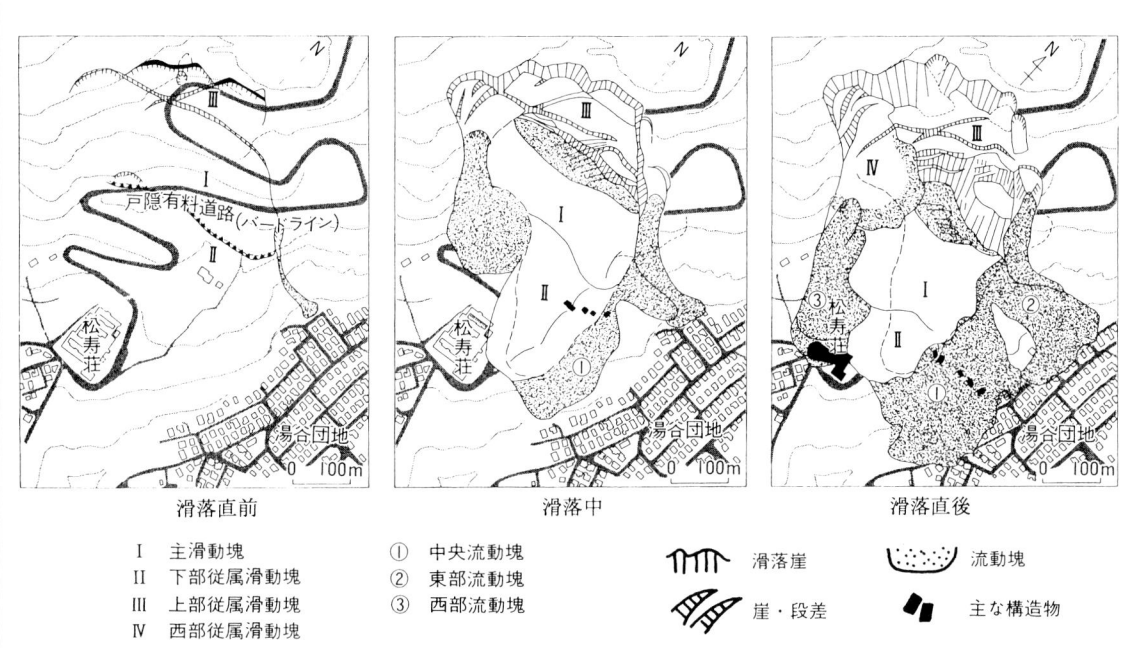

I	主滑動塊	①	中央流動塊
II	下部従属滑動塊	②	東部流動塊
III	上部従属滑動塊	③	西部流動塊
IV	西部従属滑動塊		

滑落崖　　流動塊　　崖・段差　　主な構造物

図5・13　地附山地すべりブロック図

[長野市地附山地すべり災害誌編纂委員会：真夏の大崩落，長野市地附山地すべり災害の記録，長野市，1993年]

17時50分であった．

その後，信州大学の川上浩教授（当時）は，発生後の伸縮計のデータを用いて，高場山の場合と同様にして三次クリープを用いる斎藤理論に基づき崩壊時間の予測計算を行った．その結果，当日10時には発生時刻を17時半，12時段階では17時と予測できたとしている（1985年8月6日，信濃毎日新聞朝刊

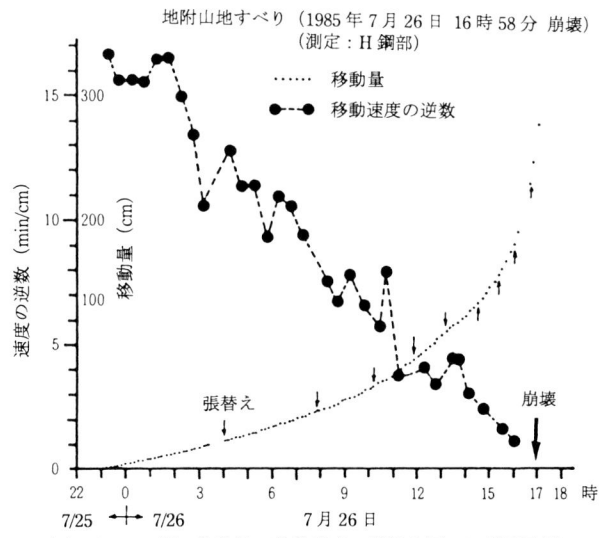

図5・14　H鋼の移動量と移動速度の逆数を用いた崩壊予測

[大八木規夫・田中耕平・福囿輝旗：1985年7月26日長野県地附山地すべりによる災害の調査報告，国立防災科学技術センター主要災害調査，第26号，1986年]

による)。また，大八木ら (1986 年) は，H 鋼による移動量観測データを用いた解析で，移動速度の逆数から崩壊時間は 17 時と算定している (**図 5・14**)。

このことは，地すべりの移動量などを正確に観測し，そのデータを経験のある技術者が解析していれば，破局的な地すべりの発生の時刻を正確に予測でき，地附山地すべりの被害を少なくすることができたことを示している。地附山では災害の後，**図 5・15** に示すようなボーリング 110 本，伸縮計 30 基など膨大な地質調査が実施され，地すべり機構が明らかにされた。調査結果に基づき，集水井，深礎工，アンカー工，鋼管杭工，排水トンネル工，のり面工などの対策が施され，現在の姿となっている。また，歪み，地下水位，移動量については，自動観測システムが採用され，観測が継続されている。

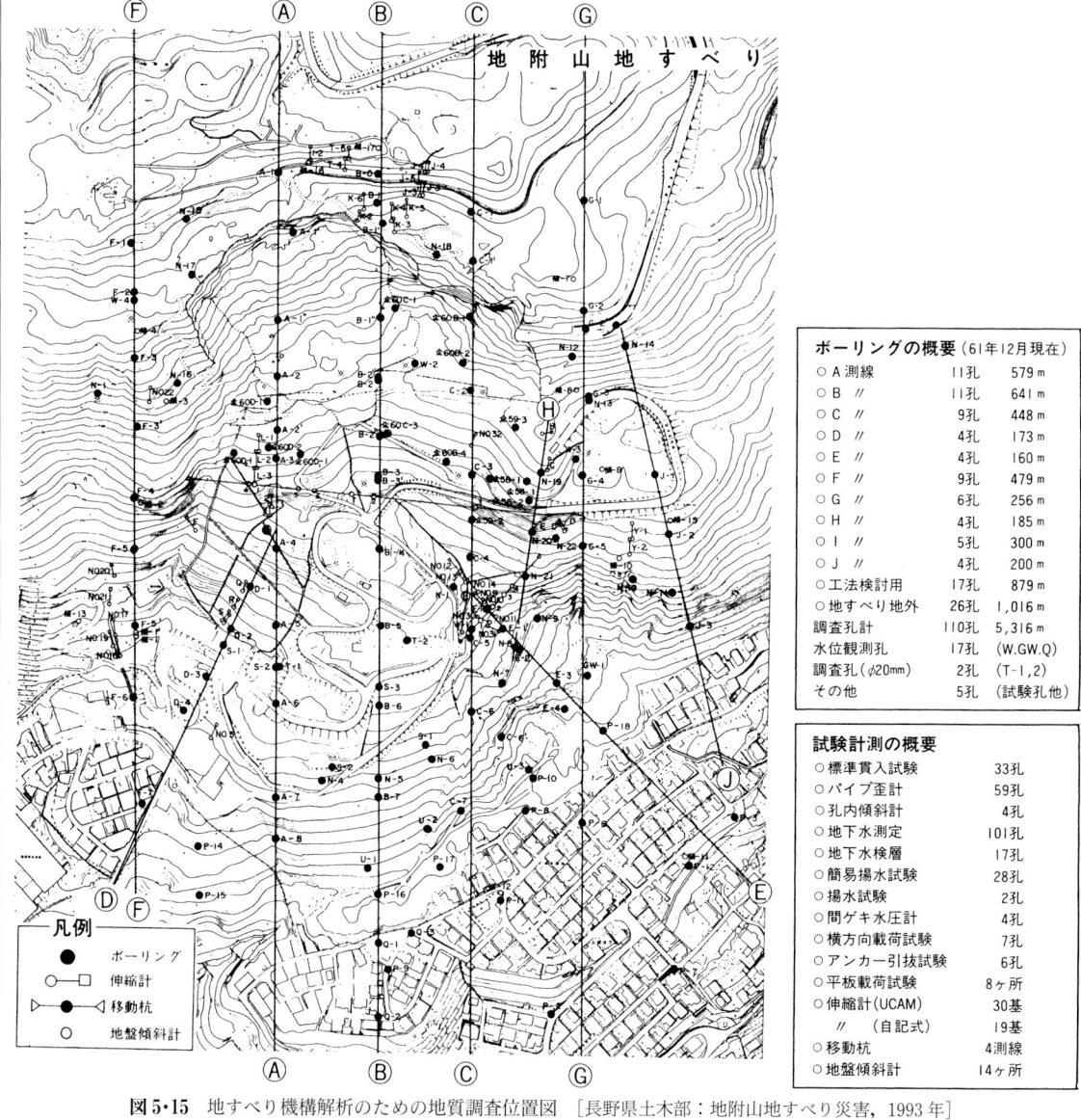

図 5・15 地すべり機構解析のための地質調査位置図　[長野県土木部：地附山地すべり災害, 1993 年]

5.3 わが国における難工事と地質調査

構造物は地質調査の結果に基づき設計される。また，設計に基づき工事が行われても，新たな地質の情報が得られたならば，設計が見直される場合も多い。計画・設計から施工・維持管理まで，地質調査によって得られた情報が重要な役割を果たし，最終的にはトータルコストを大きく左右することにもなる。

近年，各方面でコストダウンが課題となっている。建設コストもその例に漏れず，施工費のみならず，調査・設計費においてもコストダウンを図ろうとする気運が高まっている。しかし，やみくもにコストダウンに走ったために調査が不足したり，十分な解析ができずに逆に建設コストが上昇したケースは多い。また，十分な調査を行ったために建設コストを低減できたケースも多くある。

外国でも同様の悩みを抱えているようである。イギリスの土木学会を中心として，関連する21の官庁・学会・協会がサイトインベスティゲーション・ステアリング・グループという研究グループを組織して「建設における地質調査」と題して，団体に発行した地質調査不足，品質管理，仕様，ボーリングのガイドラインなどについて4分冊のレポートを1993年に発行している。この中で，イギリスの建設費に占める地質調査費の割合は0.1～0.3％と記している。また，主な道路建設プロジェクトでは，地質状況の把握がなされなかったために平均コストを28％上昇させ，その費用は2億ポンドに上ると述べている。さらに，「豊かな経験と熟練した調査技術者によって結論づけられた調査報告書は，地盤と地下水に関して的確な回答を提供し，適切な土工の計画と施工が可能となる」と締めくくっている。この言葉は，そのまま日本にも当てはまるものである。

ケーススタディとして，トンネルにおける地質調査の例をあげて，地質調査が施工にどれほど重要な影響を及ぼしたかをみてみたい。1つは新幹線の建設という国家事業の中で，完成が急がれ十分なルートの検討と調査が行われないまま工事が始まってしまった中山トンネル（JR上越新幹線）の例であり，もう1つはトンネルが住宅地の地下を通るということで，十分な調査が行われ，しかもその情報を公開して住民の不安の解消に努めた生田トンネル（JR武蔵野南線）の例である。

[ケーススタディ]

事例-1　中山トンネル

(a) 概　要

JR上越新幹線の中山トンネルは，群馬県北群馬郡小野上村から利根郡月夜野町に至る延長14k830mの長大トンネルである。約10年に及ぶ難工事を重ね，1982(昭和57)年3月に完成した。史上稀にみる難工事の原因は，地質調査が不十分なまま長大トンネルを着工した結果といえる。特に未固結な地質や湧水等の悪条件が広範囲に及んだため，工費・工期は著しく増大し，その完成が上越新幹線の開業時期に影響を及ぼした。図5・16は，上越新幹線の22トンネルを建設した54工区の竣工時期と施工単価を示す。第四紀の泥流堆積物で難航した榛名トンネル（$L=15\mathrm{k}350\mathrm{m}$）は，中山トンネルに似た傾向を示

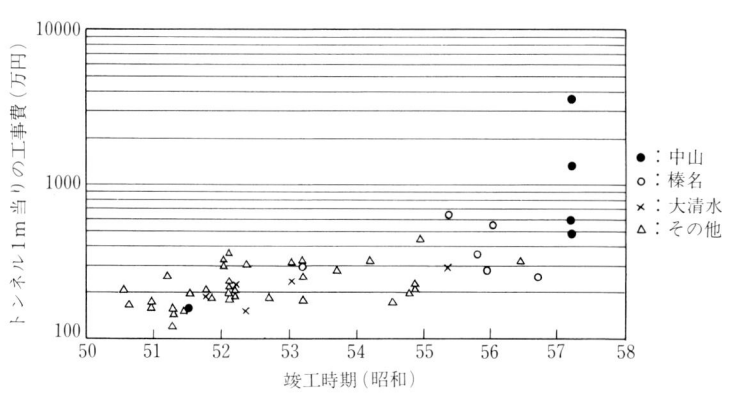

図 5・16 上越新幹線トンネル各工区の竣工時期と施工単価

す。それに対し、山岳トンネルとしては世界最長の大清水トンネル（$L=22$ k 221 m）は、湧水と山はね等の問題を抱えながらも、おおむね堅硬な地質に恵まれた。

ここでは、中山トンネルの四方木工区を例にあげ、地質が悪くトンネル工事が遅滞したため、開業時期やルートの基本計画にまで影響した経過を述べ、トンネル建設で最も重要な技術が「ルートの選定」であること、また、事前に行われる地質調査がいかに重要であるかを再認識する。

(b) 小野上北斜坑と八木沢層

小野上北斜坑（斜坑延長 730 m、勾配 1/4）は、中山トンネルにおける中間工区の作業坑であるが、工事途中に極めて不審な出水事故が発生した。この斜坑は坑口から湧水があったが、掘進とともに湧水も増加していた。1974(昭和49)年9月26日、切端で施工した水抜きボーリングの水量が急激に増加したため、斜坑 457.8 m で切端を止め、鏡止めを施した。その翌 27 日 0 時 53 分、切端付近から出水し、その湧水は 1 時 15 分から 10 分間は斜坑口から溢れ出る異常出水となった。溢水量は 3400 m³（340 m³/min）と推定された。その後、水位は坑口から 200 m まで低下したが、29 日には 118 m まで上昇し、斜坑は 7000 m³ の流出土砂で埋没した。

事故発生後、20 本のボーリングを行い出水箇所周辺を調査したところ、斜坑前方に約 20 万 m³ に及ぶ帯水層を確認した。このため斜坑 180 m を分岐点とし、帯水層を避ける方向に斜坑を進め、1976(昭和51)年 7 月には分岐点から 187.5 m に達したが、再び山鳴り等を伴う湧水が発生した。さらに地質調査と注入等の対策の検討を続けるうちに、坑口から掘削していた小野上南工区の到着が北斜坑よりも早くなることが明らかになり、小野上北工区の工事は中止することになった。

その頃、小野上南工区で実施中の坑内地質調査において重大な発見があった。それまで、付近の地質は第三紀中新世猿ケ京層群の一部と判断されていたが、凝灰角礫岩の岩相から第四紀洪積層に属することが判明した。さらに八木沢上流付近を地表踏査した結果、この地層が中山トンネル計画ルートに広く分布することがわかり、八木沢層と命名した。工事遂行上、地質縦断面図の全面的な修正は急を要するので、1975(昭和50)年に多数のボーリングを実施したところ、トンネル中央部の四方木〜高山工区の延長 3 km 間には、湧水に対し

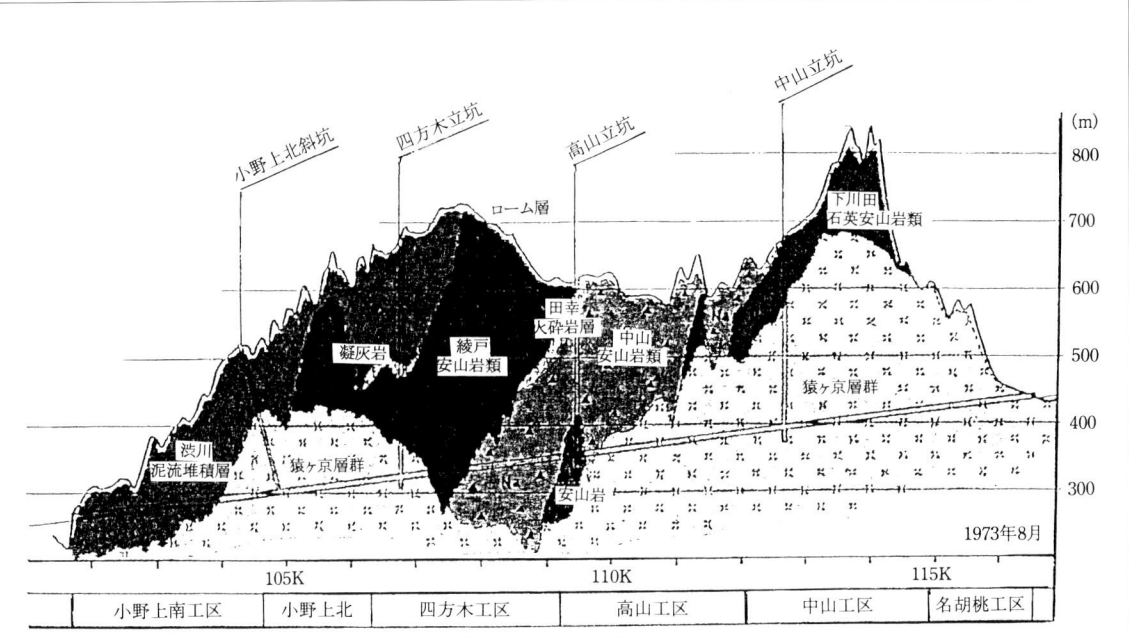

図 5・17 中山トンネル地質縦断図（昭和48年）

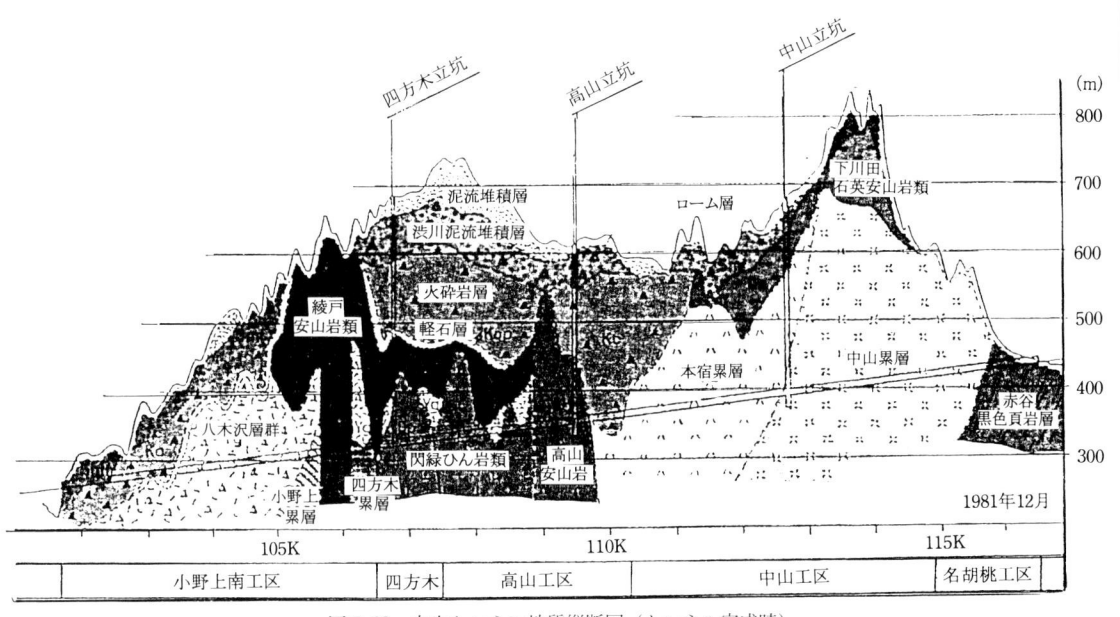

図 5・18 中山トンネル地質縦断図（トンネル完成時）

て崩壊しやすい八木沢層と，堅硬ではあるが起伏に富む閃緑ひん岩が，不連続で接触する構造が続くことが判明した。四方木立坑はその区間に建設中であった（**図 5・17，図 5・18**）。

(c) 四方木立坑

施工単価は，四方木工区が桁はずれの高額となっている。そこで工期がどのように費やされたか，作業日数を項目別に分類し，**図 5・19** に示した。

図 5・20 は，問題の四方木立坑（$H=372$ m）と隣接の中山立坑（$H=313$ m）の建設日数を比較したものである。注入・掘削日数で大きな開きが生じて

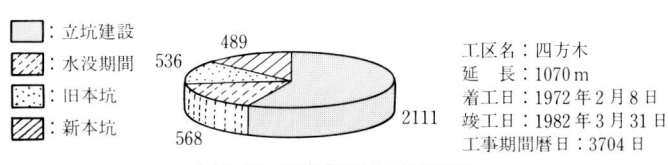

図5・19 四方木工区の作業日数

凡例：立坑建設／水没期間／旧本坑／新本坑

数値：489, 536, 568, 2111

工区名：四方木
延　長：1070 m
着工日：1972年2月8日
竣工日：1982年3月31日
工事期間暦日：3704 日

「水没期間」は水没事故（2回）による水没日数，「旧本坑」とはルート変更前の旧本坑等の施工日数，「新本坑」とはルート変更後（現在路線）の施工日数である。「事故や計画変更による損害」による日数も多いが，格段に多いのは「立坑建設」の日数である。

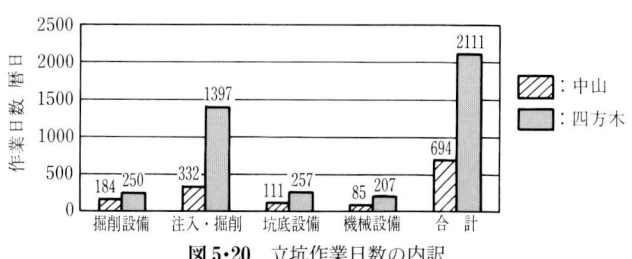

図5・20 立坑作業日数の内訳

	掘削設備	注入・掘削	坑底設備	機械設備	合計
中山	184	332	111	85	694
四方木	250	1397	257	207	2111

いる。グリーンタフの掘削で注入が不要な中山立坑は月進約 30 m であり，四方木立坑では月進 7.7 m となっている。立坑の掘削が可能な湧水は，経験的に 0.3 m³/min が限度とされているが，四方木立坑では最大 9.6 m³/min の湧水が発生した。様々な注入工事に日時を費やしながら，高水圧のため完全な止水効果が得られず，掘削作業が非能率になったことによるもので，湧水帯に立坑を施工した結果といる。

最大の問題は，本体工事の着手の遅れである。四方木立坑の完成は1977（昭和52）年末であるが，1978（昭和53）年3月になると上越新幹線のトンネル54工区のうち実に 36 工区が竣工していた。このことから四方木工区が上越新幹線 269 km の開業時期を遅らせる状況にあった。

(d) 注入工事と迂回坑

四方木立坑建設中の 1976 年から 1977 年にかけては，四方木・高山工区の本坑付近の八木沢層を追跡するために 24 本のボーリングが実施され，これにより四方木工区の八木沢層の分布するトンネル区間はほぼ 700〜800 m にも達することがわかった。八木沢層の注入工事がいかに困難かは 372 m の立坑注入・掘削に約 1400 日を要したことから十分認識されるはずである。**図 5・21** は

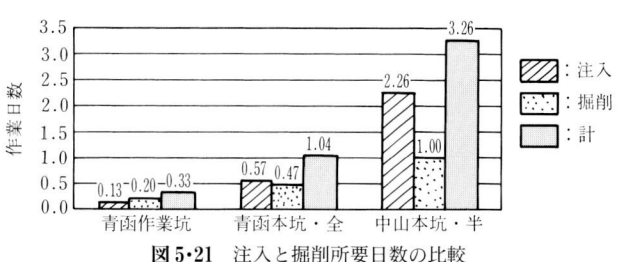

図5・21 注入と掘削所要日数の比較

	注入	掘削	計
青函作業坑	0.13	0.20	0.33
青函本坑・全	0.57	0.47	1.04
中山本坑・半	2.26	1.00	3.26

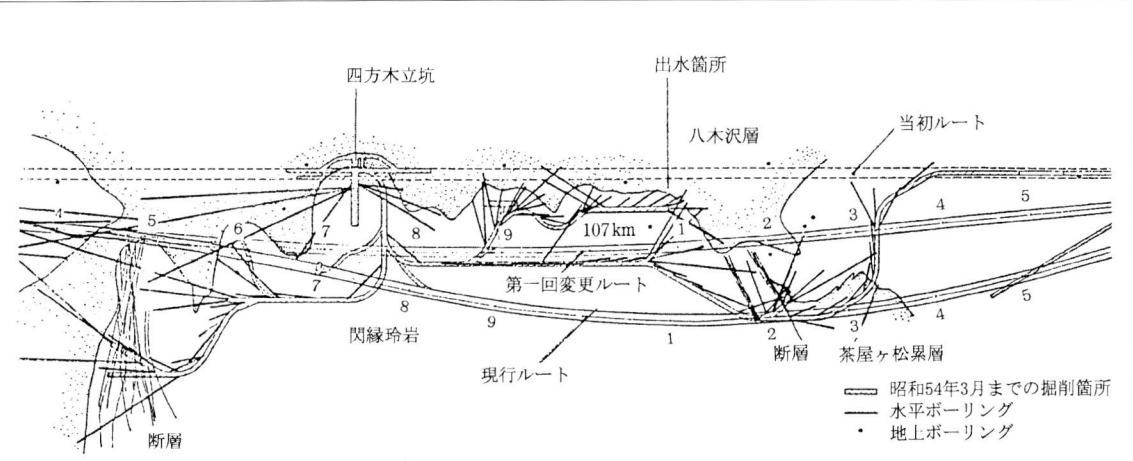

図5・22 四方木工区平面図（昭和54年）

青函トンネルと中山トンネルにおけるトンネル1m当りに要する注入作業日数等を比較している。青函トンネルは注入工事の成功により完成しているが、地質や湧水によっては、高額・低能率な場合もあり、安易に注入に期待しないように警告している。

(e) 水没事故とルート変更

工事の完成を急ぐためには、注入作業箇所を増やすほかはなく、唯一の方策は、ひん岩内に迂回坑を先行させ、工程上から有利な注入作業箇所を迅速に設備することであった。1976年2月、四方木立坑が施工基面に到達すると、ポンプ室から水平ボーリング（計7本）を行い、本坑右側の閃緑ひん岩の形状を確認し、1976年11月、立坑の供用開始とともに始点と終点に向け迂回坑を発進させた。

1979年3月18日、108k086m付近の注入箇所から、最大80t/minに及ぶ異常出水が発生した。幸いにも人身事故にはならなかったが、全工区が水没し、出水後約10時間で水面はトンネル施工基面の上方約217mに達した。

復旧は、出水した坑道（幅6m）を閉塞するためボーリング（深さ350m）14本を行い、11本を命中させ、モルタル、セメントミルクを注入した。また13本のボーリングで周辺地山に止水注入を行い、9月末には排水を完了した。この間に全体計画を検討し、四方木工区付近でルート変更を行い、工区内の八木沢層区間約780mを290mとした（図5・22）。

新ルートの工事に着手した直後、1980年3月8日、今度は高山工区本坑の注入箇所から最大110t/minに及ぶ異常出水が発生した。当工区は四方木工区と迂回坑で貫通していたため、両工区が水没する結果となった。

重大事態に立ち至り、全体工程を検討の結果、切端注入工期の短縮を最重要課題として、止水工事と並行して未施工区間の八木沢層に対し平均350m上方の地上から注入工事を行うこととした。さらに、再度のルート変更により、四方木工区の八木沢層を140mに短縮したが、一部に曲線半径1500mが挿入され、設計速度を侵す結果となった。1981年6月までに注入工事を終了し、約1kmのトンネルの超人的な急速施工を行い、1982年3月のトンネル完成を迎えることができた。

事例-2　生田トンネル

(a)　概　要

　生田トンネルは，日本鉄道建設公団が建設したJR武蔵野南線（新鶴見～府中本町間・貨物専用線）にある延長10k359mの複線トンネルである。通過地は海抜70～100mの起伏の多い多摩丘陵で，東急田園都市線，東名高速道路，小田急電鉄線の下部を通過する。特に小田急線・生田駅付近等の新興住宅地を被り30～40mで通過するため，1967（昭和42）年10月，ルートを公表すると地域の住民から猛烈な反対運動が起こった。

　川崎市に対する工事反対の請願は，多摩区を中心に18件（請願者約13000世帯）に及んだ。1969（昭和44）年9月，市議会はこの請願を一括採択したが，採択には「鉄道公団は住民の不安を除去する努力をすべきである。」との付帯決議があった。公団側はこれを拠り所として，住民の不安解消のため必死に技術的な説明を重ねたので，1970（昭和45）年4月頃から徐々に着工できる情勢となったが，生田地区の住民は，貨物線建設反対から次第にトンネル工事に伴う地盤沈下等を問題とするようになった。公団側の技術的な説明に対し，住民側は，「現代の技術水準は理解するが，本当に変化の多い地下の地質を把握し，安全に施工できるだろうか？」との不信感から結束していた。最終的に住民側の施工承諾の条件は，「地質と施工の情報の公開」であり，その履行の証を求めたので，公団側もこれに関する覚書を交わし，1972（昭和47）年3月に着工するに至った。

　実際に流砂や地盤沈下のおそれがある箇所もあったが，施工中にも各種の調査を精力的に行い，それぞれの問題を解決しながら厳しい自然条件・社会条件下の長大トンネルを無事に完成することができた例である。

(b)　地質の概要

注）三浦層群：現在は上総層群とされていて，鮮新世から洪積世（更新世）の堆積物である。

　多摩丘陵の基盤は，新第三紀鮮新世の三浦層群（注）で，上部は第四紀洪積世の段丘堆積物，関東ローム層で覆われている。谷部には薄い沖積世の堆積層があるが，多くは宅地化のため関東ローム等により平坦化されている。トンネルは基盤の三浦層群を通過するが，起点側は土丹と呼ばれる泥岩層が占め，終点側は稲城砂層が占める。下位の泥岩層と上位の稲城砂層はおおむね14k400m付近で指交状に接する（**図5・23，表5・2，表5・3**）。

　泥岩は，一般に不透水性で自立性も良く，これが長区間に連続するため施工性に恵まれている。特に泥岩層における地下水位は，泥岩上面下5～10m程度でトンネル湧水のおそれは少ない。これに反し稲城砂層の性状は多様であり，激しい流砂を伴うものから矢板工法で掛矢板が可能な地層まである。透水性は10^{-2}cm/sから10^{-4}cm/sで，一般に稲城砂層における地下水位は15～40mと変化し，湧水・流砂が予想される砂層では，事前に排水・注入等の補助工法が不可欠であった。

(c)　施工中の調査

　一般に建設は，調査・設計・施工と段階を踏んで進める場合が多いが，当工事の事前調査は，基本的なトンネル設計と施工上の問題点の把握にとどめ，例えば，稲城砂層の分布と性状の詳細調査や補助工法の検討など，問題の解決については必要な調査を精力的に行い，調査結果を施工に反映させ，あるいは施工状況を次の調査法に反映させ，流砂の危険を伴う地帯を山岳方式による掘削

5.3 わが国における難工事と地質調査　175

図 5・23　生田トンネル地質縦断図

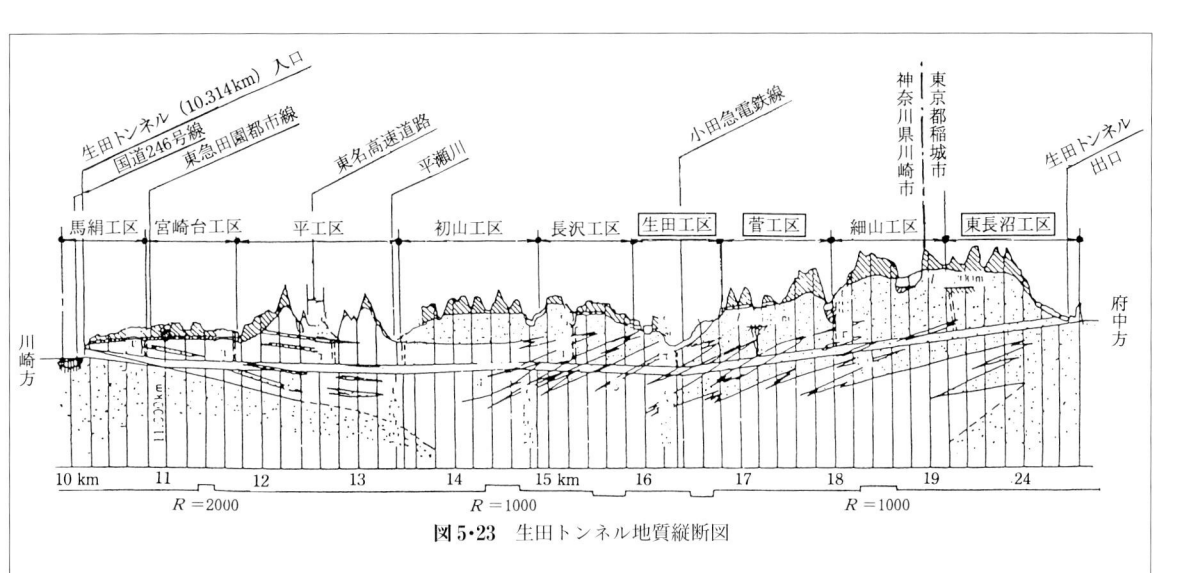

表 5・2　生田泥岩層と稲城砂層の比較

項　目	生田泥岩層	稲城砂層
生 成 時 代	第三紀鮮新世	第三紀鮮新世
土 質 分 類	固結シルト	細～中砂
色　　調	青～暗灰色	青灰色～茶色
砂　　分	30～50％	80％以上
N 　値	50以上	30～50以上
固 結 度	固結	軟固結
相 対 密 度	密	密
比　　重	2.60～2.70	2.60～2.70
単位体積重量	1.80～1.90 kg/m³	1.75～1.90 kg/m³
一軸圧縮強度	20～30 kg/cm²	—
三軸圧縮試験	—	粘着力　0～1.70 kg/cm² 摩擦角　22～41°
透 水 係 数	10^{-5}～10^{-7} cm/sec	10^{-2}～10^{-4} cm/sec
弾 性 係 数	3,000～4,000 kg/cm³（一軸）	—

［日本鉄道建設公団：武蔵野線工事誌より］

表 5・3　生田トンネルの区間別地質と施工法

区　間		地　質	施　工　法		
始終点	延長	名　称	方式	掘削法	補助工法
10 k 069 m 14 k 970 m	4,091 m	新第三紀三浦層群 シルト岩	山岳	底設導坑先進 上部半断面掘削	
14 k 970 m 18 k 000 m	3,030 m	新第三紀三浦層群 シルト岩と砂層の互層	山岳	側壁導坑先進 上部半断面掘削	各種排水工・注入工 袋注入工法
18 k 000 m 20 k 340 m	2,340 m	新第三紀三浦層群 砂　層	山岳	側壁導坑先進 上部半断面掘削	ディープウエル工法 メッセル工法
20 k 340 m 20 k 428 m	88 m	新第三紀三浦層群 砂　層	開さく	山岳型組立式	

［日本鉄道建設公団：武蔵野線工事誌より］

図5・24 本坑地質調査

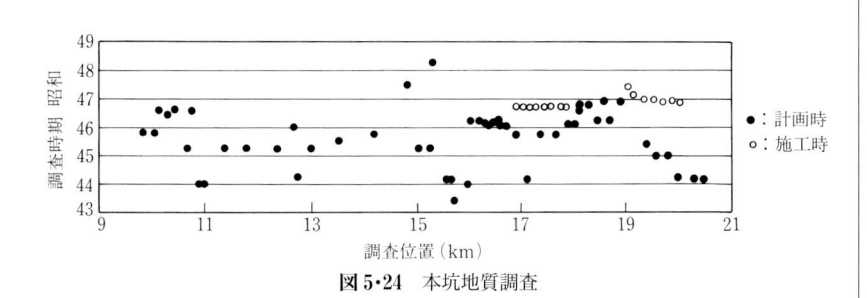

で無事に完成することができた（**図5・24**）。施工中の調査や付随する補助工法の選択等について以下に述べる。

(d) 袋注入工法

トンネル掘削に伴う地盤沈下を抑止するためには，掘削後の地山・支保工間の空隙をなくすことが重要な課題である。生田工区では当時施工例の多いメッセル工法(注)を選択し，機械化メッセル装置を坑内に据え付け，試験施工したところ，切端の泥岩は予想外に硬く（$q_u=50〜60\,\mathrm{kg/cm^2}$）メッセル矢板が貫入しないため使用できない事態となった。そこでメッセル工法に代わる補助工法として，硬い泥岩でも支保工との間に空隙を発生させない工法を早急に確立する必要があった。

吹付け工法・仮巻工法等も検討したが，それらと比較し，材料・機器の調達が容易で施工性も優れた袋注入工法を開発した。この工法は支保工の建込み時に，布製の大きな袋を地山と支保工の間に挿入し，布袋にエアーミルクをポンプ等で充填し，空隙を埋め支保工と地山を一体化するものである（**写真5・6**）。

坑外試験の結果，木綿生地の袋がエアーミルクを漏らさず，余剰水・空気は排出し，施工注入圧（$2\,\mathrm{kg/cm^2}$）に十分に耐えること，袋の寸法が支保面積・余掘厚に対し，十分に大きければ袋はよく膨らみ，地山と掛板との間隙を容易に充填できることなどがわかった。

この工法には次の特長がある。

① 掘削後の早期に支保背面の空隙に充填し，地山と支保を一体化できる
② 支保工の耐荷力を有効に利用し，エアーミルクで地山を加圧できる
③ 砂層，湧水箇所でも剥離しない

注）メッセル工法：鋼矢板（メッセル矢板）をアーチ状に組み合わせて，油圧ジャッキで前方へ押し進め土中に圧入する工法。

写真5・6 袋注入工法

④ 作業は粉塵・騒音がなく，使用機器が小型で小断面でも作業しやすい
⑤ 施工速度が速く，工費も低廉である

生田工区で地盤沈下が最も警戒されたのは，小田急線下部の掘削であり，トンネルの純被りは16 mであった。施工は先進する側壁導坑施工時から袋注入工を採用し，上半はリング掘削，支保工建込みと袋注入工，1日単位で施工する仮巻，早期覆工，早期裏込め注入を実施し，小田急線付近の沈下をわずか10 mm以下に抑えることができた。

結果として袋注入工法は，生田トンネルの上半支保工（延長 2040 m）と側壁導坑支保工（延長 671 m）で適用され，被りの少ない区間の地盤沈下の抑止に貢献した。

(e) 生田工区の調査坑

上記の被圧砂礫層は，概査では砂層と考えていたが，立坑施工のため追加調査すると，その一部は砂礫層であり，被圧水を伴うことがわかった。さらに2本のボーリングを追加したところ，砂層・砂礫層の互層は厚さ 4〜5.5 m で，立坑の起点側 150 m 間のトンネルに分布する。砂礫層はシルト分が6％，透水係数は 1.2×10^{-2} cm/s で出水・流砂しやすい。また連続性が高く被圧水が大量に賦存すること等が判明した。付近の地盤中には長沢浄水場余水吐水路トンネル（小断面），地表には小田急線・主要地方道（2万台/日），水路・道路橋・水道管等の諸施設と多くの家屋があり，流砂による地盤沈下は絶対に許されない状況であった。砂層の調査は地上から十分にできないため，本坑上部の両側に延長 120 m の調査坑（断面積 4.57 m^2）を計画した（図 5・25）。

両調査坑では，延長約 60 m の砂礫層を止水注入により突破し，良好な止水効果を得た。また，これに要する注入材，注入量，注入圧，能率などを把握できた。これらから本坑の砂礫層対策は注入工を主体とすることに決め，調査坑から本坑断面の砂礫層に止水注入を先行した。この過程で地表のボーリングでは把握困難な砂礫層の立体的な分布と施工上の問題点を把握した。本坑に対する注入の起点側の区間では，「注入孔の孔荒れによるリーク」や反対に注入圧による「地盤のひび割れ」が発生し，注入効果は不十分で本坑施工が困難であることが予測された。

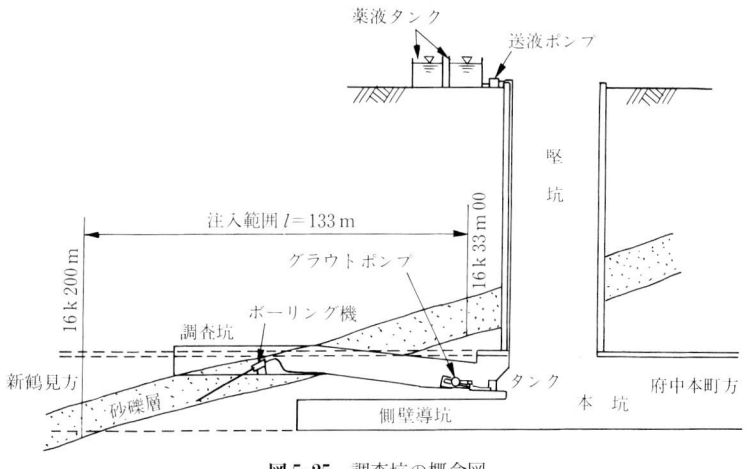

図 5・25 調査坑の概念図

本坑掘削の結果，予測どおり注入効果は不十分で，掘削途中で流砂にあったが，地山を観察すると砂層には薄いシルト層を挟み，透水層が細かく遮断されており，注入工も排水工も困難であることがわかった。そこで，8回に及ぶ流砂はあったが本格的な注入は避け，空隙の充填注入のみを行い，68 m の区間に 121 日を要して突破した。その後は砂層に介在物がなくなり，ウエルポイントが効果を発揮し，残り約 80 m の湧水砂層は容易に掘削できた。

　上半の掘削は湧水もほとんどなく月進 66 m 程度の速度で掘削できた。一部に流砂により発生した空洞は支保工後にコンクリートを充填した。このような経過をたどり，問題の区間の砂礫層を突破できた。問題の最終地表沈下量は，砂礫層直上のトンネル中心で 10 mm であり，最寄りの民家で 3 mm であった。

(f) 菅工区の施工中の調査

　砂層・泥岩の互層区間の施工では，泥岩の施工は容易であるが，砂層は流砂・湧水のおそれがある危険区間であり，特に詳細に砂層の位置を予知する必要があった。16 km 付近の施工で砂層の出現位置が地質図と相違したために原因を検討したところ，ボーリング間隔が広すぎることがわかり，早速追加ボーリングを行うこととした。また，すでに施工した砂層の流砂等の挙動と既設ボーリングによる砂層の調査結果を対比したところ，特にこの地帯では粒径から求めた透水係数が流砂の予測に有効であることがわかった。これらから新旧ボーリングを合成し，施工管理用の地質縦断面図を作成し，砂層は透水係数のランクごとに識別して図示した。この地質縦断面図は，その後の施工の安全性確保に大きく貢献した。

　ある砂層の施工（事例 A）では，事前にその砂層の位置・性状を予知していたので，なんとか導坑は通過できたが，その後の上半の施工で大きな流砂を発生させて復旧に多くの工期・工費を費やした。当然ながら導坑が最良の施工時における地質調査の場であることを再認識し，その後は導坑が要注意砂層を通過するときは，流砂・湧水の状況，導坑砂層の粒度分布，砂層の形態（近接砂層の有無，上半での層厚），導坑施工による砂層の緩みなどを観察し，必要な場合は導坑仮巻，上半施工区間の当該砂層に対する事前注入，注入層上部からの排水工等を事前に実施し，その後の上半を安全・迅速に施工することができた。全く同じ条件の砂層はなく，また注入工等は品質の差も大きく，詳細な評価では多くの要素を検討する必要はあるが，**表 5・4** および**図 5・26** は，その概況を示している。

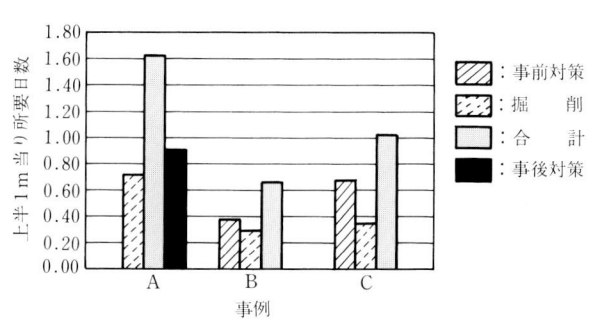

図 5・26　上半の砂層処理日数の比較

表5·4 砂層・泥岩・互層区間の上部半断面の流砂対策

分類	事例符号		A	B	C
流砂対策概要	発 生 位 置		17 k 240 m 付近	17 k 500 m 付近	17 k 800 m 付近
	対 象 上 半 延 長		53 m	105 m	76 m
	事 前 対 策 日 数		0 日	39 日	51 日
	事 後 対 策 日 数		48 日	0 日	0 日
	対 象 区 間 掘削日数		38 日	30 日	26 日
	対 象 上 半 所要日数		86 日	69 日	77 日
上半切端概況	対策との関係		事前対策なく流砂	事前対策し安定	事前対策し安定
	流 砂	流 出 量	740 m³	— m³	— m³
		流 出 時 間	4 日間	— 日間	— 日間
	湧 水 量	流砂発生時	400 l/分	— l/分	— l/分
		流砂安定時	— l/分	滴水 l/分	滴水 l/分
	そ の 他		空 洞 発 生	切 端 安 定	側壁より湧水多し
砂層の形態	砂 層	層 厚	1.2 m	1.0〜2.0 m	1.5 m
		そ の 他	上部に砂層も流砂	砂層厚は坑奥で大	上部にも砂層あり
	土 質 試 験	透 水 係 数	10⁻³ 程度	10⁻³ 程度	10⁻³ 程度
		均 等 係 数	2.0	6.2	3.8
		礫 分	1 %	0 %	0 %
		砂 分	97 %	83 %	87 %
		シルト・粘土	2 %	17 %	13 %
		比 重	2.63 g/cc	2.63 g/cc	2.67 g/cc
導坑掘削状況	流 砂	流 出 量	30 m³	10 m³	150 m³
		流 出 時 間	16 時間	72 時間	360 時間
	湧 水 量	発 生 時	120 l/分	30 l/分	130 l/分
		安 定 時	40 l/分	20 l/分	130 l/分
	進 行	発 生 前	1.8 m/日	3.6 m/日	4.0 m/日
	工 法		掘削 矢板工法 縫地	矢板工法 縫地	矢板工法 縫地
対策工の概要	対 策 の 分 類		事 後 対 策	事 前 対 策	事 前 対 策
	空 洞 充 填	注 入 量	496 m³	0 m³	0 m³
	地 盤 注 入	注 入 量	0 m³	290 m³	310 m³
	カーテングラウト	注 入 量	280 m³	47 m³	100 m³
	排 水 工	孔 数	20 孔	48 孔	34 孔
		排 水 日 数	42 日	79 日	153 日
		排 水 量	5000 m³ (約)	2900 m³ (約)	14000 m³ (約)
	側 壁 導 坑 仮 巻		なし	施工	施工

(g) 東長沼工区の流砂対策

 東長沼工区は,稲城砂層の山塊における比較的大きな被りでの施工であった。施工の都合から工事当初に,施工区間起点部本坑に向かい斜坑(斜坑部145.5 m,勾配1/4,内空断面16.6 m²)を施工した。斜坑57 m付近で第1回流砂(湧水80 l/min)に,119 m付近で再び第2回流砂(最大湧水1000 l/min)にあい,ディープウエル等により突破したが,斜坑沈下等に伴う掘削作業の停滞,排水工事施工のため,工事は計画に反して大幅に遅れ,水平坑51 mと付帯設備を合わせて施工に約11カ月を要した。しかしながら,この斜坑掘削は実質的な調査坑の役割を果たし,貴重な成果を得ることとなった。

 斜坑の掘削状況から,より断面の大きな本坑掘削ではさらに難航することが予測されたので,斜坑の施工を踏まえて地質等の再調査を行うこととした。斜坑での最も大きな収穫は,流砂は深度よりも砂の土性に深く関連することが立証されたことである。これらから調査の方針は,

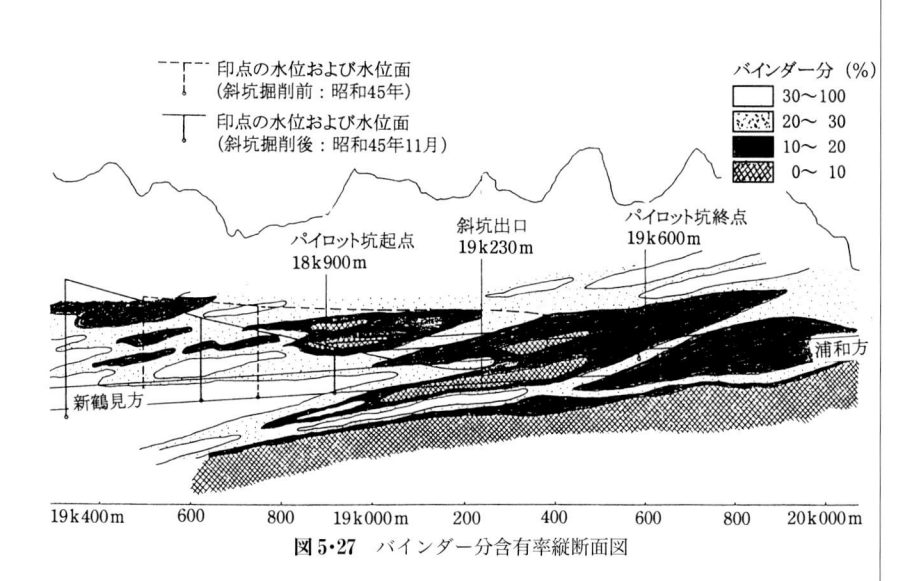

図5・27 バインダー分含有率縦断面図

① 斜坑の流砂箇所および自立箇所の土性を把握
② 本坑付近の土性を連続的に把握
③ 各層の透水係数および水頭を把握

することとした。

①については，**図5・27**に示す調査結果を得た。これらを検討した結果，砂層の自立性に関連する各種の物性値のうち，細粒分（粘土・シルト）は透水係数，均等係数，粘着力，摩擦係数と共通する要素があり，また調査も容易で経済的であるため，細粒分の含有率により自立性を評価することとした。

②と③については，5本のボーリングを追加し，長区間にわたり細粒分の分布と斜坑施工後の水頭等を調査した。

本坑の地下水対策工法については，砂層の透水係数等から重力排水工法に決定し，水平ボーリングとディープウエル工法を比較した。ディープウエル工法は維持管理を要し，停電等の対策を要するものの，水平ボーリングは砂層での削孔が困難なこと，完全なストレーナの設置に問題があり，流砂のおそれがあることから，斜坑で施工経験のあるディープウエル工法に決定した。

地表からのディープウエル施工は，用地問題から不可能であったので，**図5・28**に示すとおり，トンネルの両側にパイロット坑を設けディープウエルを削孔した。管径は300 mmとし，孔間隔は15 mを標準とした。この結果，本坑の施工はほとんどドライワークとなり，導坑，上半とも1.8 m/日（支保工2基）の進行を確保できた。稀に側壁導坑に湧水が発生し，その場合はウエルポイントを補助とした。上半の砂層が乾燥しすぎて，切端が崩壊しやすくなったこともあったが，全般としては順調にトンネルを完成させている。

(h) 工事説明と地表沈下

生田工区付近を中心に結成された武蔵野南線反対連絡協議会は，多くの住民が地盤沈下に不安を抱くとして，着工後は工事監視団として工事の内容の公開を強く求めたので，公団側は毎月定例的に工事説明会を実施しこれに答えた。

説明内容は，工事の進捗と施工の状況，地質および湧水量，井戸・観測井の

図 5・28 ディープウェル施工図

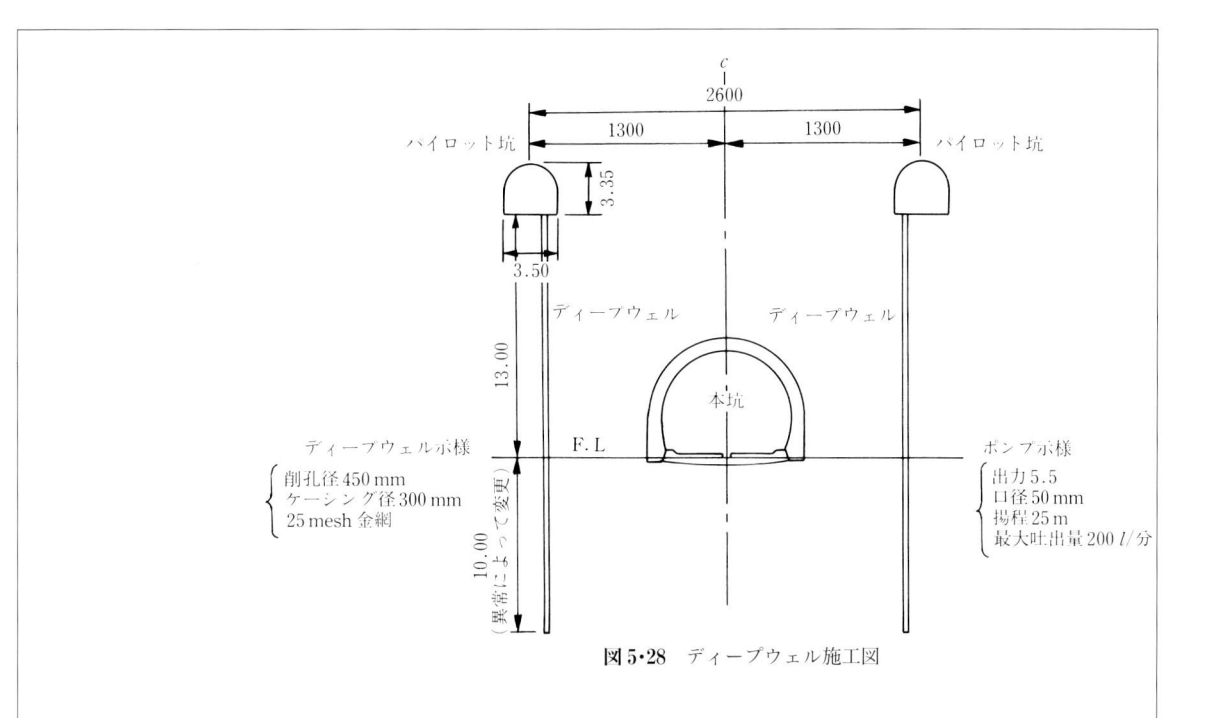

（ディープウェル仕様）
- 削孔径 450 mm
- ケーシング径 300 mm
- 25 mesh 金網

（ポンプ仕様）
- 出力 5.5
- 口径 50 mm
- 揚程 25 m
- 最大吐出量 200 l/分

水位，地盤沈下等であった。特に地盤沈下測定点は，トンネル直上部・道路・橋梁のほか，不安を抱く民家付近を対象としたので310点に及び，毎月専門業者による測定結果を公表した。工事説明会は工事中41回に及び，時には紛糾することもあったが，協議会役員も不毛な混乱を嫌い，支援団体・マスコミの介入は避け，一般住民の代表として詳細な説明を求めたので，公団側も真摯な態度で説明に臨んだ。幸い住民側が不安を感じるような大きな地表沈下例もなく，住民側も次第に工事に信頼を寄せるようになった。

ほとんどの工事が終わっても，1カ所の団地（土地共同所有者80人）はなおも反対を続けたが，1975（昭和50）年3月の収用委員会の和解案を受理したので，中止区間（約140 m）のトンネル工事と付帯工事を高速に施工し，同年の8月に国鉄側に引き渡された。

5.4 英仏海峡トンネルにおける地質コンサルタントの役割

英仏海峡トンネルは第4章でほぼ同規模の青函トンネルとの比較ということで説明したが，ここでは事前に十分な地質調査が実施され，英仏の地質コンサルタント，建設コンサルタント，事業主体が徹底した議論をして安全で経済的なトンネルの設計施工が検討された。チョークマール層という割れ目のほとんどない安定した白亜紀の地層が，トンネル掘削に最も適しているという結論となった。この地層の英仏海峡海底下における分布を三次元的に把握するために徹底的な調査が進められた。反射法を主とした物理探査，数多くの海上ボーリングが実施され，トンネル全延長にわたり，すべて同じ地層を掘削するようにルートが選定された。地質が均一であればトンネルボーリングマシンの導入が有効であり，小松ロビンソンのTBMが大活躍をして予定されていた工事期間を大幅に短縮して完成されたことで知られている（**図5・29，写真5・7～写真5・10**）。

このトンネル工事においては日本の鉄道トンネルの建設で経験の深い地質コ

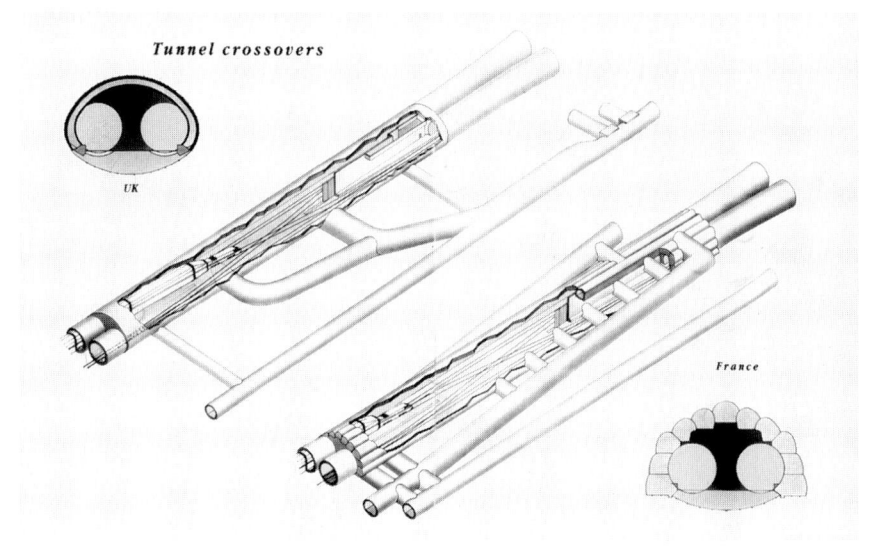

図 5・29 英仏海峡トンネル概要図

英仏海峡トンネルは，単線2本と，サービストンネル1本からなっているが，全長50.5 kmの中に3カ所列車の行き違い箇所がある（クロスオーバーと呼ぶ）。上が英国側，下がフランス側である。これは，列車が少ない時間または一方の単線トンネルに事故，変状があった場合に，上り，下りをある区間で単線運転することにより，その隣りの単線トンネルの補習や保守ができるようになっている。掘削断面は非常に大きいが，事故なく掘りあげ，現在はいろいろな事に使用されている。

右方にドーバーの白い崖があり，ほとんど切り立っていて安定地盤である。トンネルを掘ったのはさらに下層のチョーク・マール層，石灰粒と泥とが固結したもので，さらに硬く割れ目も少ないので不透水性である。基地は，掘削したズリを集めて造成し，工事の進行に伴って拡大していった。

写真 5・7　英国側の工事基地

右側がドーバーの白い崖である。崖と基地との間に鉄道があり，テームズ河口にある Islgrain にあるセメント工場から輸送される。線路を跨ぐクレーンがあり，貨車より降ろされたセグメントを現場に入れている。トンネル構造物として重要なセグメントは，すべてユーロトンネルで自家生産している。骨材はスコットランドの赤色花崗岩で，砂もそれから製造している。コンクリート・セグメントの強度は 800 kgf/cm2 以上もあり，1000 kgf/cm2 を超えるものも多かった。原石の地質調査，岩石調査は十分やっている。フランス側もほぼ同様で，セグメント製作工場は坑口の立坑と連絡している。これらの坑外設備には換気設備やクーリング設備等が完備している。

写真 5・8　工事基地（夜景）

写真 5・9 クロスオーバーの施工
掘削断面は約 20 m×18 m で，湧水がなく地盤が安定していることがよくわかる。

写真 5・10 海上ボーリングの SEP
白い崖が美しく見える。

ンサルタントがシニア・アドバイザーとして関与した。10年以上に及ぶ期間，計画段階から施工段階までに関与した経験から，日本の地質コンサルタントの果たしている役割と欧米の地質コンサルタントの役割の違い，責任の違いなどについて，実際の国際的プロジェクトに参加して，貴重な経験を積まれたのである。

以下は，このような実践的な経験をもとに得られた，日本と欧米のコンサルタントの違い，地質の相違と調査コストの考え方についての意見を1つの**ケーススタディ**として紹介するものである。

[ケーススタディ]

日本と西欧のコンサルタントの相違

西欧においては，コンサルタントという職分化は早くから進んでいた。コンサルタントと施工主体や施工業とは並立の関係となっており，建設事業において対等の立場で，建設工事についてのアドバイスがなされ，社会的にコンサルタントの独立性が強く保証されているという特徴がある。

一方，わが国のコンサルタントについては，建設工事の業務補助的な役割を担うものとして社会的に認識されている傾向がある。

このような相違は，コンサルタントの成立の過程で，欧米とわが国では出発点が違うことによって生じたものである。例えば，ボーリング作業，図面のトレース，部分的な設計計算など，専門的な分野での役割分担から始まって職分化してきた西欧のものと，一方，日本のように企業・施工主体への労務サービスの提供という考え方から始まったものとは，当然ながら，その役割や責任および権限などを含めて，その性格は違ったものとなる。

わが国において，コンサルタントが業務補助的な位置にしかないことは問題であり，現状の複雑な行政体系や経済体系にも適合しなくなってきているので，建設工事に携わるコンサルタントの責任および権限の範囲が不明確となっていることが多い。公共の建設事業において，官（企業側・事業主体）とコンサルタントの責任関係を極めて曖昧にしているゆえんでもある。

国際化が進む現在の日本においては，行政や経済社会の変化と専門分野の知識の多様化・深度化によって，これまでの事業主体とコンサルタントの関係が徐々に適合性を失っている。しかしその一方では，成立時の業務補助型を抜けきれていないという問題を抱えている。

　しかし，業務補助的な役割の整理はすでに行われつつあり，地質調査，設計，施主の品質管理（監督，コストアナリシス）などの業務について，同一の会社や共同企業体のプロジェクトとして実施されてきている。

　その具体的な方法としては，下記のようなことが考えられている。
① 地質調査業者またはその構成員が，計画・設計および管理を行う会社へ出向・移籍する（これは，実施する順序や時期にもよる）。
② 土木系の計画・設計会社が地質調査業会社を所有または合併する（これは英仏海峡トンネルでの方法である）。
③ 地質調査業系会社と土木コンサルタント系会社とのジョイントベンチャー（JV）を設立する（得意とする分野によってはJVを構成するコンサルタント側の人数は多くなる）。

　欧米では，このような方法は通常化しており，技術者，地質コンサルタント，土木コンサルタント，建設業者，発注事業主体等，組織間の人の移動が極めてスムーズに行われていることは注目すべきである。

　筆者は，英仏海峡トンネル工事にシニア・アドバイザーとして12年間かかわり合ったが，現地で会う人々と交換する名刺の会社名や肩書が，その時々に変わっていることが，工事計画時には特に多かったことを記憶している。例えば，事業主体であるユーロトンネル社の計画・設計の際に，政府側にあって審査していたコンサルタント会社はじめ，かなり多くの人々がユーロトンネルが認められ，細部設計・施工段階になると，ユーロトンネル工事に加わってくるようになった。コンサルタントは総合的なものまであり，施工段階においては，NATM(注)工事区間の吹付けコンクリートの方法までも監視しアドバイスをしていた。

　このような場合，ジョイント各社であることもあり，社内専門家の活用というケースもある。一般的に大きいプロジェクトは，大手の総合コンサルタントがあたる例が多いが，部分的に専門分野が欠けている場合には外部に依頼することもある。

　デンマークのグレートベルト・トンネル計画について，私はアドバイザーとしての評価と検討を担当し，現場を時々見に行ったことがある。評価の対象である計画・設計はイギリスのコンサルタント会社に別発注されていたので，私はイギリスのコンサルタント会社の案について最終的な審査をすることになっていた。したがって，英仏海峡トンネルに関係していた人に出会うことが多かった。これらの人たちのほとんどは，施工についてかなり高度な知識をもっていた。

　英仏海峡トンネルの建設事業は，ユーロトンネルという事業主体のもとで，ドーバー海峡を挟んで英仏両サイドに建設（車両納入等まで含む一括事業）全体を請け負うイギリスの大手ゼネコン5社の作業基地があり，それらを同一JVのコンサルタントが管理にあたっていた。これらのコンサルタントは総合コンサルタントで，最終的には収支予測までを行っている。それ以外には，契約上のトラブル解決のためにリーガル（法律）コンサルタントがついている。

注）NATM：New Austrian Tunnelling Methodの略。ロックボルト，吹付けコンクリート，鋼アーチ支保工などを地山の状況に応じて単独もしくは組み合わせて支保する工法のことである。山岳トンネル建設の標準工法。

総合コンサルタントの強みは，あらゆる分野の専門家が社内にいて，計画から施工管理の分野まで業務を広げることができることである。施工管理は現場経験が常に必要不可欠であり，計画設計の際に実際とのずれをできるだけ発生させないことが重要となる。

　欧米におけるコンサルタント業には，規模の非常に大きな組織，多種多様の機能をもった集団，特異な能力をもった個人に至るまで，幅が広く奥行きのある形態としての特徴がみられる。

　一方，日本ではコンサルタントが補助業務から出発したために，計画・設計・施工での一貫した品質管理はできず，発注者が統一したものにしていくという傾向が強い。

　小さい工事なら町の大工さんで済むが，最近のような複雑化した社会では，かなり大手の地質調査系コンサルタントでなければ，その使命もニーズも果たすことができなくなっている。まずはJVとしてでもよいから，総合コンサルタントまたは地質部門の総合研究的組織，環境コンサルタント等を加えた形で一貫した品質管理についての対応が必要である。

表5·5 青函トンネルと英仏トンネル建設における自然的・社会的条件等の相違

			青函トンネル	英仏トンネル
自然	地形	海底距離 水深（ルート） 海流	23 km 140 m 強	38 km 60 m（注1） 弱
	地質	地殻運動 年代 断層等 岩石	プレート（膨張，地圧） 新第三紀（含火山岩） 多い 硬→軟	ほとんどなし 白亜紀（チョークマール） 非常に少ない 中軟
	線形	平面曲線然 勾配 土被り	6500 m 12‰ 100 m	4000 m 11‰ 40 m
	トンネル断面	本トンネル サービストンネル パイロットトンネル	複線1本 1本 1本	単線2本 1本 なし
社会的条件	建設のモチーフ		洞爺丸事件…安全性	歴史的背景…EC・EUの形成
	資金		財政投融資（国）	民間資本金・借入金
	使用技術・プリンシプル		世界最長海底トンネル （他例なく自己開発）	既存技術の活用 （青函に例あり）
	安全		開発（国鉄）	国間委員会（IGC）の許可必要
	コスト		最初の予算とほぼ同じ （技術力向上）	最初の予算の2倍 （建設→運転期間長） （会社の構成…技術力に断縁）
	資金返還		国鉄精算事業団借金	運輸収入－（運転保守費＋利子＋配当） ＝純益より返還
効果・将来			開発型で周辺人口は少ない。 技術開発型（コスト低減）。 新幹線やカートレイン（シャトル）を合わせる必要あり。 国内よりも国外に刺激	実用型で他機関との競争あり。 （フェリーボート，航空機） ヨーロッパ高速網化の一部。 モーダルシフトの一部。 北欧（デンマーク，スウェーデン，ドイツ）
今後（注2）			アジア実現 日韓トンネル，宗谷・関門海峡，海南島，揚子江，マラッカ海峡，スンダ海峡など	アルプス越え （3ルート）モーダルシフト。 ボスポラス海峡

注1）途中にベルネ浅瀬（5 m）あり。
注2）世界的にはジブラルタル海峡，ベーリング海峡，ワールドトランスポーテーションシステム（WTS）

注）ここでの西欧諸国とは，わが国で現在使用されている調査手法を，先進的に用いていた国のことを意味する。具体的には，アメリカおよびヨーロッパ中北部にあるイギリス，ドイツ，フランス，ロシアなどである。

これはコンサルタント成立の出発点からいって，未だ尾を引いているところであるが，日本の現状のままでは，将来のニーズを受け入れることもできないといえる。また，ハードとソフトを仕分けることができないほど，建設事業の周辺環境が複雑になっていることから，より広い受け皿が必要となろう（**表5・5**）。

地質の相違と調査コストの考え方

西欧諸国の地形・地質についてみると，これらの国々では，ほぼ中世代以前に大きい地盤変動が終わり，火山活動も一部を除いては少ない地盤環境となっている。これに対し，日本の地形・地質は極めて複雑で脆弱である。

仮に，日本と欧米で同一の構造物を建設する場合，地質の安定度が違うので，計画・設計段階で必要となる地盤情報を得るために地質調査にかける知力・労力は，日本の方が高くなるのは当然だと思われる。

しかしながら，土木工事における地質調査費用は，明白な統計・比較はできないが欧米の方が数倍程度多いといわれている。これは責任の所在や契約関係の条件解決にかなりの差があり，より精密に調査を必要とする欧米の考え方によるものと思われる。また，欧米は地質があまり複雑ではないので，コストをかけた分は正確にデータが返ってきて，より綿密な調査にコストをかけることは，最終的な建設コスト低減に直接効果があるものと推測できよう。

小さい断層で，あまり危険でない地盤についても詳しく調べる。私の知っている範囲でも「そこまでしなくてもよいのではないか」と思うことが再々あった。これは，地質が単純なだけに，調査をすればそのコストは工事でそれ以上回収できるからであると考えた方がよいのかもしれない。

注）SEP：Self Elevating Platform の略。**写真5・10**に示すような，水上におけるボーリング作業用足場仮設のことである。

英仏海峡トンネルの場合でも，工事着工後にアドバイザーとして私が行った際，中央部の水深約30～50 m の場所に沖積層があるようなので，海上ボーリング調査をアドバイスした。それに対して約40カ所でSEPによる海上ボーリングが実施された（**写真5・11**）。結論として，難透水性のチョークマール層が30 m 程度あると考えられるので，バランス式シールドで施工すればなんとかなると判断し工事はそのまま続行されたが，このようなことに，数十億円のコストをかけるという姿勢は学ぶべきことであると思う。調査費は，そのほかの分野にも十分に使われたので，全工事費に占める全調査費の割合は数パーセント以上であったと思われる。ほとんどの調査費は有効に利用されていた。むし

地質は，上が氷河堆積物（Tilと呼ばれている），下が第3紀層である。不慣れな初期の段階で水没事故を一度起こしただけである。現在完成していて，ヨーロッパ大陸のユトレヒト半島からコペンハーゲンまでは直通している。

写真5・11　グレトベルト海峡トンネル（デンマーク）のトンネルボーリングマシン（TBM）

ろ全工事費のコストの削減には10％以上の効果をもたらした。必要かつ十分な調査を行うことによって建設工事のトータルコストを低減するというプリンシプルが多くの建設工事に活かされている。

一方，日本では地質が複雑な分だけ，当然より多くの地質調査等を行わねばならない。工事費の少なくとも数パーセントまたはそれ以上費やすべきである。十分な調査が必要であるにもかかわらず，現実には中途半端な調査情報による判断で済ませ，その結果，後で設計変更等に多くのコストアップを招いているケースが多いのである。また，完全にはわからないので概略説明できる程度の調査をし，工事進行後に計画・設計段階の過大過小の修正をして，調査費以上または数億～数十億円の設計変更を行っている場合もある。このような背景には，最近の建設工事における新技術の開発や進歩に対する過大な期待が重なってきていることもあろう。重要なことは事前調査にコストをかけずに，施工段階の工夫で処理しようとする考え方である。徐々に反省の動きもみられるが，もっと欧米並みの合理性をもった方がよいのではないかと思われる。現在では，社会的・環境的な要件が増加したためにルート選定などにおける自由度は少ないが，まだまだ西欧的合理性が働く余地はあろう。

しかし一方では，日本の地形・地質が複雑であるがゆえに，多岐にわたる調査法を駆使して地質を調査しても，十分な解答を見いだしきれないという日本の宿命的な限界はある。ただこれは，客観的なものとあきらめず，さらに多くの調査法やそれに適合する設計法の開発に努力すべきであろう。

調査結果が利用し得るものでも，そこに不信感がある限り適用されない。しかしながら，その点はよく説明し，討論し，十分な調査ができるよう努力することが肝心である。「複雑だから解を得ることが難しい」では合理的ではない。それに相応した努力が，コンサルタントのみならず，施工者や事業主体と手を携えていかなければ前進はないのである。コンサルタントが施工経験をもつこともその1つの解である。そのためには共通理解が必要であり，このような条件を互いに満たせば，十分なコストをかけた地質調査が実施できるであろう。

コンサルタントの責任と権限

わが国において，地質調査や設計等は，建設事業の補助的業務として位置づけられている。しかし，実際それらの成果は十分検討されたにしても，当面の結果責任は事業主体にあるようになっている。それは，ある程度必要かもしれないが，業務の実状や人員の配置などからして，いつまでも許されるだろうか。

一方では，調査・設計のコンサルティングには，実際に多くの責任を伴っている。また，その責任を逃れるのは現行の制度のゆえである。しかし最近では，ISO 9000 s等により品質管理をして責任の一端を負うこととする傾向がある。欧米では，コンサルタントは品質管理は当然として，さらに，成果に対する品質保証には厳しく，調査や設計に誤りがあれば責任を負うのが通例となっている。責任のないところには権利もないから当然の慣習である。

筆者が，シニア・アドバイザーとして英仏海峡トンネルに参加した際，万が一アドバイスが原因で相手に損害を与えた場合，賠償金として400億～500億円の金額は保険でカバーできるようになっていた。賠償金はコンサルタント契約額の約1000倍に相当する金額であった。わが国では想像できないことであったが，その代わりにアドバイスはよく聞いてくれた。

注）日本では，限定された条件下であるが，日本国内で行った地質調査などに関し，損害賠償請求を受けた場合の損害を補償する建設コンサルタント賠償責任保険制度が，1998（平成10）年3月に発足している。

保険会社は当方で見つけなければならなかったため，この保険に応じてくれる会社を探すのには大変苦労をした。日本の各損害保険会社は全く未経験でまず応じない。そこで，英国のロイズ系の会社と交渉したのだが保険料率の点で難航した。結局，筆者がアメリカの大手コンサルタントに所属するということで，なんとか保険を準備できたのであった。

日本でも，もし調査のミスリーディングによって構造物に重大な損害を与え，発注者（事業主体であることが多い）へ金銭上の被害を与えたことが明白な場合は，調査にあたったコンサルタントが損害額を負担することになる。もちろん，損害を与えた原因の究明は必要であるが，原因が特定できれば，保険から支払われることになる。

英仏海峡トンネルでは，保険に守られて，かなり際どいアドバイスもできたことで，最後にはコスト削減となった。このような制度が確立すると，コンサルタントは大変働きやすくなる。

コンサルタントの受け取る調査または設計の対価は，工事費に比べて極めて少ない。しかし，今まで述べてきたように，調査・設計などが社会環境に与える影響は今後も増大することが予測され，ますます責任をもった仕事もしなければならない状況にある。責任の対極には権限があり，両者がバランスしないと，内在している問題がいびつな形で残存することとなる。

地質コンサルタント業界が，社会の重要な構成員となるには，責任と権限をもつことが不可欠で，今後の地方分権，開かれた社会，情報公開制度の実施，規制緩和等の社会の変動からみても，その方向に向かうべきであると考えられる。また，事実上はそうでないのに補助的業務としての役割の位置づけは似つかわしくなく，実態とかけ離れた認識であると考える。

われわれが，複雑な地盤の上での生活を続ける限り，安定した構造物の建設，交通，防災等の面から，地質調査に関する多くのアプローチが必要で，そのための調査費用は全体的に惜しんではならない。また，コンサルタントの社会的な役割はますます重要になるが，「責任と権限」の両面を満たすために保険制度等の導入も考慮し，現在が，その地位向上を図るチャンスと考え，責任をもってアドバイスできるように，今後も自己研鑽を続けていくべきである。

5.5 海外における建設投資と地質環境

これまでの各章で，日本の地形・地質の複雑さ，脆弱さについてみてきた。

建設工事に際し，地質や地盤構造を十分把握しているかどうかが問題であるが，社団法人全国地質調査業協会連合会の技術委員会で，建設におけるコスト縮減問題を検討している段階で，不十分な地質調査が様々なトラブルを起こしていることがわかった。コスト縮減のためには適切な調査を行うことが重要で，調査不足はコスト増ばかりでなく，工期の延伸，時として災害の発生や事故にもつながる。適切で十分な調査を行うことこそが，建設コスト縮減のキーポイントとなる。

日本では，地質調査費の建設費に占める割合は0.3％程度であり，欧米先進国に比べると少ないといわれている。それでは，海外の実態はどうなのか，また，欧米先進国は地質調査および地質コンサルタントについてどのような考え方をもっているのか，業務の発注や契約，成果に対する保障問題についてはどうなのか，等について述べる。

（1） 日本における地質調査への投資

日本における1989年から2000年までの全建設投資と，地質調査への投資の状況を示したのが**表5·6**および**図5·30**である。

表5·6 建設と地質調査への投資　　　　　　　　　　　　　　　　（単位：10億円）

年度	1989	1990	1991	1992	1993	1994	1995	1996	1997	1998	1999	2000
建設への投資（K）	73,115	81,440	82,400	83,970	81,690	78,750	79,020	82,810	75,190	70,760	70,290	70,360
地質調査への投資（T）	175.8	201.4	207.8	233.3	251.3	241.9	280.1	249.3	218.9	226.2	214.7	186.4
地質調査への投資比率 T/K（％）	0.240	0.247	0.252	0.277	0.308	0.307	0.354	0.301	0.291	0.320	0.305	0.265

（全地連資料による）

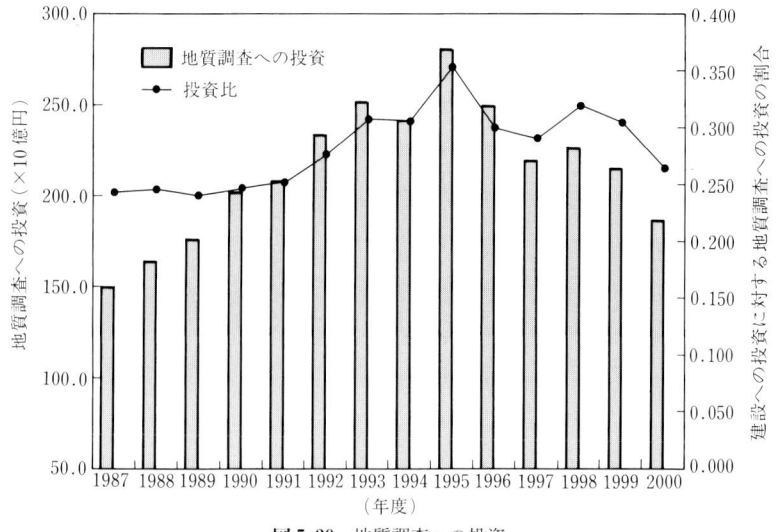

図5·30 地質調査への投資

地質調査への投資比率は，1989年までは0.24％，それから徐々に上昇，1993年からは0.3％強の状況である。

1995年は0.35％と高いが，これは阪神·淡路大震災の復興処理に費やされた分が増になっているものと思われる。

（2） 海外における地質調査への投資

日本および海外の主要国の建設投資，地質調査への投資などを，**表5·7**に示した。

地質調査への投資については，いろいろ手を尽くして調べてみたが，この程度しか判明しなかった。統計情報の少ない理由は，わが国の社団法人全国地質調査業協会連合会のような専業者の全国的組織および，それを統括する国土交通省のような機関を抱えている国が少ないことによるものと思われる。

まず，建設全体の市場であるが，欧米の各国は，インフラ整備が進んでいるためGDPに占める建設投資が少なく，ほとんどが，ひと桁の値を示している。逆に，維持修繕にかける費用が多いのが目につく。建設投資，新規事業が少ないため地質調査への投資も少ない。

韓国の場合，民間の地質調査は統計の上で表れないものがかなりあるので実

表 5・7　世界の建設投資　　　　　　　　　　　　　　　　　　　　　　　　（金額：10億）

国　名		GDP	建設市場			建設投資/GDP（%）	地質調査への投資		備　考
			投資金額	維持修繕費	計		投資金額	対建設比(%)	
日本	円	501,960	76,809	14.6	88,200	17.6	245.58	0.32	対建設比は94, 96年の平均
韓国	W	257,400	59,292			23.0	118.34	(0.2)	対建設比は官のみの値
		25,740	5,929				11.83		
香港	hk$	1,108	73.59	26.22	99.81	6.6			
		16,621	1,104	393.3	1,497				
米国	$	7,246	470.2			6.5			
		833,267	54,073						
カナダ	ca$	689	76.39			11.1			
		51,678	5,729						
英国	£	701	26.39	25.97	52,363	3.8	0.075～0.09	0.28～0.34	
		133,191	5,014	4,935	9,949		14.25～17.1		
オランダ	ecu	525	20.1	12.5	32.6	3.8	0.14	0.69	
		68,270	2,613	1,625	4,238		18.10		
スウェーデン	kr	1,517	111	81.6	192.5	7.3	0.97	0.87	
		22,784	1,665	1,224	2,887		14.55		
ドイツ	ecu	1,845	158	69	227	8.6			
		239,850	20,541	8,971	29,511				
フランス	FF	7,680	356	246	602	4.6			
		153,591	7,120	4,920	12,040				
スペイン	ecu	478.68	38.35	15.15	53.50	8.0	0.147	0.98	対建設比は土木の値
		62,229	4,986	1,970	6,955		19.11		

注）年度は1995年。上段は各国の通貨，下段は円
［為替レート］
10 W＝1円，hk$＝15円，$＝115円，ca$＝75円，£＝190円，ecu＝130円，FF＝20円，スウェーデン kr＝15円
［ニュースソース］
GDP, 建設市場；(財)建設経済研究所のホームページを中心に，建設省建設経済局国際課のホームページ，(社)国際建設技術協会の資料，Euroconstruct，オランダ大使館（経済部），ENR-Engineering News Record，スペイン大使館商務部のホームページ等からの資料を参考に作成。ただし，スペインについては，Euroconstruct に掲載されている1995年の値を建設総売上とし，これとスペイン本国の Ministerio de fomento からの建設投資情報との差を維持補修費とした。
地質調査への投資情報：全国地質業協会連合会（日本），エンジニアリング振興協会（韓国），British Geological Survey，オランダ日本大使館科学技術部，Geological Survey of Sweden，および Ministerio de fomento．

際の比率はもっと上であろうといわれている。

　スペイン，オランダ，スウェーデンの地質調査への投資比率は 0.38～0.87 % とかなり高い。日本に比べ，地層の単純な国々がこれだけの調査費をかけているということには敬服する。調査業務の独立性と，調査の果たすべき責任に対する認識の表れであると思われる。

　英国では，1980年代の後半，日本と同じ 0.3 %（日本は，当時 0.24 %）程度と地質調査への投資が少なかったため，コスト増や工期延伸その他のいろいろなトラブルが発生していたという。そこで，英国の土木学会が中心になり，地質調査にかかわりのある 21 団体が共同作業として取り組み，各団体から 1 人ずつの委員が選出されてサイトインベスティゲーション・ステアリング・グループが組織され，この問題に取り組んだ。

　4つのワーキンググループが組織されて，1993年に下記のような啓蒙書を出している。

①　Without site investigation ground is a hazard

② Planning, procurement and quality management
③ Specification for ground investigation
④ Guidelines for the safe investigation by drilling of landfills and contaminated land

①は，地盤のトラブルに関する24のケースヒストリーをあげて，「地盤は未知である。調査をしないと地盤は危険である」と地盤の重要性に関する認識を喚起する内容になっている。

われわれが，本書を刊行したのもまさに同じ目的である。

それでは，どの程度の調査費が妥当なのであろうか。それは，地形・地質の問題から構造物の種類，重要度その他いろいろの問題があり一概には言えないが，**表5・7**および次の話が1つの指標を与えるかもしれない。

前記の英国では，地質調査への投資が結果として0.3％と少なかったためいろいろな問題が生じたが，目標値としては1.0％くらいを考えているという（British Geological Survey の Manager 氏談）。

スペインの場合も，土木の世界では1.0％を目標にし，実態もそのように推移している。ただし建築の場合はこれよりも少なく，かつ幅もある（Ministerio de Fomento 振興省の Hernan A San Pedro Sotelo 氏談，副部長・局長クラスの人）。また，香港でDB（Design Build）やBOT（Build Operate Transfer）の仕事をしているあるゼネコンの部長氏の話は，「一般のプロジェクトの場合の調査費は1〜1.4％，地震の多い地域ではそれに20〜30％上乗せした調査費を考えている」ということである。

（3） コンサルタントの役割

道路，その他の公共施設を建設する場合のプロジェクトは，日本では，企画・計画―設計―施工の各段階を経て進められ，企画・計画は所管官庁の担当者が行い，設計は設計会社に，実施設計が固まった段階でゼネコンに施工が発注されるのが一般的な流れである。

ところが，海外の場合は，その国によって違いはあるものの，企画・計画の段階から独立の機関としてのコンサルタントが参加し，フィージビリティ・スタディとして，建設投資に対する経済効果や，資金の調達，技術的調査や問題点の指摘を含め総合的な検討が行われる。

コンサルタントの業務はその分野の PE（Professional Engineer）が担当することになるが，地質，地盤に関する業務はそのうちの GE（Geotechnical Engineer）の担当である。アメリカでは，PE はいくつかの分野に分かれており（州によって異なる），その中で GE は SE（Structural Engineer）とともに最高位に位置づけられているという。また，欧米では，この地質の専門家に対する期待感は大きく，単に，地質の計画・調査・解析等の直接的な業務時ばかりでなく，建設工事の入札，契約時でも地質の専門家を同行している，ということである。地質の情報は発注者(甲)の方から与えられたにしても，それを判定するのは乙の受注者の責任である。地質，地下条件が工事請負の成否を握っているからである。

したがって，欧米では，GE に対しては弁護士や医者と同様の高度な評価と，また，社会的責任が期待されている。

最終設計が完了し，入札の準備が整うと，コンサルタントはオーナーの代理サポート役として入札事務，入札時のネゴシエーション（negotiation）にも重要な役割を果たす。

工事請負者が決まると，最終設計を行ったコンサルタントがスーパービジョン（supervision）の役割を担当するが，これが発展し，最近ではフィージビリティ・スタディの段階から一貫してオーナーの立場に立ってプロジェクトを推進していくCM（Construction Management）の制度ができている。また最近では，設計・施工を一括請け負うDB（Design Build）方式が目につく。海外のゼネコンのほとんどはエンジニアリング部門をもち，それを前面に出した活動をしている。

このように，海外におけるプロジェクトとわが国のそれとの異なる点は，コンサルタントの役割とそれに対する期待の違いと思われる。

これは，コンサルタントの存在に対する認識の差であり，100年の歴史をもつ欧州のコンサル制度と，40年の歴史のわが国との伝統の差からくるものかもしれない。

このほかにも，わが国と海外で異なる点は次の項目である[19),20)]。
① フィージビリティ・スタディ，詳細調査・設計，施工の3段階が明確に分離していること
② フィージビリティ・スタディの独立性
③ 契約のもつ意味と契約書・仕様書の重要性
④ オーナー，コンサルタント，コンストラクターの関係の対等性
⑤ プロジェクトの受注方式

この中で，特に契約書，仕様書は憲法であり，それに則った仕事は厳正に行われなければならない。また，④については，いわゆる三権が分立しているということであり，例えば，オーナーから設計変更がもち出され，それが請負者の意に沿わない場合，契約の変更として，オーナーにクレームを出しアービトレーション（arbitration）という仲裁裁定や，あるいは法廷闘争ということもある。

（4） 発注形式

近年，欧米では先に述べたDBやCMのほか，資金力不足のため民間資金を活用してインフラ整備を行うBOTやPFIの方式が導入されている。

これらの発注方式の基本的な考え方は，民間の資金と技術力を今まで以上に活用しようというものである。必要となる資金は莫大なものであり，出資者にとってリスクへの対応は重要な課題である。地形・地質が複雑な日本で，VE方式も含め，これらの発注方式を定着させるためには，地質調査業等のコンサルタントの役割がますます重要となり，地質調査のあり方についても今後研究していく必要がある。

最近の欧米における発注形式の中で，目につくものを以下に述べる。

① BOT方式：Build Operate Transfer

1つのプロジェクトの建設から経営までを委託し，将来（30年とか35年後に）国とか地方自治体の方に移管する方法である。

フランスのコンセッション（建設，維持補修，運営管理の権限）方式と同じ

である。外部の資本でインフラ整備ができる。フランスの高速道，ポルトガルのバスコ・ダ・ガマ橋，香港の海底トンネルほか海外の各国で行われている。

② PFI 方式：Private Finance Initiative

社会資本の整備や開発に，民間資本の活力を利用しようというものであるが，単純に民間資金を利用しようというだけでなくいろいろな形がある。英国が盛んで，最近日本でもこの方法を導入しようとする動きがある。

③ PPP 事業：Public & Private Partnership

カナダで，財政難の中でインフラ整備を目的に民間の資本を活用するために生まれた方法。

ノースアーバランド海峡横断道，キャリアカムビーチ図書館，市役所，407号線，下水処理施設ほかのプロジェクトがこの方法で生まれた。これらの事業の実施発注形態として BOT 方式を採っているものもある。

④ DB 方式：Design Build

日本の民間で行われている設計施工一括請負形式である。

⑤ CM 方式；Construction Management

民間および公共の建設事業において，プロジェクトの企画立案，基本設計の段階から，プロジェクトの完成までのあらゆる局面にオーナーの側に立って，オーナー・設計者と協力してプロジェクトを進めていく方式のことである。

施工者の工程やコストのチェックの面で活躍している。

1940 年代にアメリカで始まり，1980 年代に入ってから活発になり，今では巨大建設企業（ほとんどが建設エンジニアリング業者）が最も力を入れている業種である。

⑥ VE 方式：Value Engineering

米国で広く用いられ，わが国でも最近話題になっている。VE とは，コストを最低限に抑え，価値を最大限に引き出す方法を提案する制度である。

VE には，IVES (Internal Value Engineering Study) と VECP (Value Engineering Change Proposal) の 2 つがあり，前者は，当局の係官か雇用コンサルタントが行い，後者は請負建設業者によって行われる。VECP では，コスト節減額の 50 ％が請負業者に報奨金として与えられる。

(5) 入札・契約

欧米の建設事業の入札形態については，**表 5・8** に入札・契約制度の比較としてまとめてあるので参照されたい。

(6) 保証制度・保険制度

建設事業に関わる保証制度（契約保証・履行保証制度，保険制度など）は欧米諸国において先行して普及した。以下に欧米の保証制度について述べる。

① アメリカの Bond 制度

ボンドとは，建設工事の履行を保証会社（主として保険会社が兼業）が施主に対して保証する制度である。米国では工事の保証制度として広く採用されている。ボンドには何を保証するかにより 3 種類がある。入札に際しては入札ボンド（ビッドボンド）の提出が義務づけられていて，日本の経営事項審査と主観的事項の審査による入札参加資格審査のような評価・格付けシステムは採用されていない。

194 第5章 地質調査の重要性

表5-8 欧米のコンサルタント業務における入札契約制度の比較

項目	アメリカ	イギリス	ドイツ	フランス	日本
総括	一般競争入札方式を基本とし、企業の選定にはQBS方式（Qualification Based Selection：能力評価基準制度）を採用している。連邦調達規則の中でプル・ボックス方式を規定し、適正な能力と適正な価格で契約するというもののうち、公正かつ適正な審査を経てQBS方式が必要とされる。なお、道路建設事業にはQBS方式を採用している州もあり、企業36州がQBS方式を調査に採用している。	16万ポンド以下の業務は、公募による参加表明企業の中から総合的に判断して選定する一般競争入札方式が採用されるが、道路庁では技術評価と価格審査を経て行う二封筒方式の多様な入札が利用されている。16万ポンド（20万ユーロ）以上の業務は、EU調達指令に従う。1ポンド＝174円	40万マルク以下の業務は、参加表明企業の中から公募により選定する一般競争入札方式として採用され、一般競争入札方式は随意契約による場合が多く、コンサルタント業務委託方式が採用されている。随意契約方式の多様性もある。40万マルク（公益事業は80万マルク）以上の業務は、EU調達指令に従う。1マルク＝57円	30万フラン未満随意契約方式が主流 70万フラン以上 一般競争入札方式 130万フラン以上 EU調達指令に従う 1フラン＝17円	指名競争入札方式が主流であったが、透明性、説明責任及び競争性をより高め、国際的にも馴染みやすいように技術力を重視する方式を推進している。 ・指名競争 ・公募型・簡易公募型指名競争入札方式 ・随意契約方式 ・プロポーザル方式（標準、公募型、簡易公募型）
根拠法等	ブルックス法、連邦調達規則（FAR）	EU調達指令 公共調達契約規則 調達ガイダンス	EU調達指令 フリー契約のための一般競争発注制度（VOF）建築家とエンジニアリングが提供するサービスに関する公式報酬体系（HOAI）	EU調達指令 公共市場法	会計法 公共事業の入札・契約手続の改善に関する行動計画について 建設コンサルタント業務委託等事務処理要領等
事前登録等	QBS方式の場合、「標準様式254」を提出する。建設コンサルタント業務の規制として、州毎にPE（Professional Engineer）登録が必要となる。	ICE（英国土木学会）、ACE（コンサルタント個人協会）の会員であることが原則。発注者は資格者名簿を用意。	特に規定なし。発注者は指名企業を独自に作成し、業務量偏重にならないよう調整している。	OPQIBI（企業審査協会）に登録	コンサルタント登録規程、発注者は有資格者名簿等
予定価格	過去の実績データに基づき、ないし交渉者、交渉ためのの参考価格を積算する。	過去の実績データに基づき独自に積算する。	HOAIに算出方法が規定されている。工事費算出、工事費によって工事費算出不可能な場合又は工事費積算に時間を要する業務は、業務量、技術者により算定する。	70万フラン以上の一般競争型随意契約は、発注者側で独自に積算するが、予定価格を下回る応募がない場合、再公募する。	予定価格総額を決定しておかなければならない。
業者選定方法	第1段階：参加表明者の提出書類（254様式、設立年、技術者員、専門分野、過去5年の受注実績、プロジェクト概要等）を基に3～5社程度で選定する（ショートリスト）。ヴァージニアでは、企業・技術者の組織的能力・女性や少数民族雇用状況などの評価項目によりショートリストを作成。第2段階：ショートリストされたコンサルタントから順位付を行い、業務実施計画書、担当者の配置計画、業務の実施方針などを含めた業務実施方針について、契約担当者による面談を実施し、契約相手先を決める。	（一般競争入札）公募による参加表明企業群（ロングリスト）から4～6社程度を選定し契約企業を絞り込み（ショートリスト）、"質"と"価格"を評価して選定する。（二封筒入札）道路庁における企業選定方式では、指名されたコンサルタントは価格提案書（デザイン）と価格提案書を別途に提出する。格別にしめ、初めに技術審査を行い、これを基に価格のみが開示され審査が行われる。	（指名競争入札）契約出来る指名企業群（ロングリスト）、公募による参加業歴などに比較。単数の参加企業群から契約企業を選定し、施行見積書を提出させる。選定にあたっては最低価格での契約が原則であるが、発注者が不可能な説明のできる場合は、発注者は特定した企業を選定する。技術費用、技術を評価。	（指名競争付き交渉型随意契約）3社提示と交渉を経て1社選定する。(公募による指名発明候補企業群（ロングリスト）から1社選定、技術歴、参加企業実績により、選定にあたって、交渉を重ねて、最も有利な条件で契約内容の説明が可能な価格を自治体では最低価格ではない。技術力、ノウハウの方が強い。	（指名競争入札方式）事前公募による指名型公募型指名競争入札方式により、（公募型・簡易公募型指名競争入札方式）公募による業務参加表明者を評価して指名を行う。選定にあたっては業務実績、登録業況や等を参考にする。（公募型プロポーザル方式）企業から参加表明書を提出させ、選定により指名選定後、業務説明書、業務実施手順書、手持業務量管理体制等を参考にし、指名された企業から提出させて指名選定委員会が技術提案書、見積書に基づき企業を特定する。
交渉	第一交渉権者と価格交渉を行い、交渉が成立しなかった場合は、次点の企業と同様の交渉を行う。詳細については、業務内容の変更があればこれも含めて行う。	表記なし	表記なし	能力と価格を判断し、交渉により選定する。価格について超過による公募は、交渉により予定価格内に収めようとする。	表記なし
その他の入札契約方式	（IDIQ方式：Indefinite Delivery Indefinite Quantity）連邦道路庁では、業務の内容と量を事前に明確化できない場合、公募により1社選定した企業を対象とした契約方式を採用している。カリフォルニア方式：On-call Contract）3～5年程度の契約の中で業務発注を行う方式。	特許技術を有している場合、例外的に特命随意契約が行われる。（パートナー・アグリーメント方式：Partnering Agreement）（英国の建設業界レポート）が採用している。4～5社のコンサルタント入札による、一般競争入札により1社選定。一般競争入札による必要予定の国際交通省で採用されている。また、契約方式などが選択でき、英国空港会社で採用されている、Frame Work Agreementとも呼ばれる。	表記なし	（業務発注仕様書の作成）一般競争入札の場合、業務の発注仕様書を有料によりコンサルタントに依頼する方式がある。業務発注仕様書作成のコンサルタントは当該業務の受注はできない。一般公募により、見積りを受け、3社程度に有料プロポーザルを依頼し選定された企業の仕様書を使って入札を行う方法が可能である。（能力審査型市場参入制度）特殊な技術を要する業務は、有料で業者から表明書を提出させ、一般公募で参入を表明した企業から3社を選定し、業務発注仕様書を有料で委託し、採用案は3社程度の企業事務所を無料で選定する方法がある。	表記なし

このほかに，工事の完成を保証するパフォーマンスボンド，下請け，材料の調達に対する支払いを保証するペイメントボンドがある。

② カナダのメカニクス・リーン法（コンストラクション・リーン法）

カナダには，上記の3種類のほかに Hold back Bond（発注者側のボンド）を加え4つのボンドがある。メカニクス・リーン法というのは，下請け業者，資材業者だけでなく元請け業者も含め，それぞれの発注者の支払い不履行が生じた場合の保証を目的とした法である。

③ 欧州の保証制度

履行保証制度に関しては，欧州では受注金額の5〜10％程度の銀行による履行保証制度が一般的である。その補償額は国によってまちまちである。

欧米の場合には質を含めその責任遂行性には徹底したものがあり，1つ1つのプロジェクトに保険をかけている。英仏海峡トンネルで，コンサルタント業務に多額の保険をかけたことや，アドバイザーの指摘に膨大な費用を費やして追加調査を行った例などは参考になる。

また，英国の例として，英国南部では1989年から1991年にかけて降雨が少なく，地盤の粘土層が収縮し，建物の基礎に被害が出た。それによって，保険会社は150億ポンド（約2850億円）の損害を被ったということである。

わが国では，前払い金についての金銭保証制度の歴史は長いが，契約保証・履行保証は工事完成保証人制度が一般的であった。しかし，近年工事完成保証人制度の弊害が指摘され，金銭的履行保証の1つとして，建設業保証事業会社による契約保証事業が採用されるようになった。また，平成10年には，土木設計業務や地質調査業務についても成果物の「かし」に対する損害賠償支払いを負担する「建設コンサルタンツ責任賠償保険」制度が発足するなど保証・保険制度の整備が進められている。

5.6 地質調査の重要性

（1） 地質調査の重要性を訴える

わが国の国土の70％は山地や丘陵地で，国民の50％以上が洪水が起こりやすい低地に居住している。そのうえ，地震，火山，土砂災害，集中豪雨，豪雪などの災害が日常茶飯事に起こっている。もちろん諸外国の中には，わが国に匹敵あるいは凌ぐ災害が起きた国はあるが，あらゆる種類の災害が頻発する国はごく少ない。わが国はそのごく少ない国の1つであり，また多発国でもある。

地すべりや崖崩れなどの土砂災害だけをとっても，年間での発生件数は数百件にも及んでいる。火山については，噴火のおそれがある活火山は86を数え，1990年から1994年にかけての雲仙普賢岳の噴火は記憶に新しい（**写真1・2**）。また，世界で起こる地震の10％が日本および近海で発生している。日本は文字どおり災害列島と言っても過言ではない。

これら災害の素因や誘因の多くは，気象災害を除けば地質構造に由来していると言える。地形・地質を熟知して対策を施すことによって災害を防ぎ，被害を最小限にとどめることもできる。例えば，地すべりでは，すべり面の位置・土の強さ・土塊の重量・地下水などの地質情報を得て，集水井や押さえ盛土などの抑制工や鋼管杭などの抑止工を設計し施工することができる。

写真 5・12 有珠山噴火の降灰が雨によってモルタル状となり固まって全滅した畑
（1977 年 8 月 10 日撮影）

　地震については，地震の大きさに応じた地盤の揺れ（応答性）に基づき，揺れに耐え，液状化に耐える建物や高架橋などの基礎を設計する。
　災害だけでなく，通常の構造物の設計・施工においても，地質調査は重要である。
　トンネルなどの地中構造物では，地盤の固さ，破砕帯の存在，変質，地下水の存在と量などが一般的な問題としてあげられる。建物では地盤の固さ（支持層）・沈下・基礎掘削の場合の湧水・地下水の流動阻害などが問題となる。盛土では，基礎地盤の固さ・圧密沈下・盛土自体の強度などである。
　もちろん，諸外国でも地質調査は重要ではあるが，日本では今までみてきたように欧米などに比べると格段に複雑な地形と地質から成り立っている。地質調査の重要性は一段と高い。
　東京〜大阪間を走る東海道新幹線は，全長 515 km のうち 13 ％がトンネルである。275 km の上越新幹線（大宮〜新潟間）では，なんと 39 ％がトンネルとなっている。これに対してフランスの TGV（パリ〜リヨン間 426 km）においては，トンネルはない。
　北海道と本州を結んだ青函トンネルは，脆弱な地層を湧水と闘いながら掘り抜くしかなかったが，イギリスとフランスを結ぶドーバー海峡トンネルは，掘りやすい地層を追いかけるようにしてトンネルができている。
　第 4 章の**図 4・3** を見てもわかるとおり，日本の地質はまるでモザイク模様である。気象・地形・地質いずれも諸外国に比べると厳しい環境下におかれた日本では，まだまだ社会資本を整備しなければならない。社会資本を効率よく整備するためには，おのずと地盤状況をよりよく知る必要がある。地質調査の成果は，建設工事の設計施工に大きな影響を与え，ひいては維持管理をも左右する。地質調査が不十分なため，工期が延びたり施工費が跳ね上がったりした例

写真 5·13 関西国際空港のための地質調査風景

は枚挙にいとまがない。逆に，十分な地質調査が行われたために，当初予定していた基礎が不要になったりして工事費を低減できた例も多い。

地質調査が果たす役割は，今まで以上に評価されなければならない。日本の一般公共事業において，地質調査費が建設費のわずか0.3％程度しかないことは，これだけ複雑で脆弱な日本の地盤状況を考えると少なすぎるのではないだろうか。5.5節でも述べたとおり，わが国よりも地形・地質が単純であるイギリスの地質調査費が0.3％である。それでも地質調査不足によるトラブルが数多く生じていることを考えると，日本の地質調査はまだまだ不足していると考えざるを得ない。

地質調査が不足になる原因は，調査費も含めた建設コストの縮減という考えもあろう。一方で，地質調査という目に見えないものに多額の費用を費やすということに抵抗感があり，さらに，日本の国土がそんなに脆弱であるという認識が欠如していることもその大きな原因であるように思われる。

調査不足により，設計・施工の段階や構造物完成後に問題が生じ，手戻り，計画変更，災害・事故発生など不測の出費を伴うことがしばしばある。また，表面には出にくいが，調査不足は過剰設計や過大施工につながることも多い。地盤の特性に合った設計や施工が考えられず，定型的なマニュアルエンジニアリングが幅を利かすのも，真のコスト縮減とその実行の中で新技術を創造していくことに反する問題である。

地下の状況を正確に探ることは簡単ではない。特に，日本のように複雑極まりない地質構造では，経験を積んだ熟練した技術員による十分な現地調査が必要である。そのことが，結果的には建設費全体を縮減することにつながることになる。

（2） ジオ・ドクターの役割

変化に富む日本国土の地質環境や社会環境のなかで，社会資本となる建設プロジェクトを安全かつ経済的に推進するためには，脆弱な地形地質条件を熟知

した経験豊かな技術力が要求される。社団法人全国地質調査業協会連合会では，地盤工学（ジオテクニカル・エンジニアリング）と地球科学（アース・サイエンス）の専門家集団である地質調査業の果たすべき役割を，単なる地盤情報の提供者にとどまるのではなく，設計や施工に対して地盤工学的性質に関する解釈や，構造物と地盤との関係について積極的に提言していくべきであるとして，そのめざす姿を「ジオ・ドクター」と命名した[5]。時には総合病院や専門病院の医師として，また時には地域に密着した身近な町医者として，地盤にかかわる調査・診断・対策を行おうとするものである。

　国土保全や自然災害調査という観点からみると，ジオ・ドクターの果たすべき役割の1つは，地震，津波，火山噴火，斜面災害などの起こり得る災害の範囲と程度を予測し，様々なハザードマップ作成を行うことがあげられる。そして，環境保全や建設計画立案の基本となる正確な地質データを取得する技術，起こり得る地質関連事象を予測する解析技術，地質データを計画立案や設計に反映させる最適化技術，さらにこれら一連の業務を効率よく管理する技術などを蓄積し，そのノウハウを駆使して社会に貢献することが必要である。これらは，よりよい地圏（環境地質，物質循環）と水圏（地下水，水循環）の調和したあり方をアース・デザインの視点で考えることにつながる。

　ジオ・ドクターの業務としては，現地調査等のフィールドワークによるハード業務と，主としてデスクワークによる解析やコンサルティングなどのソフト業務に分けることができる。これをさらに細分すれば，次のようになる。

① 調査：データの取得 ⇒ 生の地質情報取得と整理
② 解析：データの解析 ⇒ より高いレベルの地質情報に加工し，得られた結果のモデル化と数値解析
③ 判断：目的に対する方針決定，留意点，提言

　この流れは，地域地質に精通し，具体的なプロジェクトに関して「調査⇒診断⇒対策」といった一連の処置を講じることにほかならない。

　建設プロジェクト全体のコスト評価を行う場合，その計画から設計，施工，運用，維持管理，リサイクル，あるいは廃棄に至るまでのすべての段階のライフサイクルコストを，いかに小さく抑えるかが重要なテーマとなる。このなかで地質調査は最も川上に位置するため，後続の各段階に重要な情報を与える立場にあり，ジオ・ドクターとしての専門性を効果的に発揮することが，結果的にトータルコストの低減に大きな影響を与える。従来は，計画⇒調査⇒設計⇒施工⇒維持管理のプロセスのなかで，地質調査は前半の設計段階への対応に重点がおかれることが多かった。言い換えると，設計のための地質調査という側面が強かった。しかし，地質調査業務は設計・施工分野とは異なる独立した技術体系を有しており，地質・地盤の問題は計画から始まって維持管理に至るすべての段階ごとに固有の問題として潜んでいる。したがって，よりきめ細かな地盤情報の提供や調査結果に基づく解析を通して，各段階での合理性を追求することが重要になってきている。ジオ・ドクターの活躍の場が建設プロジェクト全般にわたって展開されることが，トータルコストの低減に不可欠である。

　建設プロジェクトの一層の高度化・複雑化は，発注者がすべての技術管理を自らの手で行うことの限界性を示すことになろう。それゆえ，ジオ・ドクター

が中立性を保持し，建設プロジェクトの川上に位置する計画・調査・設計から，川下の施工・維持管理までのトータルサービスの要請に応えることが，ますます重要になると考えられる．

第5章 参考文献
1) 全国地質業協会連合会：新版ボーリングポケットブック，オーム社，1991年
2) 萩原尊礼：地震学百年，東京大学出版会，1982年
3) 物理探査学会：図解物理探査，1989年
4) 市川慧・稲崎富士：土木地質調査としての地表物理探査手法，土と基礎，Vol. 42, No. 5, 1994年
5) 貝塚爽平：岩波グラフィックス14，空から見る日本の地形，岩波書店，1983年
6) 斉藤迪孝：実証土質工学，技報堂出版，1992年
7) 地すべり対策技術協会：地すべり対策技術設計実施要領，地すべり対策技術協会，1996年
8) 斎藤迪孝：斜面崩壊時期の予知に関する研究，鉄道技術研究報告 No. 626, 1968年
9) 小橋澄治・佐々恭二：地すべり・斜面災害を防ぐために，1990年
10) 地附山地すべり機構解析検討委員会：地附山地すべり機構解析報告書，長野県土木部，1989年
11) 長野市地附山地すべり災害誌編纂委員会：真夏の大崩落，長野市地附山地すべり災害の記録，長野市，1993年
12) 大八木規夫・田中耕平・福囿輝旗：1985年7月26日長野県地附山地すべりによる災害の調査報告，国立防災科学技術センター主要災害調査，第26号，1986年
13) 長野県土木部：地附山地すべり災害，1993年
14) 国立天文台：理科年表，丸善，1999年
15) 池田俊雄：新編地盤と構造物，鹿島出版会，1999年
16) 信濃毎日新聞社：山が襲った，長野市地附山地滑り記録，1985年
17) 高橋博・大八木規夫ほか：斜面災害の予知と防災，白亜書房，1986年
18) 土質工学会編；海外工事と土―東南アジアと中近東のケース，1984年
19) 赤木俊允；海外工事における特殊性，土と基礎，Vol. 35, No. 7, 1987年
20) 高比良和雄；欧米の建設契約制度，建設総合サービス，1992年
21) 国際建設技術協会編；欧米の公共工事建設システム，工事入札・コンサルタント選定・ボンド・CM・VE，大成出版社，1995年
22) 建設経済研究所；第14次欧米調査報告書，1997年
23) 建設経済研究所；第15次欧米調査報告書，1998年
24) 建設経済研究所；第15次(平成10年度)欧米調査報告書について，1997年
25) 横山良雄；海外工事と日本の建設技術，土と基礎，Vol. 46, No. 1, 1998年
26) 全国地質調査業協会連合会：建設工事のコスト縮減に関する地質調査の意見表明と行動指針，1997年

あとがき

　この本は，社団法人全国地質調査業協会連合会（全地連）の技術委員会に「日本の地質・地形の特異性に関するワーキンググループ」を設置して，日本のおかれている地質・地形環境，建設事業各段階における地質調査の役割，重要性などを明確にしつつ，建設公共投資のトータルコスト縮減に貢献する地質調査業のあり方を検討した技術資料の内容をわかりやすくまとめたものである。

　全地連の技術委員会では，1997年7月「建設コスト縮減に関する地質調査業の意見表明と行動指針」と題する資料をまとめて，地質をよく知ることが建設事業のコスト縮減の基本であることを訴えた。また，1998年8月には，それを補強するという観点から，「日本列島の地形と地質環境─豊かで安全な国土のマネジメントのために」というパンフレットを作成した。

　幸いに，このパンフレットは好評で，すでに3回の刷り増しをして1万部近くが配布された。その中で，このパンフレットで主張している内容をもとに，より詳細な資料を集め一冊の本に編集して出版してはどうかという意見を多くの方からいただいた。

　そのような経緯から，パンフレット作成に関与したワーキンググループメンバーが引続き執筆・編集にあたり，ようやく一冊の本にまとめることができた。

　ワーキンググループのメンバーは，日本の地質調査会社・地質コンサルタント会社で中心になって活躍されている技術幹部の方ばかりである。また，パンフレットに高い評価を与えてくださった東京大学名誉教授の小島圭二先生が本の編集に協力してくださることになり，第1章を執筆することを引き受けていただいた。

　そのような方々とこの本の編集に2年近く関わってきたが，ある時は勉強会であり，ある時は経験を交流するワークショップでもあった。多忙をきわめる地質調査会社の幹部の方々による編集・執筆作業であることから，どうしても既存の資料を収集して，それを基に編集することになった。それぞれの方の実務経験的な内容がもっと加わると良かったのであるが，コンサルタントとしての守秘義務などの問題もあり，結局既存の資料を基に編集せざるを得ないことになったのである。

　それでも編集会議を重ねる度に，執筆・編集者自体が日本列島の地質や地形が本当に脆弱であるという認識を深めていく場になった。一番問題になったことは，執筆・編集している方の多くが日本では本当に第一人者といってよい経験を持つ方ばかりなのであるが，外国の地質と比較して論ずるだけの外国の地質を調査したり，コンサルティング活動をしてきた経験が少ないことであっ

た．極端に言えば，日本の地質には詳しいがその中で育ってきているために，日本の地形や地質がそんなに虚弱なのか，脆弱なのかということを理解していないことであった．どこに行っても日本で経験するような問題があるに違いない，という先入観があったのである．このような地質や土質の専門家にしてしかり．まして，一般の土木の方や，建築の方，あるいは行政に関わる方が，日本の地質や地形がそんなに特殊であるということは理解されるはずがないのが当たり前なのだ，ということがわかってきた．

　パンフレットが完成して，当時建設省の大臣官房技術審議官であった大石久和さん（現国土交通省道路局長）にお届けしたときに，「すばらしいパンフレットができた」と過分のお褒めの言葉をいただいた．大石局長はこのパンフレットができる1カ月ほど前に出版された中央公論1998年6月号に「脆弱国土を誰が守る」という題で，論説を発表されていた．その論文の内容とパンフレットの内容とは奇しくも補強しあうような関係にあった．

　そのようなことから，大石局長からもこの本の出版について終始励ましをいただいた．また，大変お忙しい中，「まえがき」を寄稿していただいた．

　全地連技術委員会の委員の一人である川崎地質株式会社の三木幸蔵氏は，このような本を出版することを強く勧めてくれた一人であり，鹿島出版会を紹介していただいた．鹿島出版会の橋口さんにはこの本の編集出版に関して，本当にお骨折りをいただいた．これらの方に深甚な謝意を表するものである．

　この本を出版するきっかけになったパンフレットの序文には，以下のようなことを書いた．

　「日本列島は山紫水明の緑豊かな豊穣の国土であるが，太平洋プレート，フィリッピン海プレートの沈み込みサブダクションゾーンによって形成された島弧列島という，世界的に極めて特異な地質環境下にある．世界の先進諸国は，大陸性の安定地塊の上に立地し，わが国に比べて総じて地形や地質条件に恵まれている．わが国は，国土に占める山岳地の割合が高いために，狭隘な平野部に都市が集中し，都市部を結ぶ道路や鉄道網は，急峻な山地を貫き建設されるために，建設段階はもちろん維持管理段階でも地質や地形に起因する多くの災害を経験する．日本の密度の高い土地利用，それに支えられて発展してきた社会・経済活動は，このような脆弱な地質条件からなる国土の高度利用の上になり立っていることを忘れてはならない．

　日本列島は4つのプレートが激しくぶつかる境界部にあり，あるものは日本列島の下に潜り込む．地震や火山などはすべてこのプレートの相互運動の結果生み出される．そのような造山帯に位置することからすれば当然のことであるが，地質構造は大変複雑で，断層が多く，地層は激しく褶曲している．割れ目の多い岩盤には熱水変質作用や風化変質作用が及び，脆弱な地盤をつくっている．素因としての地質の脆弱さと誘因としての地震力，あるいは豪雨は，激甚災害を生む可能性を常に抱えている．」

　建設公共工事コストの縮減が叫ばれるようになって以来すでに5年が経過する．しかし，日本列島の地質が脆弱であるということには変わりがない．とすれば，そのような本来脆弱な体質を持った日本列島に，豊かな活力のある社会生活を築くために何をすればよいのであろうか．われわれは，すべての社会資

本に対して，その計画・設計・施工・維持管理のあらゆる過程を通して地盤の性質を知り，それに対応する技術を持つことが必要であると考えている。このために，日本の特異な地質事象を熟知した「ジオ・ドクター（地質コンサルタンツ）」がもっと活躍しなければと考える。

　この本をまとめている間に，イギリスでも地質調査が最近軽視されていて，十分調査が行われず，単純に競争入札で安ければよい，工期が短かければよい，という傾向が蔓延してきたことから，地質調査運営グループ（Site Investigation Steering Group）が組織され，いろいろな活動が進められ，4編の出版物が刊行されていることを知った。本文でもふれているが，その一冊は，「Without site investigation, ground is a hazard」「地質調査がなければ地盤は災害そのものだ」というタイトルのものである。地下の地質状況をしっかり調べないと設計で重大なミスを犯すことになり，工事中に予想外の問題を抱えることになる，ということで，省庁横断型・産・官・学一体型のステアリンググループが組織され，いろいろな活動をしていることがわかった。

　私は1999年5月にこのグループの委員長であるブラッドフォード大学のG. S. Littlejohn教授をご自宅に訪問していろいろと議論する機会を持ったが，以下に教授の話を簡単に紹介する。

　「地質の重要性は絶えず主張し続けることが重要です。イギリスにおいても，地質調査がどんなに重要かということを理解している人は本当に少ないのです。イギリスにも妙な・な・わ・ば・り意識があって，土木屋が中心になってまとめようとすると建築構造に関係している人たちは協力しようとしなかったり，民間の技術者が中心になってやろうとすると発注官庁ではそれをサポートしようとしない傾向があります。私が苦労したのは，地盤調査に関係するすべての機関の人を同じテーブルにつけて議論することでした。最初私は地質調査の重要性を検討する委員会をイギリスの土木学会の中に組織したのですが，それでは他の機関が協力しないということがわかったのです。そこで，私は地質調査に関係する21の機関に呼びかけてそれぞれの機関から1名の代表委員を選んで，ステアリンググループを組織しました。その中には，イギリス保険協会，イギリスボーリング協会，建設会社協会，などの業者団体も含めました。保険業界ではある年に日照りが続き，そのあとで雨が降るというような特異な気象条件によってロンドンクレイなどの過圧密粘土の膨潤で多くの住宅に変状被害がでたことから，保険会社が大損害を被るということがありました。そのようなことから最近では保険会社も基礎地盤の地質によるリスクに大きな関心を持つようになっています。もちろん，イギリスの土木学会やトンネル学会，測量学会，王立建築学会，地質学会などの学会も含めました。環境庁や運輸省などの発注機関を代表する役所にも入ってもらいました。ワーキングの結果をそれぞれの機関を代表するメンバーに配布して，それぞれの機関で意見があれば出してもらうという運営をして，幅広い運動にしていきました。イギリスではこのような幅広いいろいろな機関の参画を得て地質調査の問題を議論したことは初めての試みでした。しかし，このやり方は苦労しましたが，大変成功したと思います。例えば，伝統のあるBS（British Standards）をわれわれのグループでまとめた資料を基に改訂することになったのです。いまは専門的な学会の枠

にこだわっていないで，省庁横断型，官民共同作業型，異種業界連携型とでもいうような取り組みが必要ですし，それから予想外の成果が生み出せることを知りました。また，地質コンサルタントも単に地質が詳しいというだけでは役に立ちません。地質の知識や経験と併せてジオテクニカルな実務経験がなければ，的確な判断ができないと思うのです。それだけに，社会的な地位の向上を図る，地質調査が重要だという以上は，地質工学コンサルタントもそれなりの研鑽をして行かねばならないでしょう。」

　私は，日本ではいろいろな発注官庁がそれぞれ独自の基準を作って地質調査の仕様を決めたり，報告書のスタイルを決めたりしているのだが，相手とする地質条件は場所ごとに大きく異なるので，いくら良いマニュアルを作っても，経験が重要な技術分野であることから，誰でも同じ品質の成果が出るという代物ではないこと，相手が難物なのだからもっと地質コンサルタントの意見を採り入れてもらえるようにしなければならないと考えていること，特に日本の場合には地質構造が複雑なので，経験のある地質コンサルタントの意見を尊重して計画を立てることが必要であることを話し，一口に言えば，地質コンサルタントの社会的地位の向上というか，もっと計画に参加できるような仕組みをつくらなければならないと考えていることを話し，また地質コンサルタントも地質が詳しいというだけでなく，土質力学や地震工学，基礎工学についての知識の習得をし，実施の工事に関わって経験を豊富にして，総合的な判断ができるように努力して行かねばならないと考えていることを話した。

　Littlejohn 教授はイギリスでも全く同じことを考えていることを話され，チャーターの資格（日本の技術士の資格に近い）を取ってから，さらに10年の実務的地質工学の経験を持ったスーパー・コンサルタントに対して，ジオテクニカル・アドバイザーという正式の資格を与えるような仕組みを検討していることを話してくれた。

　日本のような地質の複雑な，災害列島ともいってよい国では，災害を最小化するための努力が必要である。新しい道路や構造物の建設も必要であろうが，建設したものに対する維持管理も大変重要である。地質コンサルタントが貢献できる分野は防災の問題を考えても，環境の問題を考えても，無限といってよいほど多い。

　この本が，地質コンサルタントがさらに重要な仕事に参画し社会に貢献できるようにしていく上でいささかでも役に立つものになれば，執筆・編集にあたったわれわれの望外の喜びであり，ますます総合的な技術の研鑽をする励みになり，多くの名医―ジオドクターを生み出すことになるに違いない。

　　2001年10月

　　　　　　　　　　　　　　　　　　　　　　　　　　　大　矢　　暁

執筆者紹介 (五十音順，所属会社は原稿執筆当時)

[執筆者]

井 上　　基	復建調査設計株式会社	(第2章)
大 矢　　曉	応用地質株式会社	(全体総括)
上 野　将 司	応用地質株式会社	(第4章)
木 村　　茂	株式会社東京ソイルリサーチ	(第3章)
小 島　圭 二	東京大学名誉教授	(第1章)
古 長　孟 彦	前・基礎地盤コンサルタンツ株式会社	(第4章)
渋 谷　　修	前・大成基礎設計株式会社	(第5章)
西 田　道 夫	国際航業株式会社	(第3章)
根 岸　基 治	株式会社日さく	(第3章)
福 田　健 一	中央開発株式会社	(第3章)
黛　　廣 志	川崎地質株式会社	(第5章)
皆 川　　潤	株式会社ダイヤコンサルタント	(第2章)

[執筆協力]

笹 尾　　禎	前・応用地質株式会社	(第5章)
持 田　　豊	サンコーコンサルタント株式会社	(第5章)

[編集事務局]

藤 城　泰 行	社団法人全国地質調査業協会連合会

日本の地形・地質
安全な国土のマネジメントのために

2001年11月30日　発行©

編　者　　(社)全国地質調査業協会連合会

発行者　　井　田　隆　章

発行所　　鹿島出版会
　　　　　107-8345 東京都港区
　　　　　赤坂六丁目5番13号
　　　　　Tel 03(5561)2550　振替 00160-2-180883

　　　　　無断転載を禁じます。
　　　　　落丁・乱丁本はお取替えいたします。

印　刷　　創栄図書印刷
製　本　　牧製本
ISBN4-306-02334-6　C3052　Printed in Japan

本書の内容に関するご意見・ご感想は下記までお寄せください。
URL:http://www.kajima-publishing.co.jp
E-mail:into@kajima-publisning.co.jp

明日を築く知性と技術　●　鹿島出版会の地盤・地質工学関連書

建設工事における地質工学
高橋彦治・菊地宏吉・吉川恵也・桜井孝　共著
A5・320頁　4,500円

土木技術者のための地質学
高橋彦治　著
A5・282頁　2,800円

日本の地質とエンジニアリング
高橋彦治　著
A5・260頁　3,800円

画でみる地形・地質の基礎知識
今村遼平・岩田健治・足立勝治・塚本哲　共著
A5・242頁　3,200円

絵とカラー写真で理解する岩盤力学入門
三木幸蔵　著
A5・332頁　9,800円

土木技術者のための岩石・岩盤図鑑
三木幸蔵・古谷正和　共著
A5・264頁　8,500円

わかりやすい岩石と岩盤の知識
三木幸蔵　著
A5・332頁　3,900円

わかりやすい土の力学
今井五郎　著
A5・274頁　3,500円

わかりやすい地盤地質学
池田俊雄　著
A5・176頁　2,800円

わかりやすい岩盤力学
E.グッドマン　著　大西有三・谷本親伯　共訳
A5・286頁　3,800円

わかりやすい岩盤調査の基礎知識
小松田精吉他　著
A5・160頁　2,400円

地質技術の基礎と実務
小島圭二・中尾健児　共著
A5・404頁　4,700円

岩盤工学の基礎と応用　岩の工学的挙動
I.W.ファーマー　著　江崎哲郎・松井紀久男　共訳
A5・230頁　2,900円

富士山　地質と変貌
浜野一彦　著
A5・218頁　3,000円

地盤地質学入門
三木幸蔵　著
A5・112頁　2,800円

土木技術者のための現地踏査
島博保・奥園誠之・今村遼平　共著
A5・346頁　4,700円

〒107-8345　東京都港区赤坂六丁目5-13　●　☎03-5561-2551（営業部）

※価格には消費税は含まれておりません。